U0348825

当 代 史 学 文 库

京津唐煤矿地区
环境问题的历史考察

李娜◎著

Historical Investigation
of Environmental Problems
in Coal Mines
in Beijing,
Tianjin and Tangshan Regions

北京师范大学出版集团
BEIJING NORMAL UNIVERSITY PUBLISHING GROUP
北京师范大学出版社

国家社会科学基金青年项目：京津唐地区煤矿环境问题的历史考察（13CZS059）

目　录

绪　论 ·· 1

　一、本课题国内外研究现状述评及研究意义 ··········· 1

　二、研究的主要内容 ································· 3

　三、基本观点 ······································· 3

　四、研究思路 ······································· 5

　五、研究方法 ······································· 5

　六、创新之处 ······································· 5

第一章　京津唐煤矿地区的生态和地质地理分布、开发与利用、

　　　　经济价值与社会贡献 ························· 7

　第一节　京津唐煤矿地区的生态和地质地理分布 ······· 7

　一、京津唐煤矿地区的生态 ························· 7

　二、京津唐煤矿地区的地质地理分布 ················ 10

　第二节　京津唐煤矿地区的煤矿开发与利用、经济价值

　　　　与社会贡献 ····························· 18

　一、古代京津唐煤矿地区的燃料危机 ················ 18

　二、京津唐煤矿地区的煤矿开发与利用 ·············· 20

　三、京津唐煤矿地区煤矿开发利用的经济价值 ········· 22

　四、京津唐煤矿地区煤矿开发利用的社会贡献 ········· 24

第二章　元代至清末京津唐煤矿地区的煤矿产业发展与环境问题的
　　　　产生、影响及治理 ……………………………………… 29

　　第一节　元代至清中叶京津唐煤矿地区的煤矿产业发展
　　　　　　与环境问题的产生、影响及治理 ………………… 29

　　　　一、元代至清中叶京津唐煤矿地区的煤矿产业发展 …… 29

　　　　二、元代至清中叶京津唐煤矿地区环境问题的产生 …… 31

　　　　三、元代至清中叶京津唐煤矿地区环境问题的影响 …… 31

　　　　四、元代至清中叶京津唐煤矿地区环境问题的治理 …… 32

　　第二节　晚清时期京津唐煤矿地区的煤矿工业发展与环境
　　　　　　问题的产生、影响及治理 …………………………… 33

　　　　一、晚清时期京津唐煤矿地区的煤矿工业发展 ………… 33

　　　　二、晚清时期京津唐煤矿地区环境问题的产生 ………… 40

　　　　三、晚清时期京津唐煤矿地区环境问题的影响 ………… 52

　　　　四、晚清时期京津唐煤矿地区环境问题的治理 ………… 59

第三章　民国时期京津唐煤矿地区的煤矿工业发展与环境问题的
　　　　产生、影响及治理 ……………………………………… 74

　　第一节　民国时期京津唐煤矿地区的煤矿工业发展与环境
　　　　　　问题的产生 …………………………………………… 74

　　　　一、民国时期京津唐煤矿地区的煤矿工业发展 ………… 75

　　　　二、民国时期京津唐煤矿地区环境问题的产生 ………… 85

　　第二节　民国时期京津唐煤矿地区环境问题的影响 ……… 117

　　　　一、干旱 ………………………………………………… 118

　　　　二、生物灾害 …………………………………………… 120

　　　　三、粮食作物歉收 ……………………………………… 120

　　　　四、饥馑与贫困 ………………………………………… 123

　　　　五、社会矛盾激化 ……………………………………… 126

　　　　六、疫病丛生 …………………………………………… 129

　　　　七、矿难 ………………………………………………… 132

第三节 民国时期京津唐煤矿地区环境问题的治理……………… 133

一、国民政府对京津唐煤矿地区环境问题的管理政策…… 134

二、国民政府对京津唐煤矿地区环境问题的治理政策…… 152

第四章 新中国成立后京津唐煤矿地区的煤矿工业发展与环境

问题的产生、影响及治理……………………………… 157

第一节 新中国成立后京津唐煤矿地区的煤矿工业发展

与环境问题的产生…………………………………… 157

一、新中国成立后京津唐煤矿地区的煤矿工业发展……… 157

二、新中国成立后京津唐煤矿地区环境问题的产生……… 162

第二节 新中国成立后京津唐煤矿地区环境问题的影响……… 214

一、新中国成立后京津唐煤矿地区环境问题的直接影响…… 214

二、新中国成立后京津唐煤矿地区环境问题的间接影响…… 251

第三节 新中国成立后京津唐煤矿地区环境问题的治理……… 266

一、新中国成立后政府对京津唐煤矿地区环境问题的

管理政策…………………………………………… 267

二、新中国成立后政府对京津唐煤矿地区环境问题的

治理政策…………………………………………… 284

结 语………………………………………………………… 297

参考资料……………………………………………………… 303

后 记………………………………………………………… 328

绪　论

一、本课题国内外研究现状述评及研究意义

京津唐煤矿地区拥有丰富的煤矿资源，清末至 20 世纪初叶，这里一直是京津唐地区的主要能源供应地。然而，京津唐煤矿地区在长期发展的同时也对生态系统产生了一定的影响，引发了一些环境问题。这些环境问题与京津唐地区煤矿的可持续发展密切相关。目前，对京津唐煤矿地区的环境问题，国内外学术界的相关研究比较缺乏。

国外学者对京津唐煤矿地区环境问题的研究不多，关于京津唐煤矿地区环境问题的著述几乎没有。美国前总统胡佛在其回忆录中，曾谈到京津唐煤矿，但是他的描述比较简单，没有涉及环境问题。[①] 高林士著、汪胡桢译的《中国矿业论》(*Mineral Enterprise in China*)[②]，也没有谈到环境问题。这本著作写于 1918 年，当时京津唐煤矿地区的环境问题，还没有引起人们的广泛关注。埃尔斯沃思的著作《开平煤矿(1877—1912)》[*The Kaiping Mines*(*1877-1912*)][③]，详细地梳理了英帝国殖民经营开平煤矿(开滦煤矿的前身)的情况，追溯了当地煤矿经济发展繁荣的复杂内涵，讨论了煤炭与当时社会政治经济发展的辩证关系等，但也没有关于当地环境问题方面的论述。

---

① Herbert Hoover, *The Memoirs of Herbert Hoover* (*1874-1920*), New York, The MacMillan Company, 1951, pp. 34-35.

② ［英］高林士：《中国矿业论》，汪胡桢译，全国图书馆文献微缩中心，2017。

③ Ellsworth C. Carlson, *The Kaiping Mines*(*1877-1912*), Cambridge, Harvard University Press, 1971.

　　截至 1978 年，尽管国内学者对京津唐煤矿地区矿业、工业等的发展史研究逐渐丰富，但是还缺乏对京津唐煤矿地区环境史的专门研究。例如，《北京西山地质志》[①]、《工业化与中国矿业建设》[②]、《外人在华矿业之投资》[③]、《中国煤矿》[④]等，研究了近现代京津唐煤矿发展的特点、社会经济影响，也论述了当时人们对京津唐煤矿地区的煤矿资源的使用观念，但是没有对环境问题进行专门论述。此外，一些学者开始针对京津唐地区的煤矿展开专题研究，这些研究一般主要聚焦煤矿生产发展与政治经济的关联及影响等方面。譬如，魏子初编辑的《帝国主义与开滦煤矿》分析了战争对于开滦煤矿发展的影响，并深入分析了帝国主义掠夺对京津唐煤矿地区社会经济的影响，特别是列强通过战争迫使中国签订不平等条约，抢夺矿权、路权等及对于开滦煤矿发展的影响等。这些著作，也没有关注到京津唐煤矿地区的环境问题。

　　改革开放以后，特别是 21 世纪初，有学者谈到了京津唐煤矿地区的环境问题，出现了一些关于京津唐煤矿地区环境问题的著述，但研究的问题比较零星、分散。这些成果主要从地质学等学科角度研究地质灾害及其治理，而没有全面考察当地的环境问题。例如，李铁的《我国的采矿诱发地震》，赵亮和赵德刚的《唐山市地质灾害现状及防治对策探析》，杜青松、武法东、张志光的《煤矿类矿山公园地质灾害防治与地质环境保护对策探讨——以唐山开滦为例》，任志军的《秦皇岛市矿产开发引发的地质环境问题及对策》，纪玉杰的《北京西山煤炭采空区地面塌陷危险性分析》，孙文洁、王亚伟、李学奎等的《华北型煤田矿井水文地质类型与水害事故分析》，王猛、朱炎铭、王怀勐等的《唐山矿瓦斯赋存的地质控制因素研究》等，都从科学理论或者技术层面上讨论京津唐煤矿地区的一些环境问题。此外，郝玉芬的博士论文《山区型采煤废弃地生态修复及其生态服务研究》，以及金明丽的学位论文《基于生态涵养——

①　农商部地质调查所：《北京西山地质志》，北京，农商部地质调查所，1920。
②　曹立瀛：《工业化与中国矿业建设》，上海，商务印书馆，1946。
③　谢家荣、朱敏章：《外人在华矿业之投资》，中国太平洋国际学会，1932。
④　胡荣铨：《中国煤矿》，上海，商务印书馆，1935。

农民增收双赢的山区土地利用布局研究》和王培培的学位论文《北京市西部生态涵养区生态补偿方法研究》等，都从生态修复技术研究的角度，谈到了一些环境问题。到目前为止，还没有学者对京津唐煤矿地区的环境问题进行专门的研究。

为了修复京津唐煤矿区的生态环境，减少环境问题的产生及其危害，建设美丽、宜居的家园，需要对京津唐煤矿地区的环境问题及其治理工作进行历史的考察。

二、研究的主要内容

本课题研究的主要内容是考察京津唐煤矿地区环境问题的产生、影响及其治理。本课题通过对外资企业、中外合资企业、中国国有企业和民营企业的采煤技术、生产规模、生产管理、交通运输、煤炭销售等经营环节的历史考察，揭示京津唐煤矿地区环境问题产生的原因，分析京津唐煤矿地区环境问题带来的后果。对从清政府、国民政府到中华人民共和国政府为治理该地区生态和环境问题所采取的政策措施、取得的成就和存在的问题等进行研究，总结经验教训，并在此基础上，提出对策性建议。

三、基本观点

随着煤炭工业的发展，京津唐煤矿地区的环境问题开始增多。清末，煤矿的开发和利用对生态环境就造成了破坏和污染，产生了一些环境问题及影响。由于晚清时期煤炭生产的时间不长，因此产生的环境问题不具有煤矿地区环境问题的典型特征——强破坏和高污染，对环境的影响相对较小。再往后，随着煤炭工业近现代化发展的加快，出煤量增大，加上长年开采，环境问题变得越来越具有煤矿地区环境问题的典型特征。

帝国主义列强的掠夺性开采是清末、民国时期京津唐煤矿地区产生环境问题的主要因素之一。列强为了牟取暴利，最大限度获取煤矿资源，煤矿企业的煤炭生产只追求效率，不讲环境保护。这些企业投资不足，生产无计划，滥开滥采，加上采煤机器相对简陋，管理简单、粗暴等，造成了京津唐煤矿地区及其周边地区环境的严重破坏和污染问题。

在抗日战争时期，日本占领了京津唐煤矿地区，采取竭泽而渔的政策，无限扩大煤矿矿区办矿采煤面积等，造成了许多环境问题，使得矿区生态压力增大，也使京津唐煤矿地区及其周边地区生态环境进一步恶化。

为了解决京津唐煤矿地区的环境问题，晚清政府、国民政府都曾采取过治理措施。但是当时的国民经济状况一直不好，国家主权不完整，战事不断，社会动荡，政府延续着"官山海"的环境管理政策，以矿产资源保护、山水保护和水利建设等为主，无力采取海河一体化大型水利工程、山水林田湖草沙一体化保护和修复工程等综合环境治理措施。此外，虽然政府探索了煤矿区的矿产资源环境及其他自然资源环境的管理和保护的法治化建设，但是由于许多法案浮于表面、施政时间不长、制度保障和资金支持不充足等，这些措施收效甚微。

新中国重视京津唐煤矿地区的环境治理，认识到了京津唐煤矿地区的环境问题与改善民生、促进社会和谐发展紧密相关。20世纪50至70年代末，治理重点是山林环境保护、水利工程建设、公共卫生治理等，拟定了南水北调方案，建成许多水坝、水库、林场等，形成了京津唐煤矿地区的自然环境保护的基本格局。例如，调研煤矿地区的空气污染、水污染，推进环保机制建设等，为京津唐煤矿地区环境保护提供了实践经验。20世纪80年代末至21世纪初叶，政府更加重视环境治理和环境保护，推进了环境治理的现代化。这一阶段主要是对自然资源环境破坏及环境污染的重点治理，进行了社会主义社会环境治理的制度化、法治化、科学化探索。党的十九大报告提出社会主义生态文明观，要求进一步加大对矿地环境问题的治理力度。这些都促进了京津唐煤矿地区的环境治理。

京津唐煤矿地区历史遗留的环境问题较多，成因复杂。例如，在生产时期过度追求工业经济效益，对环保工作重视不足；有些环境问题短期无法消灭，治理中容易出现旧的问题还没有完全得到解决，新的问题又产生的尴尬局面；许多废旧煤矿遗留下来的环境污染问题需要进一步治理。其中，最为突出的问题是被污染的土地需要治理、被污染的地下水需要净化、生态环境需要修复和涵养等。

我们要吸收发达国家治理煤矿环境问题的经验教训，结合中国的具体情况，开辟中国煤矿环境治理的新路子。在这一过程中，我们要转变思路，坚决贯彻源头治理，针对煤矿环境治理、矿区及周边地区的自然资源环境保护、环境治理技术创新与成果转化等重点问题，既要推进环境问题的国家治理，进行制度建设和执政能力建设，也要花大力气、下大决心进行综合治理，坚持走可持续发展的新路。

京津唐煤矿地区的环境治理和环境保护要贯彻落实习近平生态文明思想，牢固树立社会主义生态文明观，践行"绿水青山就是金山银山"的理念，落实"人与自然和谐共生"的科学自然观，探寻有中国特色社会主义的生态型绿色经济发展道路，为建设美丽中国做出贡献。

四、研究思路

首先，研究清末以来京津唐煤矿地区的煤矿，包括外资企业、中外合资企业、大中型国有企业和中小型民营企业；关注毁林办矿、采煤生产加工技术进步、交通运输发展、煤矿衍生工业发展及煤炭工业城镇化发展等引起的环境问题及其影响。

其次，研究京津唐煤矿地区环境问题的治理措施，以及实施情况、取得的成效和存在的问题。

最后，提出治理京津唐煤矿地区环境问题的建议和对策。

五、研究方法

坚持历史唯物主义的研究方法，收集大量相关的国内外史料，特别是档案资料，史论结合，并进行实地考察研究。由于这个课题涉及环境科学、地质学、病理学等学科，因此本研究也是一种跨学科研究。

六、创新之处

第一，弥补了帝国主义侵华史研究中的薄弱环节。

学术界过去对京津唐煤矿地区的研究，侧重于帝国主义侵略使我国丧失主权、帝国主义对我国进行政治压迫和经济剥削，以及帝国主义制约我国社会经济发展而造成的贫穷落后等问题，而忽略了对帝国主义经济侵略带来的其他恶劣影响，特别是忽略了对帝国主义掠夺我国矿产资源所造成的生态环境问题的研究。本课题将弥补这方面研究的不足。

第二，首次从环境史的角度研究了京津唐煤矿地区的环境问题。

本课题从环境史的角度系统、深入地研究了京津唐煤矿地区环境问题的产生、影响以及京津唐煤矿地区环境问题的治理措施和效果，并对进一步治理京津唐煤矿地区问题提出了新的对策。

第一章 京津唐煤矿地区的生态和地质地理分布、开发与利用、经济价值与社会贡献

历史遗迹、考古发现表明，京津唐煤矿地区不仅是京津唐地区较早出现人类定居的地区，而且是中华文明的发源地之一。京津唐煤矿地区的煤炭资源丰富，分布范围广，具有重要的经济开发价值，其采煤史可以追溯到辽金。晚清以来，京津唐煤矿地区开始大量开发和利用煤炭，煤矿开采逐步从传统手工艺的土煤窑向新式机械煤矿发展，这里成为北方地区的主要煤炭能源供应地之一。京津唐煤炭工业的发展不仅为地区经济带来巨大的经济价值，而且促进了京津冀乃至国内工业社会的飞速发展和繁荣。

第一节 京津唐煤矿地区的生态和地质地理分布

京津唐煤矿地区位于华北平原北部，地理位置优越，东临渤海，西依太行山脉，北枕燕山，依山望海，海陆地形兼有，总面积约 $5.2 \times 10^4 \ \mathrm{km^2}$。该地区煤矿地质地理分布合理，煤矿资源丰富。

一、京津唐煤矿地区的生态

京津唐煤矿地区主要包括北京西南部、廊坊北部、天津北部、唐山东北部、秦皇岛西北部等地，起伏埋潜于燕山山脉和太行山脉组成的群山、丘陵、山前平原之中。该地区拥有丰富的煤矿、水、原始森林等自

然资源。林区主要分为华北山地林区、华北平原林区等，分布在太行山脉和燕山山脉。多数林区属于华北山地亚区，以华北落叶阔叶林、华北混合阔叶林等为主。京津唐煤矿地区的林区在古代是我国林地环境比较健康的地区，"盖煤乃古之山林"[1]。这里的许多景致自古以来就备受赞誉，《诗经·商颂·殷武》中的"陟彼景山，松柏丸丸"就是对太行山脉的描写。曹操《观沧海》中的"树木丛生，百草丰茂。秋风萧瑟，洪波涌起"就是对这里千里密林的真实描写。

古代，京津唐煤矿地区自然环境优美，适宜栖息。这里森林繁茂，树种多样，孕育着丰富的野生植物。据 1984 年的林业普查，唐山地区有树林 57 科 214 种，如山地主要树种有油松、侧柏、橡、椴等，果树有梨、桃、杏等，还有大量荆条等灌木。[2] 北京地区有 1400 多种植物，其中蕨类植物 10 种，裸子植物 1240 余种。[3] 门头沟等煤矿地区，乔木有松树，柏树，桑树，槐树（青、黄、白），香椿，臭椿，杨树（青、白），银杏，栎树，椴树等；果树有梨、枣、杏、李等。有药草类 46种：地黄、地丁、薄荷、蛇床子、菟丝子、麦冬、天麻子、苦丁香、益母草、牛蒡子、连翘、薏仁米、浮萍、木贼、艾草等；草类有 18 种：苜蓿、菖蒲、水葱、茅、款冬、垂盆草、蒌蒿等；花类有 57 种：蔷薇、牡丹、芍药、月季、凤仙花、旋覆花、水仙、金丝荷叶、金灯藤、秋海棠、丁香、石竹、夹竹桃、香荽莶等。[4]

野生动物也很多。北京地区，有 340 余种鸟类：鹤、鸪、秃鹫、天鹅、雉、鹳、鸬鹚等。[5] 有 420 余种陆生脊椎动物：虎、獐、豹、狼、狐狸、野猪、鹿、马、刺猬、獾等。有 20 余种昆虫：蟋蟀、萤火虫、

---

① 熊性美、阎光华：《开滦煤矿矿权史料》，4 页，天津，南开大学出版社，2004。
② 唐山市地方志编纂委员会：《唐山市志》，1625 页，北京，方志出版社，1999。
③ 北京市地方志编纂委员会：《北京志·市政卷·环境保护志》，208 页，北京，北京出版社，2004。
④ 赵永高：《门头沟文化遗产精粹——京西物产》，前言 1 页，北京，北京燕山出版社，2007。
⑤ 北京市地方志编纂委员会：《北京志·市政卷·环境保护志》，208、209 页，北京，北京出版社，2004。

蝉、螳螂、蜻蜓、蚂蚁等。还有 10 余种河鲜：鳖、鲫、鲇、鳅、鲤、鲂、鲢、黄鳝、螺、蛤、蟹、虾等。[①]

而且，这里的径流也十分丰富，有永定河、大清河等海河主要支流，还有上百条支流。无论是过境河，如永定河、滦河，还是本地河，如房山的大石河、唐山的石榴河、秦皇岛的石河等都有充沛的雨水补给，成为滋养这个地区的重要的自然资源。

比如，在北京地区，京西煤田的 90％分布在门头沟、房山等山涧之间，其中煤炭资源较为优厚的门头沟属于燕山山脉，面积约 1455 km²，山区面积约占 98.5％。这里煤田储存的地下水曾是山涧蜿蜒河流的主要来源。[②] 西山群山是北京地区重要水源补给地，是北京地区大多数泉，如玉泉、万泉、莲花泉等的源头。西山流出的多条溪流形成了众多的湖泊、小河、水塘、沼泽等水环境，滋养下游平原地带的土地，成为北京城诞生的自然条件。

这里不但山区河流的水质较好，而且山前平原的水源也丰富。比如，玉泉山的山泉成为宫廷特供。门头沟山前平原——永定镇和龙泉镇是古代著名的山泉出产地。永定河、大清河等河流蜿蜒流淌，滋养着北京地区，使得这里成为植被分布最广的平原地带之一。

史前，这里群山叠嶂、水源充沛、土地肥沃、生物极盛、花木果实丰硕等，成为古人类栖息之地。在距离北京房山周口店煤矿不远的地方，太行山尾翼出现了北京猿人，那里是中外闻名的古人类文化遗址。唐山玉田荣辉河河畔形成了"孟家泉旧石器文化"，唐山迁西滦河河畔在新石器时代孕育出"西寨古文化"[③]。

古代，优越的生态自然环境吸引着游牧民族在此定居。人们在沿河一带的森林与平原接壤地带种植五谷，使得这里成为中华文明的发祥地

---

　　①　王养濂等纂修：《康熙宛平县志》，王岗、易克中等点校整理，61～62 页，北京，北京燕山出版社，2007。

　　②　王养濂等纂修：《康熙宛平县志》，王岗、易克中等点校整理，序二 1 页，北京，北京燕山出版社，2007。

　　③　孟昭永、顾铁山：《河北迁西县西寨遗址调查》，载《考古》，1993(1)。

之一。比如，位于北京西山门头沟的东胡林人遗址有力证明着，从上游的煤炭储量丰富的灵山、百花山顺势而下的作为永定河最大支流的清水河河谷曾是水美草肥之地，早在1万年前就吸引了游牧民族在此生息繁衍。[①]

二、京津唐煤矿地区的地质地理分布

京津唐煤矿地区的地质地理结构多样态，由五个主要地质地理板块构成。

第一个地质地理板块是北京煤田。北京煤田又分为京西煤田和京东煤田。京西煤田主要包括门头沟煤系和杨家屯煤系，属于双纪煤系，由苔藓、灌木等植被或海岸线后退后的海洋生物残骸在地质构造运动中形成的植物化石构成。京西地层自下而上分别是下古生界、上古生界、中生界、新生界。门头沟煤系是早中侏罗世煤，形成于中生界时代，典型煤矿区有龙门和窑坡、蔡家岭组、南大岭组等；杨家屯煤系的地层煤属于上古生界煤，是石炭—二叠纪煤系，基层属于寒武系、中奥陶系、下奥陶系，形成于下古生界时代。[②]

两个煤系共同受到远古时期和后生时期地质构造运动的影响，煤层不稳定，如门头沟煤系受到冲刷作用的影响[③]，煤系、煤层较薄，易碎。一些地方受到岩浆挤压煤系地层，出现贫煤带，如北岭向斜南翼东段西峪沟到皇陵段、房山花岗山等。一些地方的煤层受到岩浆的侵入，煤层稳定性不好，煤系、煤层受到破坏，这种现象以杨家屯煤系最为典型。[④]

京西煤田无论是各含煤层向斜之间，还是同一向斜的不同部位，煤层的厚度都变化迥然，分为薄煤层、中厚煤层、厚煤层、特厚煤层。[⑤]京西煤层形态为鸡窝状和层状，以鸡窝状为主。这是因为自中奥陶纪后

---

① 赵朝洪：《北京市门头沟区东胡林史前遗址》，载《考古》，2006(7)。
② 王强：《京西煤田煤层赋存特征及成因分析》，载《煤炭技术》，2001(5)。
③ 王强：《京西煤田煤层赋存特征及成因分析》，载《煤炭技术》，2001(5)。
④ 王强：《京西煤田煤层赋存特征及成因分析》，载《煤炭技术》，2001(5)。
⑤ 王强：《京西煤田煤层赋存特征及成因分析》，载《煤炭技术》，2001(5)。

期，遭受地质构造运动的影响，华北地区逐渐从海洋中上升，并且同时受到风化、剥蚀。这使得京西煤田基底的煤层凹凸不平，具有古风化岩石的特征。煤炭纵向分布的上、中、下煤层中，中间层煤炭最好，煤岩石的稳定性、连续性强。[①]

京西煤田主要集中在西南部山区，东起万寿山，西到北京市西边界，东西长约 45 km，北起斋堂，南到周口店，南北约 35 km。煤田总面积约 1019 km²[②]，累计探明煤炭存量为 14.65×10^8 t[③]。其中，门头沟煤矿是我国五大无烟煤产地之一。[④] 虽然京西煤田煤炭资源丰富，但是其煤炭构成复杂，煤层结构不稳定，一些煤层厚薄不均，不易开采。这使得富矿区中优质煤矿区容易形成更多的煤矿。例如，百花山等门头沟煤系，主要开采煤层为 2～3 层，属于富矿区。而杨家屯煤系主要开采煤层为 4～5 层，煤质较差。[⑤] 门头沟煤系比杨家屯煤系相对好开采，在古代就出现了许多煤矿，如斋堂煤矿等。而杨家屯煤系在民国以后才被大量开采，如王平煤矿等。

除了门头沟、房山两区之外，其他地区的煤田大多零星分布，如石景山、丰台、昌平、延庆、海淀等地区，不具有大规模开发的工业价值。[⑥]

京东煤田位于北京顺义东南部，以晚石炭世—早二叠世煤为主，辅有早侏罗纪煤。煤层为 3～17 层，可采煤层主要分布在 3～6 层，厚度 7～23 m。煤质以无烟煤为主，兼有气煤、肥气煤。[⑦] 由于当地水文条

---

① 王强：《京西煤田煤层赋存特征及成因分析》，载《煤炭技术》，2001(5)。

② 王强：《京西煤田煤层赋存特征及成因分析》，载《煤炭技术》，2001(5)。

③ 北京市门头沟区地方志编纂委员会：《北京市门头沟区志》，84 页，北京，北京出版社，2006。

④ 郝玉芬：《山区型采煤废弃地生态修复及其生态服务研究》，博士学位论文，中国矿业大学，2011。

⑤ 王强：《京西煤田煤层赋存特征及成因分析》，载《煤炭技术》，2001(5)。

⑥ 北京市地方志编纂委员会：《北京志·地质矿产水利气象卷·地质矿产志》，87 页，北京，北京出版社，2001。

⑦ 北京市地方志编纂委员会：《北京志·地质矿产水利气象卷·地质矿产志》，92 页，北京，北京出版社，2001。

件复杂，煤层深埋，不具备大面积开采价值，因此这里在新中国成立后才零星出现了一些煤矿。

第二个地质地理板块是廊坊煤田。廊坊煤田属于海岛地域煤田，是滨海沼泽相含的煤沉积煤田，主要分布在三河、大城地区，位于燕山山脉的山前冲积平原地区。廊坊煤田形成于中元古代至中生代早期、地壳运动相对稳定的时候。当时海水淹没陆地，志留纪、泥盆纪、早石炭纪到中石炭纪时期形成了这里的煤田。[①] 廊坊煤田主体在三河。第一部分是三河—大城煤田，属于石炭—二叠纪煤田，以无烟煤为主。这个区域在三河康家湾—大府庄—沈家庄煤矿地区，煤层大多深埋在第四系平原之下，含煤地层厚 150~180 m，含煤 13 层，总厚度平均 13.63 m；同时，这里还有以气煤和瘦煤为主的煤矿地区，主要分布在大城东部旺村—西马村—河间尊祖庄，埋深 700~2000 m，含煤地层厚度 150 m，含煤 10 层，累计厚度 14 m，分布面积约 420 km²，预计远景储量大于 $20×10^8$ t。第二部分是侏罗纪煤田，分布在三河与顺义交界的龙庭候村附近。第三部分是第三纪煤田，分布在三河段甲岭至蓟县（今蓟州区）邦均地区，煤层多，埋深 50~150 m，煤层厚度大于 600 m，分布面积约 81 km²。[②] 总体上廊坊煤田的煤层中混有杂质，且形态复杂，不易开采。这使得这里在新中国成立后才出现新式机械煤矿。

第三个地质地理板块是天津煤田。天津的煤田主要分布在蓟宝地区。蓟宝煤田位于天津北部山区，分布在蓟县和宝坻交界处的林南仓、北潭和下仓等地区[③]，属于燕山山脉的一部分。这里的煤矿煤层在燕山皱褶，属于天山—阴山构造体系的东段，形成于中生代侏罗纪中晚期，距今 18 亿~8.5 亿年，属于海相和海滨相沉积物，并受到新生代构造运动的影响，以优良无烟煤和肥气煤为主。[④] 这里煤炭资源丰富，有 14 层煤，煤层总厚度为 530 m，可开采的厚度为 10.35 m，煤田面积约

① 廊坊市志编修委员会：《廊坊市志》，113 页，北京，方志出版社，2001。
② 廊坊市志编修委员会：《廊坊市志》，117 页，北京，方志出版社，2001。
③ 仲小敏、李兆江：《天津地理》，60~61 页，北京，北京师范大学出版社，2011。
④ 仲小敏、李兆江：《天津地理》，60 页，北京，北京师范大学出版社，2011。

72 km², 煤的总蓄量为 6.8×10^8 t, 属于中型煤田。由于这里的煤主要属于海岛煤, 总体煤质不佳、煤层环境复杂, 因此不具备工业开发价值, 没有出现煤矿。

第四个地质地理板块是唐山煤田。唐山煤田主要分布在开平地区, 是京津唐煤矿地区资源最丰富的地区。[1] 清末开平矿务局外聘工程师估计, 这个区域内的无烟煤储量巨大。[2] 我国后来的勘探也证实了这个观点。勘探发现, 这里的煤层主要分布在第四系冲击层下, 是华北煤矿存储量最大、煤质最为优良的大型煤田区域, 已经探明的煤炭存储面积约为 900 km²[3]。截至 1988 年年底, 地质煤储量为 42.07×10^8 t, 预测深部煤储量约 78.3×10^8 t[4], 探明煤储量约 71×10^8 t[5], 矿区面积约 670 km²[6]。

开平煤田在燕山沉积带中段南翼, 位于河北省东部, 东起东矿区徐家楼村, 西至玉田林西南仓, 地跨玉田、丰润、唐山、丰南、滦州和滦南。开平煤田是北东向的北翼陡南翼缓的不对称向斜构造, 向斜盆地北面紧靠低山, 南面伏卧平原, 向斜北部裸露岩层的地面标高在40～60 m, 南部约为 20 m。[7] 开平煤田在燕山山脉和华北平原接壤处, 地形属于滨海冲积平原。

开平煤田属于石炭—二叠纪煤系[8], 主要形成于石炭纪时代。这里

---

① Herbert Hoover, *The Memoirs of Herbert Hoover (1874-1920)*, New York, The MacMillan Company, 1951, p. 64.

② 熊性美、阎光华:《开滦煤矿矿权史料》, 37 页, 天津, 南开大学出版社, 2004。

③ 王猛、朱炎铭、王怀勍等:《开平煤田不同层次构造活动对瓦斯赋存的控制作用》, 载《煤炭学报》, 2012(5)。

④ 资料来源于开滦国家矿山公园博物馆。

⑤ 《唐山市国土资源志》编纂委员会:《唐山市国土资源志》, 279 页, 北京, 中国文史出版社, 2013。

⑥ 韩军、梁冰、张宏伟等:《开滦矿区煤岩动力灾害的构造应力环境》, 载《煤炭学报》, 2013(7)。

⑦ 河北省煤田地质勘探公司第一勘探队:《开平煤田水文地质特征及探采对比》, 载《煤田地质与勘探》, 1978(6)。

⑧ 王猛、朱炎铭、王怀勍等:《开平煤田不同层次构造活动对瓦斯赋存的控制作用》, 载《煤炭学报》, 2012(5)。

的煤炭主要由史前植物在亿万年前的演变中吸收太阳热量后转换而成。[1] 开平煤田由向斜盆地构成，内部断层、褶皱发育完全，煤层弯曲程度大，构造应力场大，瓦斯密集、低渗透，容易成为煤尘与瓦斯突发危险事故的地区。同时，其盆地底层的裂缝构造受到采煤压力的影响，降低了底层岩体的强度，削弱了底层的隔水能力，底层发生水渗透、上冒之后，容易发生底板突水。[2]

开平煤田煤层厚，含煤量大，煤系地层总厚度为 $490\sim530$ m，平均总厚度 15 m 左右，含煤层在 $15\sim20$ 层，含有可采层 10 个。[3] 煤层总厚度为 $20\sim28$ m，含煤系数为 $13.33\%\sim18.67\%$。[4] 开平煤系地层结构为砂岩、粉砂岩、黏土岩、薄层石灰。地质倾角多为缓倾斜，部分地区为急倾斜或倒转，适合机械开采。

开平煤田主要由唐家庄组、开平组、赵各庄组和大苗庄组构成。比如，赵各庄组含煤层为 $3\sim5$ 层，主要可采层为 12 层；大苗庄组含煤层为 $4\sim6$ 层，主要可采层为 5、8、9 层等。[5] 开平煤田煤资源集中、煤层分布稳定，煤层较京津唐煤矿地区的其他地区要厚，更加具有工业开采价值，因此成为京津唐煤矿地区最早出现新式机械化煤矿的地区。例如，唐家庄、开平等富矿区在清末、民国时期就是开平煤矿主要生产区。新中国成立后，该地也是京津唐地区的主要煤炭生产能源地。

第五个地质地理板块是秦皇岛煤田。秦皇岛煤田以抚宁柳江盆地煤田为主，主要分布在抚宁县石门寨镇石门寨到义院口之间，以侏罗纪煤为主，大多数煤层结构简单，煤的总储量约 1×10^{12} t。

富煤区中，煤质优良，煤层分布浅层好采的区域有二。第一支煤脉

---

[1] 资料来源于开滦国家矿山公园博物馆。

[2] 韩军、梁冰、张宏伟等：《开滦矿区煤岩动力灾害的构造应力环境》，载《煤炭学报》，2013(7)。

[3] 资料来源于开滦国家矿山公园博物馆。

[4] 王猛、朱炎铭、王怀勐等：《开平煤田不同层次构造活动对瓦斯赋存的控制作用》，载《煤炭学报》，2012(5)。

[5] 韩军、梁冰、张宏伟等：《开滦矿区煤岩动力灾害的构造应力环境》，载《煤炭学报》，2013(7)。

在石门寨黑山窑村附近，煤层为 3、4 层。因此，这里的煤矿出现的时间也较早，且一直是煤炭生产的主要产区，如柳江煤矿、大曹沟煤矿。第二支煤脉在上庄坨半壁店村南侧，煤层为 3、5 层，煤层厚度在 2～4 m，如长城煤矿。

除了以上浅层易采的富煤区，这里还有一些煤质中等、煤层分布结构复杂的煤矿区。这些煤矿受到采煤品质、采煤技术的限制，是在新中国成立后才纷纷出现的。一是石门寨北大石河南侧，煤层为 2、3、5 层，如曹山煤矿；二是在上庄坨乡石岭火车站附近，煤层为 3、5 层，煤层厚度在 2～4 m，如马蹄岭煤矿；三是在驻操营镇义院口村南侧和秦青公路西侧，煤层为 5、10 层，煤层厚度在 2～4 m，如义院口煤矿；四是在驻操营苏庄南、唐家房北，煤层为 3、5 层，总厚度约为 3.8 m，如唐苏煤矿；五是在青龙山神庙乡神庙村，煤层为 10 层，煤层平均厚度约为 2.5 m，如青龙长城煤矿。[①]

京津唐煤矿地区煤炭资源的主要分布及具体情况见表 1-1。

表 1-1 京津唐煤矿地区煤炭资源的主要分布及具体情况统计表

序号	煤矿区域	勘探区（井田）	煤层层数	煤种	规模	探明储量/ 10^3 t
1	京西：门头沟区	门头沟区门头沟	5	无烟煤	中型	100923
2	京西：门头沟区	门头沟区王平村	5	无烟煤	中型	99826
3	京西：门头沟区	门头沟区大台	12	无烟煤	中型	127061
4	京西：门头沟区	门头沟区木城涧	4	无烟煤	中型	42628
5	京西：门头沟区	门头沟区千军台	11	无烟煤	中型	86649
6	京西：门头沟区	门头沟区城子	4	无烟煤	小型	22444
7	京西：门头沟区	门头沟区杨家坨	5	无烟煤	中型	122382
8	京西：门头沟区	门头沟区琉璃渠	2	无烟煤	小型	8060
9	京西：门头沟区	门头沟斋堂胡林	10	无烟煤	小型	45129

---

① 秦皇岛市地方志编纂委员会：《秦皇岛市志》第一卷，319～320 页，天津，天津人民出版社，1994。

序号	煤矿区域	勘探区（井田）	煤层层数	煤种	规模	探明储量/10^3 t
10	京西：门头沟区	门头沟潭柘寺	2	无烟煤	中型	52520
11	京西：门头沟区	门头沟区冯村	4	无烟煤	中型	82305
12	京西：门头沟区	门头沟王村	3	无烟煤	中型	118783
13	京西：门头沟区	门头沟区色树坟	3	无烟煤	小型	16452
14	京西：门头沟区	门头沟区安家滩	2	无烟煤	小型	13845
15	京西：门头沟区	门头沟曹家铺	1	无烟煤	小型	23660
16	京西：门头沟区	门头沟煤窝	5	无烟煤	中型	112510
17	京西：门头沟区	门头沟区茶棚岭	12	无烟煤	小型	30837
18	京西：门头沟区	门头沟区黑土港	10	无烟煤	中型	72680
19	京西：门头沟区	门头沟区皇城峪	10	无烟煤及贫煤	小型	40590
20	京西：门头沟区	门头沟区清水—青龙涧	13	无烟煤及烟煤	小型	33264
21	京西：门头沟区	门头沟区马栏—洪水峪	12	无烟煤	中型	109970
22	京西：门头沟区	门头沟区东斋堂	9	无烟煤	中型	80537
23	京西：海淀区	海淀区八大处	3	无烟煤	中型	188770
24	京西：房山区	房山区大安山元港	12	无烟煤	大型	354976
25	京西：房山区	房山区大安山	3	无烟煤	大型	220000
26	京西：房山区	房山区宝儿水	4	无烟煤	小型	19830
27	京西：房山区	房山万佛堂	4	无烟煤	小型	39067
28	京西：房山区	房山万佛堂	7	无烟煤	中型	55191
29	京西：房山区	房山区长沟峪	6～8	无烟煤	中型	88706
30	京西：房山区	房山区长沟峪长流水	3	无烟煤	小型	43333
31	京西：房山区	房山区周口店	4	无烟煤	小型	5425
32	京东：顺义区	顺义县榆林	3	烟煤	小型	3152

序号	煤矿区域	勘探区（井田）	煤层层数	煤种	规模	探明储量/ 10^3 t
33	京东：顺义区	顺义县二十里长山	6	烟煤	小型	24980
34	京东：顺义区	顺义县龙庭侯	3	烟煤	中型	74949
35	京东：顺义区	顺义县三河煤田岭上	4	无烟煤	中型	99978
36	唐山：开平、古冶、林南仓、玉田、丰南、滦县和滦南等	开平盆地煤田	3～12	无烟煤	大型	469458
37	秦皇岛：抚宁区	柳江盆地煤田	3～10	烟煤	小型	—
38	天津：北潭区	蓟宝煤田	14	烟煤、气煤	小型	—

　　资料来源于北京市地方志编纂委员会：《北京志·地质矿产水利气象卷·地质矿产志》，88～92页，北京，北京出版社，2001。

　　总体来看，京津唐煤矿地区煤矿的煤层分布、煤炭品质等是决定该地区煤矿推进煤炭工业化发展的客观因素。采煤技术的革新和进步是不同历史时期煤矿得到发展的根本原因。一般来讲，分布在煤层较浅的富矿区，在晚清时期基本上就已经出现了新式机械化煤矿；而煤炭质量较好，地质地理结构相对复杂的富矿区在民国时期也出现了新式机械化煤矿。许多有工业价值的地质结构复杂的富矿区和贫煤区在新中国成立后才陆续被开发和利用。

　　京津唐煤矿地区因为有了这五个煤田地质地理板块的合理分布，所以颇具率先发展煤炭工业的潜力，许多地区被政府选作煤炭工业近现代化发展实验区。晚清以后，随着煤炭工业的近现代化发展，京津唐煤矿地区陆续兴办了许多煤矿，煤炭工业蓬勃发展，而这五个煤田板块有力地支撑着华北地区的工业经济发展。

第二节　京津唐煤矿地区的煤矿开发
与利用、经济价值与社会贡献

　　京津唐煤矿地区的煤矿开发与利用起源于京津唐煤矿地区柴草类燃料能源的短缺。古代京津唐煤矿地区使用的燃料有柴薪、木炭、树枝、草、农作物根茎等，这些燃料属于柴草类燃料，虽然构成多样，但是在燃烧过程中都存在燃料消耗量大而输出热力能源量小的弊端。明清时期，随着京津唐煤矿地区人口的增加、地区性气候日趋干旱，柴薪、木炭供给日益短缺，其他燃料能源也出现匮乏，这使得煤矿的开发被提上日程，人们使用的燃料开始从柴草类燃料逐步转向煤炭等矿物类燃料。煤炭作为燃料能源因为在燃烧过程中供给能量高、持续时间长等特性逐渐被人们接受，成为近代中国社会生存和发展的必备物资。

　　一、古代京津唐煤矿地区的燃料危机

　　古代，京津唐煤矿地区的燃料主要是柴薪、木炭。这可以从古代诗文中反映出来。"其杂货并在十市口。北有柴草市，此地若集市"[①]，"无情风雪偏欺老，经乱衣裘不御寒。春意一炉红榾柮，故人两坐绿蒲团"[②]，这些都反映出当时京畿西山地区出产的柴薪、木炭是社会的主要燃料，也反映出永定河、大运河、海河等主要的北方水系菏泽润物、水草丰富，沿河所产的芦苇也是周边地区的燃料。

　　相比苇草等燃料，柴薪和木炭更受人们青睐。[③] 其中，木炭具有碳含量高、烟雾少、耐腐蚀、适宜存放的特点，是早期人类日常生活中的理想燃料。[④] 木炭是将森林中的大树树干、粗大枝条等经过不完全燃

---

　　① （元）熊梦祥：《析津志辑佚》，5 页，北京，北京古籍出版社，1983。

　　② （元）艾性夫：《剩语》卷下，见（清）法式善辑：《宋元人诗集八十二种》，国家图书馆藏清法氏存素堂抄本。

　　③ 高寿仙：《明代北京燃料的使用与采供》，载《故宫博物院院刊》，2006(1)。

　　④ 孙楠、李小强：《木炭研究方法》，载《人类学学报》，2016(1)。

烧、冷却后生成。木炭分为特级、中级、低级等类型，特级木炭卖价
高，一般以优质的木材为原料。木炭是秦汉以后我国社会的主要燃料之
一。①《汉书·食货志》中的"冶镕炊炭"即将木炭作为冶金燃料。明清时
期，冶铁、铸造钱币也用木炭作为燃料。② 木炭的生产需要大量木材，
且需要放火烧制，这造成了山林环境的破坏。木材的减少也使木炭燃料
的辉煌时代成为过去。明末清初，煤炭与木炭一起成为冶炼等产业燃料
能源。同时，木炭造价过高，主要流向皇宫、署衙、富裕家庭，成为
少数显贵消费的"奢侈品"。

　　清中期以后，山林树木减少，河滩护堤林、草地遭到破坏，特别是
19 世纪下半叶多发干旱、洪灾，柴草类燃料开始出现短缺。比如，永
定河、潮白河、海河等河流沿岸的柳树、芦苇等植被受到气候变化的影
响而生长缓慢，使得西山所产的柴薪价格日渐升高。有些地区的情况更
糟糕，如北京、天津等城市由于人口密集，对于燃料的需求量大，一到
冬季便出现严重的民用燃料危机，解决从外地运输柴薪到这里销售的货
源问题和稳定物价也成为清政府管理经济的主要内容。这些地方缺乏柴
薪的现象，也进一步加大了社会活动对于生态自然环境的干扰和破坏。
为了获得燃料，人们更加频繁地到山林里采集枯死的朽木、脱落的树
皮、枯干的荆棘条和杂生的野草等，从而使森林土壤表层的有机物质层
形成更加困难，土壤肥力和持水性下降。随着山林环境被破坏，不耐烧
的燃料逐渐不能满足人们社会生活的需求。人们遵循着"就地取材，靠
山吃山"的生存原则，把秸秆、糠秕等农作物根茎也用作日常家庭的
燃料。③

　　对于冶炼等产业而言，这些柴薪、农作物根茎的燃烧时间不长、热
力不足，无法替代木炭成为主要的燃料。人们只能另辟蹊径，通过试验，
发现可以广泛地将煤炭作为燃料。随着人们对煤炭需求量的增大，发掘、

①　李欣：《秦汉社会的木炭生产和消费》，载《史学集刊》，2012(5)。
②　孙冬虎：《元明清北京的能源供应及其生态效应》，载《中国历史地理论丛》，2007(1)。
③　王星光、柴国生：《宋代传统燃料危机质疑》，载《中国史研究》，2013(4)。

开发、利用煤炭和增加煤矿数量就被提上了社会发展的议事日程。

二、京津唐煤矿地区的煤矿开发与利用

煤炭是由碳、氢、氧、氮等元素组成的黑色固体矿物，有"黑色金子"之称。在古代社会，我国开发它时，首先开发的不是它的能源价值，而是它作为药用原料、墨汁原料、化妆品原料、制砖原料的价值。煤炭也因此有很多名称，如"石涅""石炭""乌金石""画眉石""糜石""石墨"等。对于煤炭的记述始见于先秦，《山海经》称煤炭为"石涅"，魏晋时期称煤炭为"石炭"，明代李时珍《本草纲目》开始称煤炭为"煤"。

从京津唐煤矿地区煤炭开发的记载中可以发现，西山地区的开发最早，门头沟地区为先，应历八年（958年）析津府玉河县务里村（今北京市门头沟区龙泉务村）瓷窑就把煤作为燃料烧瓷。天庆元年（1111年），房山重修木岩寺时，立碑"取煤于穴，汲水于泉"[①]。

元代，北京西山煤矿的煤炭开始成为京畿地区的民生能源之一。成吉思汗十年（1215年），成吉思汗赐海云禅师固安、新城、武清之地，让禅师获得房山栗园、煤矿之利。[②] 大德七年（1303年），宛平县西大峪山有小煤窑30余座，大峪西南桃花沟有小煤窑10余座，斋堂地区有煤窑10座。[③] 元代欧阳玄在送熊梦祥寓居斋堂时作诗曰："园蔬地美夏不燥，煤炭价贱冬常温。"说明当时煤炭便宜，是冬季取暖燃料。[④]

考古发掘的元代烧煤的铁炉子也表明，煤炭不仅是元大都百姓冬季的主要燃料，而且是元代的重要燃料能源，受到政府重视。至元十三年（1276年），大都城平则门（今阜成门）设立煤窑场，以存放京西运来的煤炭。至元二十四年（1287年），大都在西山设立煤窑场，管理官办煤窑，设副使二名、大使一名、官提领一名，同归徽政院管辖。[⑤] 伴随着

---

① 北京市房山区志编纂委员会：《北京市房山区志》，13页，北京，北京出版社，1999。
② 北京市房山区志编纂委员会：《北京市房山区志》，14页，北京，北京出版社，1999。
③ 《煤炭志》编委会：《北京工业志·煤炭志》，13页，北京，中国科学技术出版社，2000。
④ 潘惠楼：《北京煤炭史苑》，18页，北京，煤炭工业出版社，1997。
⑤ 《煤炭志》编委会：《北京工业志·煤炭志》，13页，北京，中国科学技术出版社，2000。

煤窑的增加、政府的重视，元代出现了我国传统煤窑的管理和保护机构的雏形。

尽管京津唐煤矿地区的煤矿很早就被发现了，但是客观上煤炭不是人们所常用的能源。煤炭的优点突出，但缺点也让人十分烦恼，如不易着火、煤烟大、沉重不易运输等。且与中国其他地方一样，京津唐地区的煤矿大多蕴藏在山水佳美之地，当时的人们认为煤炭开采影响坟地、庙宇的风水，并且有的煤窑容易暗藏抢匪等危险人物，潜藏着社会不稳定因素。例如，"西山煤窑最易藏奸"（《畿辅通志》卷四），匪徒滋生，扰民乱法，蛊惑穷民，谋财害命，贻害地方。因此，在较长的时间内，政府对于审批新煤窑的态度一直十分慎重。

明清时期，因为"诸山采取殆尽"（《明宪宗实录》卷一百二十一），芦草、柴薪、木材缺乏，且在使用煤炭的过程中人们逐渐发现它具有火力旺、热能大的优点，煤炭才被更多地利用。煤炭逐步代替木炭、柴薪作为当时社会生活的主要能源。北京对于煤炭民用取暖的记载始于元代，明代开始大面积普及，出现明末"京城军民百万之家，皆以石煤代薪"（《明经世文编》卷七十六），清"都城百万家烟火之煤，尽取于此，则此山之煤值与金等"[1]的现象。这个时期的煤炭也开始用作冶炼产业燃料。明嘉靖年间铸造每通宝钱 600 万文合用木炭 3 万斤，而万历年间，铸造每金背钱 1 万文合用炸块（煤）239 斤多，木炭 45 斤多（《大明会典》卷一百九十四）。唐山对于煤炭使用的记载始于明代。"早在明永乐年间，就已有挖煤"[2]。

当时传统手工业的近代化也推动着煤炭替代木炭、柴薪作为燃料能源的进程。晚清时期，随着军事工业、运输业、纺织业等引入西方工业技术，"师夷长技以制夷"的观念使得"采煤破坏风水"的藩篱被打破，人们对于大量使用煤炭的排斥也开始减少。到了洋务运动时期，情况更是

---

①　王养濂等纂修：《康熙宛平县志》，王岗、易克中等点校整理，212 页，北京，北京燕山出版社，2007。

②　唐山市地方志编纂委员会：《唐山市志》，4 页，北京，方志出版社，1999。

有了巨大的改变。人们认识到煤热能大、资源丰富、物美价廉，指出煤在西方"赢得 19 世纪最有影响的新能源"不是虚名，煤炭能为我国北方工业发展提供源源不断的能源支撑，成为不可或缺的"工业粮食"[1]。20世纪是京津唐煤矿发展的黄金时期：20 世纪伊始，工业的近现代化也推动了煤炭工业的发展。20 世纪末这里出现煤炭工业发展的奇迹和辉煌。譬如，开滦煤矿成为"中国近代工业的源头"[2]。又如，京西煤矿是国内重要的百年老矿，反映了这里煤炭工业悠久的历史。[3] 煤矿的增多也使得这里的煤炭被更多地利用，煤炭的种类开始增多。除了传统的原煤，这里还生产出了煤油、焦煤、精煤、煤液化、蜂窝煤等，并以煤炭为原料生产出了水泥、陶器、砖、五金制品、五金建材、化工制品、化肥、农药等产品。同时，煤炭的固体废弃物也被开发利用起来，如用煤矸石发电、用煤矸石制砖等。

三、京津唐煤矿地区煤矿开发利用的经济价值

京津唐煤矿地区的煤炭具有重要的经济价值。19 世纪末至 20 世纪末，京津唐煤矿地区为我国提供了大量的煤炭，成为我国近代工业能源供应的主要地区。开滦煤矿经历了 100 多年的开发利用，生产了 11×10^8 t 左右的原煤。[4] 列强从我国掠夺的重要物资里就有京津唐煤矿地区生产的煤炭。例如，1939 年日本吞并开滦煤矿，成立"开滦煤炭贩卖股份有限公司"。1939 年产煤 192×10^4 t，1940 年产煤 250×10^4 t。[5] 1942年，日本军部接管中英合办门头沟煤矿，当年的煤炭产量达 55×10^4 t。[6]

新中国成立后，为了满足社会主义改造和建设的需要，京津唐煤矿

---

① 王洪、郝梅：《"黑色的金子"——煤炭》，载《中国三峡》，2011(5)。

② 《中国煤炭工业》记者：《开滦，中国煤炭工业的源头》，载《中国煤炭工业》，2009(9)。

③ 《京西煤矿期待新生》，载《北京晚报》，2007-06-10。

④ 资料来源于开滦国家矿山公园博物馆。

⑤ 河北省地方志编纂委员会：《河北省志 第 28 卷 煤炭工业志》，概述 6 页，石家庄，河北人民出版社，1995。

⑥ 中国人民政治协商会议北京市门头沟区委员会、文史资料研究委员会：《门头沟文史》第一辑，86～87 页，中国人民政治协商会议北京市门头沟区委员会、文史资料研究委员会，1993。

地区的煤矿产量迅速增加。20 世纪 70 年代，开滦煤矿单个煤矿的开采量在 400×10^4 t 以上。开滦煤矿的年产量约占华北地区总产量的 75%，约占无烟煤总产量的 90%。[①] 京津唐煤矿地区的煤炭不仅满足本地区工业区的生产需求，如唐钢、首钢、冀钢、邯钢等，而且供应国内其他地区的多个工业区。开滦煤矿保障了宣钢、包钢、本钢、鞍钢等工业的生产，仅 1974—1975 年，就向全国各地输送了 4800×10^4 t 煤。[②] 20 世纪 90 年代，京津唐煤矿地区生产的煤炭是华北地区及全国重工业城镇的主要煤源。

京津唐煤矿地区具有巨大的开发潜力和飞速发展的生产能力。这里的煤矿工业在新中国成立后进入辉煌鼎盛时期，开滦煤矿、京西矿务局等入列我国十大煤炭生产基地、五大无烟煤生产基地。譬如，北京地区，20 世纪 70 年代以后，煤炭生产主要集中在门头沟和房山，所以这两个地区成为北京的重点产煤区；20 世纪 90 年代，房山区是全国 50 个重点产煤县之一。1990 年，京西矿务局所属国营统配煤矿产煤量约占全市产煤量的 60.9%，形成了层次多样、配置合理的煤矿工业发展体系，生产的大量原煤保证了北京重工业的大发展。[③] 这都充分地显示出，京津唐煤矿地区的煤炭工业发展起着奠定我国能源经济的基础性作用。

此外，这里的煤炭工业经济发展也起到火车头的作用，带动着我国煤炭工业的大发展，使得煤炭工业成为我国重工业的重要组成部分，提升了我国重工业发展的综合实力。特别是改革开放以后，京津唐煤矿地区煤炭的开发、生产、化工冶炼、运输、销售等带动着煤炭市场经济的建设，促进了我国工业经济的全面大发展。

---

① 河北省唐山市政协文史资料委员会：《唐山百年纪事——唐山文史资料精选》第一卷，702 页，北京，中国文史出版社，2002。

② 河北省唐山市政协文史资料委员会：《唐山百年纪事——唐山文史资料精选》第一卷，703 页，北京，中国文史出版社，2002。

③ 《煤炭志》编委会：《北京工业志·煤炭志》，3 页，北京，中国科学技术出版社，2000。

四、京津唐煤矿地区煤矿开发利用的社会贡献

随着对京津唐煤矿地区煤矿的开发利用，这里成为区域经济的重要组成部分，为我国社会的稳定和发展做出了巨大贡献。

一是发挥了战略储备和军事防御作用。在战争期间，群山中的煤炭成为稳定军心、民心，夺取战事最后胜利的关键物资保障。同时，随着煤矿的发展，京津唐煤矿地区周边的防御重要性得到提升。京津唐煤矿的运煤过程逐渐形成了多条运煤路线。陆路方面形成了可从煤矿地区向塞外延伸到内蒙古，也可从煤矿区延伸到华东、华南的多条运煤路线。这些路线也成为军事防线，如位于门头沟的"京西古道"沿线处在重要的军事防御布局中。水路方面形成了如网状分布的四通八达的航运路线。无论是陆路还是水路的运煤路线，在发生战争的特殊时期，它们都能发挥军事防御功能。明代，这里的军事防御地位有所提高。譬如，"土木之变"之后，北京门头沟、房山等地区都成为重兵把守、建都兴城、人口迁移之地。又如，门头沟爨底下村古村群就是伴随着驻守这里的军队将领、士兵的安家定居而形成的。为了保卫京畿的安全，明政府利用京津唐煤矿地区巍峨的山脉这一天然屏障修缮长城，并在修建中考虑到京津唐煤矿地区的煤矿分布和保护。事实上，许多煤矿区都是重要的军事防御部署。晚清、民国时期，在发生战争时，政府都曾派兵驻守煤矿。譬如，1900年义和团运动爆发，清政府为了保障开平煤矿的安全，派兵驻守。又如，明清时期，稳定门头沟煤矿地区的治安安全是守卫京畿安全的平西铁盾。[①] 七七事变前夕，国民党向西山宛平城卢沟桥一带的驻军增派兵援也有加强西山煤矿区保护的考虑。

除了北京西山煤矿地区具有重要的军事防御作用之外，唐山、秦皇岛等沿海煤矿区也具有重要的军事防御作用。唐山、秦皇岛是我国沿海防御区，这里依山望海，是明清政府防御倭寇的重镇。譬如，乐亭、昌黎等地形成了抵御海外敌国入侵的防线，将这里的内陆河海沿线连接起

---

① 北京市档案馆：《门头沟煤矿公司同业公会等单位运送粮食物品给予运照的呈文及市政府对外资外运办法的训令》(1946年12月)，档案号：J002-007-00780。

来基本上就形成了一个牢固的军事防护网。清末，李鸿章在建议修建运煤铁路时，也对山海关沿线军事防御方面有所考量。① 清末民初，列强插手这里的运煤铁路修建。日本侵华期间，日军占领唐山开滦煤矿、秦皇岛柳江煤矿和长城煤矿等②③，也表明了京津唐煤矿地区军事战略地位的重要性。

　　二是保障了民生。首先是保障了区域的民用能源供应。近代以来，京津唐煤矿地区出产的煤炭一直作为燃料能源，保证着人民生活的基本需求。明清以来，煤炭成为这里的生活物资。民国时期，《唐山日报》《北平日报》等刊物连篇报道的商品物价行情中，煤炭、煤油作为生活必备物品与蔬菜、粮米、肉蛋等被政府及百姓重点关注。抗日战争前后，京津唐煤矿地区的煤炭更是变得像水一样珍贵，是保证民众生存安全的必备物资。战争期间，由于运输过程中匪徒打劫增多，外埠煤炭很难顺利运送到北京、天津等，京津唐地区出现煤荒。而加大京津唐煤矿地区的煤炭生产是缓解煤荒的有效、直接的措施。譬如，"民国三十年（1941年）"④、"民国三十二年（1942年）"⑤、"民国三十五年（1946年）、民国三十六年（1947年）"⑥等年份，北平都出现过煤荒，"门头沟所产煤斤亦泰半输入本市，为市民生活上不可缺之燃料"⑦。新中国成立以后，供应民用煤也是京津唐煤矿地区的主要职责之一。

　　三是解决了新能源的原料供应问题。近代以来，京津唐煤矿生产的优质无烟煤供应电厂，成为电力工业的主要原料供应地。开滦煤矿和门

① 中国第一历史档案馆：《光绪朝硃批奏折》第一〇四辑，41页，北京，中华书局，1996。
② 赵彤：《日本侵略者对开滦的贪婪侵蚀和占领》，载《档案天地》，2015(9)。
③ 姚凤霞、王庆普：《日本侵占秦皇岛港的前前后后》，载《文史精华》，2013(增刊)。
④ 北京市档案馆：《临时参议会关于本市燃料缺乏请转呈请行政院让没开通煤矿公司按国营各矿办法办理的公函》(1941年9月)，档案号：J002-004-00457。
⑤ 北京市档案馆：《门头沟煤矿同业公会等请求救济、解决煤荒的呈文和市公署、社会局的指令》(1943年11月)，档案号：J002-002-00132。
⑥ 《北平商业行情》，载《北平日报》，1947-05-06。
⑦ 北京市档案馆：《门头沟煤矿公司同业公会等单位运送粮食物品给予运照的呈文及市政府对外资外运办法的训令》(1946年12月)，档案号：J002-007-00780。

头沟煤矿等出产的煤炭是河北电力能源的主要原料①，这里的煤炭不仅能促进当地电厂发电能力的提升，而且能直接影响电力的供应和价格。自19世纪初电能在京津唐煤矿地区启用到20世纪末，政府主要通过增加京津唐煤矿地区煤炭的开发和供应量来稳定电价。

四是增加了矿工的收入，改善了矿工家属的生活状况，解决了社会就业问题。新中国成立后，京津唐煤矿地区企业矿工的工资得到了提高。1990年，"北京市统配煤矿职工年人均工资3252元"②，"各种合营等其他所有制单位职工平均工资达2987元"③，高于当时职工工资的平均水平。这些企业还在工厂办公区、居民社区建立花园，美化社区环境。例如，1954年房山煤矿在西区宿舍大楼竣工后把宿舍小院建成了有木槿、月季等的小花园；20世纪80年代，北京矿务局在多处矿工居民社区附近修建了活动广场及有凉亭、雕塑、水池、花园的风景点。④这些企业还修建了医院、学校、公共浴池，提供了俱乐部、商店、电视中转站、广播站、自来水厂等配套社区服务，改善、丰富了矿工的生活。此外，新中国成立初期到20世纪末，京津唐煤矿地区的开发创造了更多的就业岗位，使得当地矿工家属和当地居民获得了更多的就业机会。

五是推动了我国工业的近现代化。京津唐煤矿地区的煤矿企业常常在牺牲经营利润的过程中，完成了自己作为工业能源和原料的使命，促进了工业的发展。清末，促进冶铁工业发展是大力开发和发展京津唐煤矿地区的一个主要目的，从李鸿章给光绪、慈禧太后的兴建开平煤矿的

---

① 北京市档案馆：《冀北电力公司关于发电所燃用之开滦煤炭每日运到数量不日不敷当日之需、请转开滦矿务局暨平津区铁路管理局尽力协助拨给北平行辕、冀北电力公司报告等》(1946年8月)，档案号：J006-001-00042。

② 《煤炭志》编委会：《北京工业志·煤炭志》，9页，北京，中国科学技术出版社，2000。

③ 国家统计局社会统计司：《1990中国：职工工资显著增长》，载《中国劳动科学》，1991(11)。

④ 《煤炭志》编委会：《北京工业志·煤炭志》，290页，北京，中国科学技术出版社，2000。

奏折可见一斑。^① 晚清到民国，京津唐煤矿地区出现了开平矿务局、滦州煤矿、门头沟中英合办煤矿、杨家坨煤矿、秦皇岛柳江煤矿、秦皇岛长城煤矿等新式机械煤矿。开平矿务局产出的煤炭首先成为北洋机械制造局的煤源，开滦煤矿、门头沟煤矿产出的煤炭后来也成为北方的重工业、轻工业、交通运输业等的主要煤源。新中国成立后，这里煤炭经济的高速发展更是强力地支撑着钢铁冶炼、汽车制造等重工业的发展。这些重工业又带动着我国国民经济的全面发展，从而拉动我国国民经济的迅猛增长。同时，这里的煤矿工业经济还催生了许多衍生工业群，如化工、橡胶、玻璃、五金、水泥、陶器、建材、机械设备等。这使得这里拥有我国工业近代化的多个第一：中国第一家水泥厂——唐山开平细棉土厂（1889 年）、中国自建的第一条标准轨运货铁路——唐胥铁路（现为北京至沈阳铁路的一段，1881 年）、中国第一座专业发电厂——唐山开平煤矿华记电厂（1914 年）等。^② 晚清以来，随着京津唐煤矿发展而逐渐形成的煤矿工业经济提升了北京、天津、唐山等在我国工业近代化中的作用，进而使得环渤海湾地区在很长一段时间内一直是我国工业经济发展的重点建设工业区。这里的工业经济保持着一种高速增长的态势，并在亚洲乃至世界的煤矿工业、化工经济、经济总量、军事防御、货物运输等方面占据重要地位，成为单个经济区域实力较强的国内重要的经济发展区之一。^③

21 世纪初，环渤海经济圈更是成为继长江三角洲、珠江三角洲经济圈之后，迅速崛起、发展前景广阔、经济实力雄厚的经济圈。在环渤海湾工业经济圈的发展过程中，京津唐煤矿地区形成了 20 余个重要城市，包括北京、三河、廊坊、涿州、高碑店、霸州、保定、河间、定州、安国、沧州、黄骅、天津、丰南、唐山、遵化、迁安、抚宁、秦皇

① 中国第一历史档案馆：《光绪朝硃批奏折》第一〇四辑，144 页，北京，中华书局，1996。
② 唐山市地方志办公室：《唐山大事记》，37 页，北京，中央文献出版社，2014。
③ 秦延文、郑丙辉、李小宝等：《渤海湾海岸带开发对近岸沉积物重金属的影响》，载《环境科学》，2012(7)。

岛等。其中，北京、天津、唐山三个重点工业城市还在地理上呈现三角形构成，在煤炭能源、工业原料、科学技术、人才储备等方面相互补给，增加了地区优势。京津唐煤矿地区旺盛的经济活力拉动着我国经济的增长。

环渤海地区工业的高速发展也造成了一定的环境问题，京津唐煤矿地区是重灾区。因此，解决这里的环境问题，使京津唐煤矿地区成为美丽中国的重要组成部分，就成为我们的重要任务。

第二章 元代至清末京津唐煤矿地区的煤矿产业发展与环境问题的产生、影响及治理

京津唐煤矿地区煤业的发展可以追溯到辽金。到晚清时期，京津唐煤矿地区的许多煤矿已经采用了现代工业化机械煤矿的生产技术，煤炭的产量大幅度提高。相比而言，从元到明清中叶，由于京津唐煤矿地区煤矿的开采量不大，对环境的影响不显著，因此这个时期京津唐煤矿地区的环境问题基本上没有得到治理。从晚清时期开始，随着这里煤炭工业近现代化发展的步伐加快，加上当时人们的环保意识薄弱，京津唐煤矿地区的环境问题及造成的影响增多，政府不得不采取一些措施进行治理。

第一节 元代至清中叶京津唐煤矿地区的煤矿产业发展与环境问题的产生、影响及治理

一、元代至清中叶京津唐煤矿地区的煤矿产业发展

元代定都北京，人口增多使柴草等传统燃料已经不能满足人们生活和生产的需要。因此，京津唐煤矿地区的煤矿开始被开发和利用。北京西山"日发煤数百"，成为北京民生能源地。[①]

[①] 《煤炭志》编委会：《北京工业志·煤炭志》，13页，北京，中国科学技术出版社，2000。

在这一时期，京津唐煤矿地区的煤矿经营基本上由政府垄断，煤矿数量不多，煤炭开采量不大。

明代社会经济发展对煤炭的需求增加。明万历以前，京津唐煤矿地区煤窑为政府经营，民间个人不能私自开采经营，违者将受到严重处罚。"成化元年，令都察院申明浑河大峪山煤窑禁约，锦衣卫时常差人巡视，敢有私自开掘者重罪不宥。"①这使得这个时期的煤矿虽然得到发展，但是在数量上没有增加得太快。《元一统志》记载，斋堂、桃花沟、大峪山等著名的富矿区只有煤窑50余座。②后来，随着北京、天津等地传统手工业的发展，官办煤矿生产的煤炭已经不能完全满足社会需求，煤变得昂贵。为了增加煤源，平抑物价，明万历年间政府允许个人办煤矿。特别值得一提的是，北京西山煤矿区地处京畿，是所谓"风水宝地"。封建统治者认为，开采煤矿会破坏"皇家风水"，因此对开采新矿有种种限制性规定。

清中期，由于人口增多，用煤量增加，政府逐步取消了一些限制开矿的规定。在这种政策的鼓励下，京津唐煤矿地区的煤矿由零散的单个煤窑逐渐发展成为土煤窑群。到了乾隆二十七年（1762年），北京有煤窑750座，处于开采状态的煤窑有273座。③到了嘉庆六年（1801年），京营、宛平、房山地区的煤窑累计达到778座，处于开采状态的煤窑有185座④，形成了星罗棋布的土窑煤矿群。⑤虽然当时的煤矿经营管理模式仍然以官办煤矿为主，但是办矿限制政策逐渐放开，更多的官督商办

---

① （明）李东阳等敕撰：《大明会典》卷一百九十四，2681页，扬州，江苏广陵古籍刻印社，1989。

② 《煤炭志》编委会：《北京工业志·煤炭志》，13页，北京，中国科学技术出版社，2000。

③ 《煤炭志》编委会：《北京工业志·煤炭志》，16页，北京，中国科学技术出版社，2000。

④ 《煤炭志》编委会：《北京工业志·煤炭志》，18页，北京，中国科学技术出版社，2000。

⑤ 邓拓：《从万历到乾隆——关于中国资本主义萌芽时期的一个论证》，载《历史研究》1956(10)。

的个人或合伙的民营煤矿出现，形成了煤矿经营私有化发展倾向，促进了煤炭经济的发展。

二、元代至清中叶京津唐煤矿地区环境问题的产生

这一时期京津唐煤矿地区环境问题的产生有多种原因。一方面是自然因素，如地理地质。从京津唐煤矿的地理地质构成上看，京津唐煤矿地区的许多煤矿本来就位于容易发生自然灾害的地区。譬如，门头沟西山永定河沿岸的煤矿区、唐山开平煤矿区等，都是含沙、泥、水成分较大的地区，容易发生透泥、透沙、透水的情况。

另一方面是开采煤矿对环境的破坏。由于挖掘煤矿，当地的生态系统遭到破坏。以北京地区的煤矿为例，随着门头沟、房山等地煤矿的煤炭开采量不断增加，矿区周边地区的生态自然环境遭到破坏的现象逐渐严重：许多山林被砍伐，密林变得稀少，水土流失加重，永定河等河流多次泛滥改道[①]。

三、元代至清中叶京津唐煤矿地区环境问题的影响

这一时期还没有出现机械化煤矿开采方式及因快速提升出煤量而造成的短期高密度环境破坏，京津唐煤矿地区存在的自然灾害是由自然生态、气候变迁带来的。许多环境问题一般经过一段时间封窑就可以自然减少，譬如，干涸的水井在封禁附近煤窑一段时间之后就会重新出水。这一时期京津唐煤矿地区的环境问题虽不严重，但仍对当地人民的生产和生活产生了一定影响。

例如，万历三十二年（1604 年）七月，西山煤窑涌水被淹，发生大水患，并因此停产。乾隆四十七年（1782 年），西山过街塔等煤窑发生水患，煤矿停产。水患造成矿难，后又出现干旱。乾隆五十年（1785年），碧云寺附近泉水突然枯竭，周边多条支流断流。道光十八年（1838年），宛平县大台、东西板桥村也发生了类似情况，并造成村民饮用水

---

① 河北省农林科学院林业研究所：《河北省古代的森林分布和自然灾害》，载《河北林业科技》，1980(4)。

困难。① 干旱属于气象灾害，是京津唐煤矿地区古代时期就有的一种自然灾害。随着煤矿的发展，这里的环境问题增多而且干旱趋于严重。在干旱成因中，煤矿开发与利用等人为因素增多。以北京煤田为例，285—1301 年发生过 4 次大旱，而到了明清时期，1433—1867 年发生过14 次大旱。② 明清时期，京津唐煤矿地区成为旱灾高发地带，旱灾平均1.6 年 1 次、3 年 2 次，并穿插着特大旱灾。嘉靖九年（1530 年），京畿大旱，房山等地是灾区，流民求食，道馑相望。③ 道光十二年（1832 年）良乡、房山等地发生干旱。④

四、元代至清中叶京津唐煤矿地区环境问题的治理

在这一时期，政府对煤矿生产的管理不严，政策晦暗不明。同时，元代至清中叶，由于煤矿开采量小，环境问题不严重，因此政府对京津唐煤矿地区的环境问题谈不上治理。只是针对水患造成矿难和采矿导致的居民用水问题，整治了一些煤矿的非法开采及不当开采的行为。例如，明清政府对出现问题的煤矿，采取时开时封政策。有的煤矿因为出现水患、水井干涸等问题而暂时被封禁。但不久后，在引起水患和水井干涸的环境问题没有得到持续有效控制的情况下，政府又允许这些被封禁的煤矿重新开窑。这就无法避免水患和水井干涸的现象再次发生。

客观上，由于当时煤矿带来的环境问题的数量和社会影响并不大，因此政府对于矿区环境问题也并不重视。这个时期的环境管理政策主要是通过水利建设来缓解矿区干旱，治理措施主要是关闭煤矿。⑤

这个时期政府的管理和治理政策比较粗放和宽泛，主要试图通过休养生息来恢复生态。

---

① 《煤炭志》编委会：《北京工业志·煤炭志》，14、17、18 页，北京，中国科学技术出版社，2000。

② 北京市房山区志编纂委员会：《北京市房山区志》，93 页，北京，北京出版社，1999。

③ 北京市房山区志编纂委员会：《北京市房山区志》，16 页，北京，北京出版社，1999。

④ 北京市房山区志编纂委员会：《北京市房山区志》，20 页，北京，北京出版社，1999。

⑤ 《煤炭志》编委会：《北京工业志·煤炭志》，18 页，北京，中国科学技术出版社，2000。

第二节　晚清时期京津唐煤矿地区的煤矿工业
发展与环境问题的产生、影响及治理

随着晚清社会工业化的发展①，我国进入了"初期工业化"时期②，京津唐煤矿地区煤炭工业的近现代化发展也随之到来。京津唐煤矿地区出现了开平煤矿、中英合办门头沟煤矿等大中型新式机械煤矿。京津唐煤矿地区的煤矿数量增加，官办、官督商办以及私人创办的各种煤矿如雨后春笋，到处发芽。相比元代至清中叶，晚清时期京津唐煤矿地区的煤矿办矿采煤的实力增加，企业经营与管理、煤炭生产加工技术和生产力等决定煤炭工业发展的要素都获得了一定发展，出煤量增加。煤炭开发和利用造成了当地生态系统的破坏，使环境问题及其影响变得严重起来，清政府不得已对京津唐煤矿地区的环境问题进行治理。由于采取的措施不多，因此治理效果并不显著。

一、晚清时期京津唐煤矿地区的煤矿工业发展

晚清时期，京津唐煤矿地区的煤矿工业发展非常迅速。

首先，体现在采煤技术的进步上。这种进步表现在以下几点。一是这个时期开始出现新式机械煤矿，引进当时国外先进的采煤技术进行煤矿开采。19世纪末，新式机械煤矿开始用蒸汽动力来开发、挖掘煤矿。例如，开平煤矿为了提升对煤炭的运输能力，1890年在开平林西矿的南北煤井安装了汽绞车。③ 同时，开始用蒸汽动力水泵等来加快排水速度，减小水患影响。水泵的排水速度比传统的人工手摇排水设备快了许多，更加容易排出煤井内的积水。

又如，开平煤矿的煤井在建设中使用砌碹支护技术，即用石料来砌

---

① 宋正：《晚清工业化进程中的城市化》，载《城市发展研究》，2009(11)。
② 徐建生：《民国初年的实业热潮与初期工业化》，载《中国工业评论》，2015(9)。
③ 唐山市地方志编纂委员会：《唐山市志》，843页，北京，方志出版社，1999。

成煤矿巷道的机车运输线的支护。这个技术在当时是比较先进的。到了1906 年，开平煤矿开始采用电力照明，在井下使用电灯照明，减少了由青油灯等燃烧照明的明火暴露而引发的瓦斯爆炸隐患等。① 这些技术提升了煤矿安全性，提升了生产力。

此外，为了熟练运用先进采煤技术，一些新式机械煤矿还聘请外国人作为技师来指导矿工操作洋机器采煤，如开平煤矿、门头沟煤矿等都有外国技师。② 外国技师让新式机械煤矿对国外先进采煤技术的运用更加熟练，也使得这些煤矿的生产力要比过去的土窑高。

二是以近代科学知识为指导。当时的新式机械煤矿在选址建煤矿之前会事先考察煤矿地质地理结构，并进行煤样化验，全面掌握煤矿情况后确定建矿方案。这样做使煤井的设计合理，单层挖掘、煤炭运输的工作空间都更大，便于开采和煤矿生产面积的增加。比如，开平煤矿在建设林西矿的时候，就开始有暗井、井巷混合开拓的设计，井巷垂直深度可以延伸到 12 或 13 煤层的底板岩层中，并能沿着煤层走向通向运输的各个大巷。③ 又如，中英合办门头沟煤矿也在建矿前进行了勘探、煤质检验，并绘制了矿区煤矿分布图。

三是开始尝试进行煤炭化工的研发，建立煤化工工业群。这个时期，开平煤矿出现了水泥、矾石制造，初步有了近代煤化工业的雏形。同时，土窑的采煤技术也有了进步。虽然土煤窑还保留一些传统技术，如土火药爆破煤层、人力井下挖掘和搬运，但是矿工会在采煤生产、运输的部分重要环节中使用新式机械建矿的技术。④

譬如，建立工业烟囱，以蒸汽动力进行大块煤层的挖掘和井下到井

---

① 河北省地方志编纂委员会：《河北省志 第 28 卷 煤炭工业志》，204 页，石家庄，河北人民出版社，1995。

② 中国第一历史档案馆：《光绪朝硃批奏折》第一〇四辑，144 页，北京，中华书局，1996。

③ 《中国煤炭志》编纂委员会：《中国煤炭志·河北卷》，195 页，北京，煤炭工业出版社，1997。

④ 中国第一历史档案馆：《光绪朝硃批奏折》第一〇四辑，140～141 页，北京，中华书局，1996。

上的煤炭运输。半机械化土煤窑出现。胡佛在考察开平煤矿周边环境时，就发现了这类煤矿。这些煤矿还会在采煤细节上进行革新，比如采煤工具，有条件的煤矿使用八角钢条制成的钢钎[①]代替原来硬度不足的锄头等。

其次，体现在这个时期是这里煤炭工业发展的重要时期，煤矿数量稳定增长，出现了更多的新式机械煤矿上。光绪二年（1876 年），唐山煤矿区正在生产的煤矿有 10 座左右，煤井"宽四五尺，长六七尺，深十丈至十六丈不等"[②]。光绪四年（1878 年），唐山被选为晚清的煤炭工业化建设试验区。清政府在唐山建立了开平矿务局，它的第一个子矿就是大型的新式机械煤矿——唐山矿。因为新式机械煤矿的生产能力强，该煤矿也很快成为盈利颇丰的大型煤矿。清末，鉴于开平煤矿的成功，国内掀起了发展新式机械煤矿的热潮，涌现出一批新式机械煤矿。据统计，清末新建的新式机械煤矿有 25 座，其中官办煤矿为 8 座，官督商办煤矿为 17 座。[③]

开平煤矿不但煤炭生产技术已经达到近代国外煤矿的先进水平，而且在经营管理上也基本实现了西方的生产经营管理模式。开平煤矿仿照西方煤矿的管理模式，以股份制形式成立了有限责任公司，设立董事会。李鸿章作为总督，负责督办煤矿，唐廷枢全权负责具体办矿事宜。[④] 后来，张翼接任唐廷枢，全权管理开平煤矿。[⑤] 张翼上任以后，注重引进先进的国外煤矿企业生产管理制度，实行井下三班倒工作管理制度，一个班是 8 小时[⑥]，并聘用具有澳大利亚矿场工作经历的矿业工程师胡佛作为高级工程师指导煤矿开采，等等。

---

①　《中国煤炭志》编纂委员会：《中国煤炭志·河北卷》，197 页，北京，煤炭工业出版社，1997。

②　熊性美、阎光华：《开滦煤矿矿权史料》，4 页，天津，南开大学出版社，2004。

③　资料来源于《光绪十六年十月初七日晓谕鄂湘各属井川省民间多开煤斤示》，《督楚公牍》（抄本），件存中国社会科学院经济研究所。

④　熊性美、阎光华：《开滦煤矿矿权史料》，序言 2 页，天津，南开大学出版社，2004。

⑤　熊性美、阎光华：《开滦煤矿矿权史料》，序言 3 页，天津，南开大学出版社，2004。

⑥　Ellsworth C. Carlson, *The Kaiping Mines（1877-1912）*, Cambridge, Harvard University Press，1971，p. 47.

开平煤矿作为清政府重点建设的官督商办煤矿[①]，在人力资源、财政优惠政策、物力运输建设等方面得到了政府的大力支持。比如，光绪三年(1877年)，唐廷枢呈递李鸿章的开平煤矿预计注册资本在80万两白银左右[②]，清政府随后为他们调拨贷款，并给予开平煤矿的总督兼管直隶全省矿务的权力等。这都使得开平煤矿在当时还相对落后的国内营商环境中获得了更好的发展。

在京津唐煤矿地区的新式机械煤矿中具有实力的煤矿，除了开平煤矿外，还有于光绪二十四年(1898年)成立的中英合办门头沟煤矿。作为这里的第一座中外合资的煤矿，它后来也成为生产力较强的大中型新式机械煤矿。[③] 随着京津唐煤矿地区煤矿的发展，到光绪二十六年(1900年)，仅西山就有3座新式机械煤矿。[④] 同时，唐山、北京等地也出现了近代消耗煤炭的工业群。

京津唐煤矿地区的煤矿在煤炭产量大幅提升的同时，也开始出现生态包袱。生态包袱是经济系统的物资代谢，欧盟的物质总量中有50%是生态包袱。由于采矿需要剥离矿山表层植被和岩层，因此生态包袱一般更大，尤其是固体非生物性物质生态包袱系数[⑤]，而且会随着煤矿开发的推进而进一步增大。这种生态包袱所反映出的生态压力也通过环境问题表现出来。

以开平煤矿为例，为了发展，开平煤矿的煤炭生产能力迅速提升。1881—1911年，开平煤矿的煤炭生产总量就是河北省全省的煤炭生产总量，开平煤矿的生产发展水平远远超过地区煤炭生产发展水平，出现当时单个煤矿发展的奇迹。1881—1911年河北省煤炭产量情况见表2-1。

---

① 熊性美、阎光华：《开滦煤矿矿权史料》，序言3页，天津，南开大学出版社，2004。

② 王培：《晚清企业纪事》，203页，北京，中国文史出版社，1997。

③ 北京市档案馆：《门头沟地区中外合办煤矿史实记述》，档案号：J001-002-00529，3页。

④ 《煤炭志》编委会：《北京工业志·煤炭志》，22页，北京，中国科学技术出版社，2000。

⑤ 初道忠、朱庆丽：《某露天煤矿生态足迹和生态包袱的分析》，载《中国矿业》，2011(5)。

表 2-1　1881—1911 年河北省煤炭产量情况

单位：t

年份	全省合计	开平煤矿	临城煤矿	井陉煤矿	鸡鸣山煤矿
1881 年	3613	3613			
1882 年	38383	38383			
1883 年	75351	75317			
1884 年	179255	179255			
1885 年	241385	241385			
1886 年	130870	130870			
1887 年	226525	226525			
1888 年	239113	239113			
1889 年	235467	235467			
1890 年	278460	278460			
1891 年	333275	333275			
1892 年	402707	402707			
1893 年	395896	395896			
1894 年	474000	474000			
1895 年	396360	396360			
1896 年	489591	489591			
1897 年	566414	566414			
1898 年	800684	800684			
1899 年	809185	809185			
1900 年	366274	366274			
1901 年	517000	517000			
1902 年	777291	777291			
1903 年	715322	715322			
1904 年	895069	895069			
1905 年	833661	833661			

年份	全省合计	开平煤矿	临城煤矿	井陉煤矿	鸡鸣山煤矿
1906 年	1000201	1000201			
1907 年	1137569	1117569	20000		
1908 年	1448717	1238717	80000	130000	
1909 年	1792374	1592374	100000	100000	
1910 年	1548967	1386967	150000	12000	
1911 年	1900562	1674846	200000	13000	12716

资料来源于《中国煤炭志》编纂委员会：《中国煤炭志·河北卷》，189 页，北京，煤炭工业出版社，1997。

1881—1899 年，开平煤矿的生产力大体上是提升的，详见表 2-2。当时，开平煤矿的生产力使它以物美价廉的销售优势，很快占领了华北、华东市场，成为国内知名煤矿大企业，并远销海外。

表 2-2　1881—1899 年开平矿务局各矿原煤生产数量统计表

单位：t

年份	唐山矿	林西矿
1881 年	3613	
1882 年	38383	
1883 年	75317	
1884 年	179255	
1885 年	241385	
1886 年	130870	
1887 年	226525	
1888 年	239113	
1889 年	235467	
1890 年	259804	18656
1891 年	290672	42603

年份	唐山矿	林西矿
1892 年	351956	50751
1893 年	300724	95172
1894 年	396000	78000
1895 年	355400	40960
1896 年	445640	43091
1897 年	456769	109645
1898 年	527004	273680
1899 年	524901	284284

资料来源于唐山市地方志编纂委员会：《唐山市志》，866 页，北京，方志出版社，1999。

当时，开平煤矿随着企业实力的增强，新开子煤矿的能力也在增强。唐山矿从光绪七年(1881 年)开始正式投入生产，在不到 5 年的时间里，就在距离该矿 1 号井西北处开凿了一个新井，称西北井。该井曾因流沙层过厚而中止建井。1887 年，开平煤矿又在林西矿南边开凿南井(3 号井)，次年出煤；1888 年，在林西矿北边开凿北井，1892 年正式出煤。[1] 后又于 1897 年在离该矿不远的岩石裸露处选址建井，井深 125 m，1899 年开始出煤，这几个煤井合起来构成了晚清时期开平煤矿的林西矿区。[2]

除了开平煤矿，其他煤矿的煤炭生产力也在提升。比如，于光绪五年(1879 年)成立的通兴煤窑，是由门头沟天桥浮拉拉湖村人段益三在门头沟魏家村西坡附近开办的。[3] 光绪十年(1884 年)，原开平矿务局会办、广西候补知府吴炽昌开办北京西山煤矿，至 1886 年，月产煤量 10

---

①　唐山市地方志办公室：《唐山大事记》，26 页，北京，中央文献出版社，2014。

②　唐山市地方志编纂委员会：《唐山市志》，3509 页，北京，方志出版社，1999。

③　《煤炭志》编委会：《北京工业志·煤炭志》，19 页，北京，中国科学技术出版社，2000。

余万斤。① 这一生产力已经比当时煤矿年出煤量只有 2 万斤左右强了不少。

又如，光绪三十三年（1907 年）成立的滦州煤矿，年煤产量在光绪三十四年（1908 年）为 12648 t，到宣统元年（1909 年）增加为 23.2×10^4 t，宣统二年（1910 年）增加为 35.7×10^4 t。② 这些煤矿在生产能力提升、煤炭运输和销售能力增加的同时，也给生态环境带来了更多的问题。

二、晚清时期京津唐煤矿地区环境问题的产生

晚清时期是京津唐煤矿地区产生环境问题较多的一个时期。环境问题成因的复杂，又使得京津唐煤矿地区开始出现生态压力过大的迹象。煤矿在采煤过程中对环境的破坏程度逐步加大，生态环境恶化。

（一）山林缺乏

晚清时期，煤矿开发利用带来的环境问题之中，山林减少是首要问题。煤矿开采使得矿山植被遭到严重破坏。古代时期，我国的森林覆盖率为 40%～50%。③ 清末，我国的森林覆盖率从 1840 年的 17% 降到 1911 年的 8% 左右。④

古代京津唐煤矿地区山林不断遭到破坏。建安十二年（207 年），曹操征战乌桓时，战火焚烧了大量山林。⑤ 北宋时期，手工业发展。当时的能源，主要是木炭、柴薪。制盐业、冶炼业、制陶业、纺织业等中国传统手工业的发展，都需要木材。为了获取木材，人们砍伐、破坏原始森林，特别是京津唐煤矿地区的太行山南部森林。当地森林开始变成以次生林为主，森林生态遭到破坏。曹勋在《北狩见闻录》中说的"旬月不

---

① 《煤炭志》编委会：《北京工业志·煤炭志》，19 页，北京，中国科学技术出版社，2000。

② Ellsworth C. Carlson，*The Kaiping Mine（1877-1912）*，Cambridge，Harvard University Press，1971，p.114.

③ 河北省农林科学院林业研究所：《河北省古代的森林分布和自然灾害》，载《河北林业科技》，1980(4)。

④ 胡孔发、曹幸穗：《民国时期的林业教育研究》，载《教育评论》，2010(2)。

⑤ 唐山市地方志编纂委员会：《唐山市志》，14 页，北京，方志出版社，1999。

见屋宇，夜泊荆榛或桑木间"就客观地反映了原始森林遭到破坏，人工林代替原始林的现象。

到了明代，这里多次发生战争，森林遭受焚毁。^① 后来，清政府大量征京津唐煤矿地区的土地用于农业、手工业、冶炼等，致使大量山林被砍伐。为了稳定京津唐煤矿地区安全，当时的政府迁移了一些人口到煤矿区居住，推行开荒垦殖政策。农田增多，这里的山林面积就会缩小。同时，随着国内冶炼技术的提升和冶铁业的发展，进山砍伐树木，把树木作为燃料的情况增加。冶炼中，冶铁对于木柴燃料的需求最大。京津唐煤矿地区是河北地区最早发展冶铁的地区。明末，唐山已经能自己冶铁，且冶铁能力很强。正统三年(1438年)，松棚峪冶铁厂一炉可熔铁砂冶铁产量超过 2000 kg。^② 随着冶铁技术的发展，这里更多的山林遭到破坏。加之清代，贵族捕猎圈地建立猎场、牧场等，也造成了一些林地的毁坏。

晚清以前，人们对于京津唐煤矿地区山林的破坏程度并没有煤炭工业化开发和利用带来的影响大。

首先是古代战争和落后的生产方式，还不足以给森林造成万劫不复之灾。古代战争主要是地面作战，而且单次作战的持续时间不长，森林有休养生息的时间。战争之后，政府会鼓励种树，使林地得到恢复。明嘉靖年间，西山出现了"重岗覆林，林木茂密，蹊径狭小"的情景。古代冶炼技术、农垦技术等的总体技术落后，其生产造成的山林破坏，一般是山林树木本身，对于树木生长的土壤环境、水源环境等破坏相对较小。这使得山林经过一段时间可以自然修复。

其次是一些山林还没有被大规模开发利用。19世纪下叶以前，像秦皇岛抚宁煤田、唐山开平盆地煤田都还没有被大规模开发，秦皇岛、唐山等地的森林也就没有遭到严重砍伐。光绪二年(1876年)古冶一带

---

① 唐山市地方志编纂委员会：《唐山市志》，19页，北京，方志出版社，1999。
② 唐山市地方志编纂委员会：《唐山市志》，19页，北京，方志出版社，1999。

的山脉由西向东延绵 50 里，都是茂密的森林，人烟稀少。[①] 北京西山、唐山的郊野山清水秀，山林环境优越，都是皇家选址建设皇陵的好地方，如北京昌平的明十三陵、唐山的清东陵。对被选为皇陵的地区，皇家会给予更多的环境保护。考虑到山水保护与百姓安居乐业的关联，清政府主张"开矿要在山仪树行之外"[②]。这使得这些地区保持了森林系统的生态稳定性。譬如，京津唐煤矿地区所属矿山分布在燕山山脉、太行山脉、丘陵及山前平原地带等，虽然林地以次生林和果树为主，但是树龄普遍较长，生态环境相对健康。

晚清时期，煤矿对于山林的砍伐、破坏力度显著增大。开平矿务局、中英合办门头沟煤矿等矿区面积大大增加，加上煤矿为了方便生产，大量扩建厂矿工作区，也破坏了生态环境。比如光绪五年（1879年），开平矿务局修建唐山矿时，就修建了煤楼、库房、锅炉房、绞车房等地面建筑。[③] 此后扩建的子矿区，也基本上有以上地面建筑。这些建筑在修建过程中会清除煤矿表层植被，放火焚烧低矮灌木，剥离地表表层植被，导致一些林地变成荒地，林地面积减小，绿地面积逐渐减少。

晚清时期，煤井挖掘深度的加大，对周边树林的破坏也在增加。因为煤井变深，煤井潮湿，坑木承重量增大，须将木材加工成的坑木作为支撑才能把矿工下到井中。例如，清末开滦煤矿每采煤 100 t，需用坑木 $2.3\sim3.0$ m^3，年需坑木超过 10×10^4 m^3。[④] 矿区使用的坑木是由粗大、坚固、挺直的树干加工而成的，如松树、柏树、桦树、核桃树、槐树、榆树、柳树等。当时，人们为了节约成本，一般都会就地取材，这使得山林遭到更多砍伐。

① 唐廷枢：《开平矿务创办章程案据汇编》，1～4 页，上海，著易堂书局，1896。
② 中国第一历史档案馆：《光绪朝硃批奏折》第一〇四辑，289 页，北京，中华书局，1996。
③ 唐山市地方志编纂委员会：《唐山市志》，840 页，北京，方志出版社，1999。
④ 河北省地方志编纂委员会：《河北省志 第 17 卷 林业志》，17 页，石家庄，河北人民出版社，1998。

晚清时期，煤矿产量增加，加大了对山林的破坏。当时，清政府多次颁布"驰山禁"以缓解木材供应紧张对工业发展的影响。19世纪下半叶，清政府首次放开对华北地区林业的限令，矿商可通过缴纳木税砍树伐木。① 木税分为三个等级。为了鼓励煤矿等工业经济发展，光绪二十一年（1895年）起，清政府进一步放开林区的限令，京津唐煤矿地区的树林遭到进一步砍伐。

铁路运输对于木材的需求也对山林造成了破坏。晚清时期，伴随着京津唐煤矿地区煤炭工业的近代化发展，运输业也开始发展。比如，唐山地区，为了方便开平煤矿运煤，铁路方面：光绪六年（1880年）修建了从唐山到胥各庄的运煤轻便铁路；光绪十三年（1887年），又把唐胥铁路铁路向东延伸至开平，向西延伸至芦台，全长45 km，易名唐芦铁路；光绪十四年（1888年），将唐芦铁路延伸至天津；光绪十六年（1890年），东展至古冶；光绪十八年（1892年），延伸到滦县；光绪二十年（1894年），通至山海关。公路方面：光绪二十六年（1900年），修建了唐山至柏各庄道路上的稻地公路，并修建陡河大桥。该桥长50 m、宽5 m、高7 m，三孔，为全省最早的公路大桥。②

又如，北京地区，咸丰七年（1857年）在房山磁家务为西山运煤孔道。③ 道光二十六年（1896年），为了方便房山煤矿地区运煤，修建了从琉璃河到周口店的全程长16 km的铁路。光绪二十五年（1899年）修建京汉铁路时，修建1 km铁路就需要用300 m³ 木材。④ 光绪二十九年（1903年），修建了从良乡到坨里的全程长12 km的铁路。⑤ 铺铁路、修公路毁坏了森林。

---

① 南京林业大学林业遗产研究室：《中国近代林业史》，66 页，北京，中国林业出版社，1989。

② 丰南县志编纂委员会：《丰南县志》，9 页，北京，新华出版社，1990。

③ 北京市房山区志编纂委员会：《北京市房山区志》，21 页，北京，北京出版社，1999。

④ 河北省地方志编纂委员会：《河北省志 第17卷 林业志》，17 页，石家庄，河北人民出版社，1998。

⑤ 《煤炭志》编委会：《北京工业志·煤炭志》，20 页，北京，中国科学技术出版社，2000。

此外，运行铁路也需要消耗大量枕木，砍伐森林树木加工成枕木也会加重林区的负担。这使得更多矿区、非矿区、非铁路区的周边林地的木材遭到砍伐，林地面积锐减，森林环境遭到持续性破坏。

这个时期，煤矿开采使得京津唐煤矿地区的森林资源砍伐和破坏的因素变得复杂。在开发煤矿之前，砍伐林木主要用于民用建筑，而煤矿开发和利用带来的建筑需求、交通运输工具的铺路需求等，都使得林地破坏加剧。为了更加方便地采集到煤炭，采煤机械会把树木和草本植物的根茎都挖出，而传统的挖掘方法一般只是放火把地表表层的植被烧掉。连根拔起的方式对于林地和植被的毁坏程度更加严重。绝大部分京津唐煤矿隐没在山林、丘陵及山前平原之中，修建铁路时，为了保证铁路的平坦，人们会去除挡路的乔木、灌木等植被。光绪二十二年（1896年），房山大安山修建运煤道时，"玉壶坡铲而平之，青石林凿而开之，梯子石以火药爆之"[1]，这使得当地生态环境遭到毁坏。

清末，原始林多遭砍伐。[2] 北京西山煤矿区则更早些，在清末前就遭到了砍伐和破坏。这里原本就不属于密林区，经过煤炭工业发展带来的环境破坏，这里的环境进一步恶化。而一些地方的采矿活动也使得林区锐减。譬如，北京西山出现"荒边无树鸟无窝""天险关高愁涧壑"的现象。[3] 伴随着原始林快速消失、次生林遭到大肆砍伐，煤矿区的森林环境变得越来越差。北京西山煤矿区只残存以油松、桦树、杨树、栎树为主的次生林以及中生林，稀疏地隐没在西山山脉间，零星分布。[4] 加之，北京是当时主要的人口密集型城镇群地带，地区主干河流沿岸的冲积平原，沿河区域已经出现荒漠化的倾向，使得煤矿区森林的生态自然

---

① 《煤炭志》编委会：《北京工业志·煤炭志》，20 页，北京，中国科学技术出版社，2000。

② 河北省农林科学院林业研究所：《河北省古代的森林分布和自然灾害》，载《河北林业科技》，1980(4)。

③ 河北省农林科学院林业研究所：《河北省古代的森林分布和自然灾害》，载《河北林业科技》，1980(4)。

④ 河北省农林科学院林业研究所：《河北省古代的森林分布和自然灾害》，载《河北林业科技》，1980(4)。

环境自我调节能力降低，出现气候干燥、多风少雨的异常天气，新生森林面积增长不快。

相比之下，这个时期，唐山的情况要好一些，但整体情况也不容乐观。这里的林区也遭到了不同程度的砍伐和破坏，林木锐减。[①] 光绪四年（1878年），开平煤矿建矿之后，大量砍伐树木用于煤矿生产，周边上百年的次生林林区变得无树可伐，煤矿只能从外地购买木材，但是，使用外地木材增加了运输成本，价格高昂，使得办矿生产经营成本增大。为了消除这种木材短缺导致的生产经营障碍，1881年，开平煤矿得到清政府批准，在宁河县新河地区购买了荒地4000顷，集资13万银两，开办了沽塘耕植公司，通过种植树林来满足自己对于木材的需求。[②] 这种为了砍树而种树，让树林疲惫地无限度地满足煤矿开发需求的做法，使得唐山周边煤矿的林地再难恢复到未开荒建矿前的生态原貌。

清末，秦皇岛存有一些次生密林。但是，为了满足北京、天津以及直隶地区对于原木的需求，这里也开始被开发成木材原料供应地，森林资源遭到破坏。同时，由于这里属于沿海边关地区，受海水的侵扰，这里的土壤不如京津唐冲积平原地区的土壤肥沃，存在土壤沙化、含盐量高、生物多样性缺乏等现象，所以，这里的树木在被砍伐之后，不易生长。

（二）地下水和地表水补给不足

京津唐煤矿地区生态系统破坏带来的环境问题之一，是地下水和地表水补给不足。晚清时期，煤矿常有水患。水患暴发时矿井急速涌水，水患退后常常使得矿区和周边地区的地下水和地表水补给不足。尽管当时煤矿的开采技术属于以掘代采[③]，主要挖掘浅层煤矿，理论上对水文环境造成的影响不大；但是实际上，探煤技术的发展，煤矿数量的增

---

①　胡孔发、曹幸穗：《民国时期的林业教育研究》，《教育评论》，2010(2)。
②　开滦矿务局史志办公室：《开滦煤矿志》第四卷，206页，北京，新华出版社，1998。
③　《中国煤炭志》编纂委员会：《中国煤炭志·河北卷》，195页，北京，煤炭工业出版社，1997。

加，单个煤矿规模的扩大，采煤挖掘造成岩层的破坏增多，都构成了对当地水文环境及周边水文环境的破坏。光绪四年（1878 年），开平煤矿成立之后，唐山矿的主煤井为"六十丈"[①]，1898 年唐山矿新开的 3 号井井深有 300 m。[②] 随着煤井往地下深入，这种通过土炸药轰炸煤层、开矿取煤、深挖煤矿的做法，对煤矿内部岩层环境造成的破坏变得更加直接。这里许多煤矿层都与含水层贴合在一起[③]，煤矿挖掘破坏了水文环境和岩层结构，使得地下水稳定性变差，进而导致缺水。

矿区也出现了机械化程度提高，煤井涌水更加汹涌的情况。例如，光绪二十二年（1896 年），清政府派人调查开平煤矿的开发是否导致皇陵环境破坏时，就发现开平煤矿采煤破坏了地表下的地层结构："井下横开地道、七层上下皆有岔路相通……自第一槽至第十二槽皆由西向东探取。"[④]地层结构的破坏导致矿井透水，水患增多。列强占领开平煤矿之后，办矿采煤更加疯狂[⑤]，水患出现得更加频繁。即便一些浅层的煤矿区也是如此。又如，开平唐山矿西北井在 1904 年投产时间不长的情况下就发生了大水患。这次透水破坏性强，到 1906 年才恢复生产。[⑥]

矿区及周边地区的水文环境破坏，会导致水患问题。矿区发生水患时，地下水会大量流向矿井和矿区，这就使得附近一些河流的水源补给锐减，河流干涸加重，出现支流断流及河流淤泥增多等现象。[⑦] 例如，晚清时期永定河容易暴发水旱灾害，这与京西矿区水文环境遭到破坏有一定关系。

这些现象既发生在永定河等自然河流之中，又发生在人工河中。煤

---

① 熊性美、阎光华：《开滦煤矿矿权史料》，15 页，天津，南开大学出版社，2004。

② 唐山市地方志编纂委员会：《唐山市志》，841 页，北京，方志出版社，1999。

③ 北京市档案馆：《门头沟矿厂关于井下积水排干缮具报告的呈及平津敌伪产处理局排水报告》，档案号：J059-001-0012。

④ 中国第一历史档案馆：《光绪朝硃批奏折》第一○二辑，5 页，北京，中华书局，1996。

⑤ 王天根：《面子与法理：中英开平矿权纠纷及赴英诉讼》，载《史学月刊》，2014（12）。

⑥ 唐山市地方志编纂委员会：《唐山市志》，840~841 页，北京，方志出版社，1999。

⑦ 张广磊、鞠金峰、许家林：《沟谷地形下煤炭开采对地表径流的影响》，载《煤炭学报》，2016（5）。

矿区会为了排出井下废水而挖掘人工河，这些人工河一般既充当矿区排污渠，也充当周边农田灌溉渠。这些人工河容易受到矿区地下水文环境变化的影响。当煤矿刚开发时，一般水量充足，于是人工河水量充沛。当煤矿开发时间长了，地下水位减少时，这些河流也容易因为河水减少而变得干涸。

煤矿区还会为了运煤而开发人工河。这些人工河一般通过截河建坝、新修水闸等措施来增加水量。在这个过程中，当地自然河流水资源的负担会加大，整个地区的水资源系统可能会失衡。再加上人工河流缺乏像自然河流那样蜿蜒的河道，无法缓解因排水过急而导致的洪灾，所以，这里易发生洪灾。

譬如，名为"煤河"的人工河是开平矿区通往北塘、塘沽、天津的主要水道。该河于 1881 年开通，但很快就成为一条恶臭浑浊、泥沙沉积、河面狭窄、流动性差的河流。为了维修该河，开平煤矿于 1883—1902 年投入 15.98 万元。[①] 如此高昂的河流维护费并没有让这条河流的水质提升、水量充沛。

此外，矿区的水文环境会影响到下游出海口的环境。例如，煤河需要从芦台北运河补水。这导致芦台北运河的水量减少、泥沙增多，下游出海口河段的水质恶化。此外，人工河一般建在煤矿下游。由于矿区的水污染严重，下游水环境受到影响而使淤堵加重，形成灾害。而当这些河流汇集到出海口时，河水中的泥沙会堵塞出海口。1870 年历史资料记载，时涧河口段涨潮，水深有六七尺不等。[②]

京津唐煤矿地区煤矿机械化开发加快了煤炭开发和利用对地质地理结构的破坏，使得水文环境破坏问题加剧，是这里出现地下水和地表水不足的一个主要原因。采矿期间，乱开乱采、不讲布局等现象不仅破坏了浅层煤矿区的地质结构、水文环境等，还破坏了周边地区地质结构、

①　河北省唐山市政协文史资料委员会：《唐山百年纪事——唐山文史资料精选》第一卷，58 页，北京，中国文史出版社，2002。

②　唐山市地方志编纂委员会：《唐山市志》，237 页，北京，方志出版社，1999。

水文环境。此外，由于采煤方式变得多样，当时落后的生产条件与快速增长的生产力不匹配，也导致煤矿矿场环境变得脆弱。

（三）顶板、塌陷

晚清时期，京津唐煤矿地区的环境问题之一，是发生更多顶板、塌陷等地质灾害。例如，1909 年正月二十四日，滦州煤矿公司的赵各庄矿出现了 14 处塌陷。[①]

又如，开平煤矿单个煤矿的年产量快速增加，但基本上没有对该矿区主体煤柱的保护措施。因快速挖煤而形成的煤穴、巷道是无序的，实际上很容易破坏煤矿岩层结构的稳定性，诱发地质灾害。新式机械煤矿数量的增加、煤矿规模的扩大和煤矿开发范围的不断扩张，对矿山岩层、地底岩层的破坏也在增加，塌陷区也在增多。

再如，机械煤井在晚清时期采用电力动能，生产的持续性增加，对环境的破坏性也随之增大。[②] 1878—1911 年，开平煤矿唐山矿的煤井挖掘深度一直在加大，矿井垂直深度约为 1300 英尺，巷道延伸至 3 英里；之后的西山矿，巷道延伸总长度为 2360 英尺；古冶区新开的林西矿，1889 年出煤，巷道最长延伸至 7000 英尺。[③] 1908 年新建的马家沟矿在修建中增大了主井的宽度，井深 227 m。同时，建立了桃园、狼尾沟、印子沟等副井。桃园井先后建 3 个木圈井，井深分别是 87 m、125 m、81.7 m。[④] 主井与副井相通，巷道阡陌纵横，让矿层变成了蜂窝状，加之频繁的采煤工作以及煤炭、货物、人员的绞车运输，煤矿岩层的稳定性受到影响。这些煤矿熔岩松动，涌水、涌沙，地下形成多个塌陷区。

（四）泥石流

一个地区的山水环境遭到破坏之后，容易发生泥石流灾害。晚清时期，京津唐煤矿地区成为泥石流多发区，详见表 2-3。

---

① 唐山市地方志编纂委员会：《唐山市志》，847 页，北京，方志出版社，1999。

② 唐山市地方志编纂委员会：《唐山市志》，838 页，北京，方志出版社，1999。

③ 熊性美、阎光华：《开滦煤矿矿权史料》，30 页，天津，南开大学出版社，2004。

④ 唐山市地方志编纂委员会：《唐山市志》，844~845 页，北京，方志出版社，1999。

表 2-3 1867—1909 年京津唐煤矿地区泥石流灾害统计表

年份	地区	影响
1867 年	怀柔沙河流域、琉璃河等	
1877 年	平谷南部及毗邻蓟县山区	湮没人口数十，房屋冲毁
1888 年	门头沟千军台、安家庄、白道子、赵家台等，房山大石河河北村，唐山东北部等地发生特大泥石流	多个村受灾，伤亡惨重
1892 年	门头沟清水河西沟杜家庄	
1898 年	房山北峪村、陈家坟等	
1900 年	门头沟永定河雁翅等	
1909 年	琉璃河、西沟门等	

资料来源于北京市地质矿产勘查开发局、北京市地质研究所：《北京地质灾害》，38 页，北京，中国大地出版社，2008；北京市房山区志编纂委员会：《北京市房山区志》，102 页，北京，北京出版社，1999；陈瑶、田宝柱、李昌存等：《唐山市矿山环境地质问题分析及其分布特征》，载《河北理工大学学报（自然科学版）》，2011(4)。

泥石流的种类在增多，除了自然泥石流，如过境泥石流、本地发源的泥石流之外，京津唐煤矿地区还开始发生矿山泥石流。

矿山泥石流与矿山开采有密切关系。[1] 清末，这里的煤矿不断探索新煤源、新开煤井，以确保煤矿的长远发展的做法，对矿山山体构造形成破坏。当时，不断补充"易采"新煤源煤井的情况是京津唐煤矿地区煤矿的普遍做法。在这样的情况下，会形成很多非自然的岩层空洞，矿山的空心面积会超过山体自然形成的岩洞面积，促使矿山空心化问题的扩大，同时，这些横七竖八的岩层空洞使京津唐煤矿地区的岩石松动，容易诱发山体崩塌，继而诱发泥石流。

晚清时期，京津唐煤矿地区的煤矿用炸药开石取煤也会加速矿山泥石流的发生。矿工在采煤过程中多次放炮，使得更大范围的煤矿岩层遭受到炮轰的损害，导致的后果就是岩石碎片化，形成更多矿石碎石堆。

---

[1] 项文江：《矿山泥石流特点及防灾减灾的对策》，载《价值工程》，2017(19)。

这些碎石堆在遇到大雨天气时，容易形成矿渣型泥石流。虽然清末时期的矿渣型泥石流数量还不多，但是这些由矿渣颗粒组成的泥石流的滑动性更好，速度更快，因此加重了泥石流给环境带来的破坏。

矿山空心化问题、山崩问题会导致矿山受到损伤，山体变得脆弱，山体不稳定。当过境泥石流暴发之时，矿山岩石受到冲击，发生更大面积的山林毁坏以及有机土壤的流失，致使发生泥石流之后出现土壤沙化、植被荒漠化。泥石流的发生也会加重水土流失、河道拥堵等，最终导致环境问题更加突出。

（五）沙尘暴

晚清时期，京津唐煤矿地区也容易发生沙尘暴。沙尘暴是一类沙尘天气，一般以大风为媒介，污染物有细沙、细土、粉尘等。据考证，我国第四纪时期就发生过沙尘暴。[1] 研究发现，塞外是沙尘暴的发源地，直隶等地则是沙尘暴的多发区。在古代记载中，沙尘暴被称为"黄毛风""土雨"等。

我国对于沙尘暴的记载始见于宋代。《宋史》卷六十七记载，熙宁四年癸亥，"京师大风霾"。除此之外，文学作品中也有对沙尘暴的描绘和记述，周辉在《清波杂志》中记载北京见闻时也提到"一路红尘涨天"。

京津唐煤矿地区在金贞祐三年（1215 年）已有关于沙尘暴的记载。[2] 元代以后，这里的沙尘暴灾害变多。比如，北京多次发生沙尘暴，在1291 年、1338 年、1367 年、1473 年、1510 年、1549 年、1564 年、1567 年、1571 年、1601 年、1618 年、1619 年、1621 年、1624 年等年份都发生过沙尘暴。[3] 由此可以看出，明清时期发生沙尘暴的频率逐渐增大。1820 年、1860 年、1900 年等年份都发生了强沙尘暴，并且同年

---

[1] 刘兴诗：《论沙尘暴与冰后期古气候进程的关系》，载《成都理工大学学报（社会科学版）》，2007(1)。

[2] 北京市丰台区地方志编纂委员会：《北京市丰台区志》，102 页，北京，北京出版社，2001。

[3] 北京市丰台区地方志编纂委员会：《北京市丰台区志》，102～104 页，北京，北京出版社，2001。

还多次发生。随着沙尘暴的频发，由沙尘暴造成的环境影响也开始增大。至正二十七年（1367年）三月，"京畿'大风自西北起'，飞沙扬砾，昏尘蔽天……'至五月癸未乃止'，延四十三天"①。《明史》卷三十记载，弘治二年（1489年）三月，黄尘四塞，风霾蔽天者累日。晚清时期，沙尘暴问题日趋严重，还发生过强沙尘暴。② 光绪二十六年（1900年），义和团运动爆发期间，北京西山煤矿区多次发生沙尘暴。比如，1900年北京天气热得怕人，风沙大③，有人在沙尘中丧命；1900年入冬之际，北京西山煤矿区又发生强沙尘暴。

京津唐煤矿地区的露天矿增多，致使沙尘暴增多。④ 研究发现，干旱气候环境下容易积攒沙尘，形成挟带沙尘的气流团，成为沙尘暴发酵的自然条件。清末，随着京津唐煤矿地区森林环境破坏和水文环境破坏的加剧，这里更加干旱，这为沙尘暴的发生提供了自然条件。加之春、秋季多风，就更加容易出现沙尘暴。比如，北京西山煤矿，当沙尘暴从北京的风口昌平、延庆等地入侵北京时，紧邻风口的西山煤矿区会率先发生强沙尘暴。煤矿生产区的煤渣堆、煤块堆、煤矸石堆及闲置废弃的露天煤矿等都有大量粉尘，沙尘暴过境时容易卷起更多的沙尘，造成更大的环境问题。

又如，空气污染物排放的增多也会让沙尘暴的暴发范围增大。1900年，不仅北京发生了沙尘暴，而且古冶、抚宁等地也发生了沙尘暴。当时的开平煤矿有17个年生产能力达到600万块砖的砖窑（每个砖窑都有1个烟囱），1座现代的水泥制造厂。⑤ 该厂有1个高大的烟囱，昼夜浓烟不停，使得空气中的粉尘污染物比其他地区含量高，这也就使得这里

---

① 北京市房山区志编纂委员会：《北京市房山区志》，96页，北京，北京出版社，1999。

② 张德二：《我国历史时期以来降尘的天气气候学初步分析》，载《中国科学 B 辑》，1984(3)。

③ ［美］弗雷德里克・A. 沙夫、［英］彼德・哈林顿：《1900：西方人的叙述——义和团运动亲历者的书信、日记和照片》，顾明译，234页，天津，天津人民出版社，2010。

④ 资料来源于中国发展门户网：《专家称沙尘暴含大量煤尘 露天矿成污染源》，2010-04-06。

⑤ Ellsworth C. Carlson, *The Kaiping Mines*（1877-1912），Cambridge，Harvard University Press，1971，p. 52.

会因为空气污染而受到更多过境沙尘暴的影响。

北京西山煤矿区开发的年头长，其周边发生的沙尘暴也比较严重。一些小型的沙尘暴，即过境浮尘天气或扬尘天气，在他地不能造成大范围的环境影响，但是在进入北京煤矿区之后，就会受到当地环境的影响，变成强沙尘暴天气，出现汪启淑在《水曹清暇录》中描述的"黄雾四塞""尘霾蔽日""燃烛始能辨色"的景象。同时，多数人对沙尘暴危害的认识、重视程度不足，缺乏防范措施。清末，富人为了防御沙尘暴，纷纷佩戴防尘眼罩，北京正阳门等非矿区兴起眼罩生意。矿工在煤炭生产过程中缺少防护，直接接触煤尘污染，长时间下来，会患上许多煤尘相关的疾病。如果不做防护，沙尘中的细菌会感染矿工的鼻腔，诱发疾病。

三、晚清时期京津唐煤矿地区环境问题的影响

晚清时期，京津唐煤矿地区环境问题增多，影响变大。譬如，出现了由矿区环境问题直接导致的干旱、原木供应危机、生态环境恶化、农垦困难、矿难等，以及间接导致的贫困与饥馑等。

（一）干旱

晚清时期，京津唐煤矿地区环境问题造成的主要直接影响是干旱。京津唐煤矿地区原本不是干旱地区，许多矿山山涧都蕴藏着丰富的水资源。但是，随着煤矿开采对于山林的破坏、水文环境的破坏，这些地区变得日益干旱。据统计，直隶总督在奏折中提及的矿务不利影响最多的就是水源环境破坏。[①] 水源环境破坏，使得这里变得更加干旱，容易形成干旱气候条件，暴发旱灾。晚清时期，京津唐煤矿地区暴发了较多旱灾。例如，同治八年（1869 年）十月十三日，直隶总督曾国藩上奏折禀告，六月至七月，雨露不均，一些地方多日无雨，导致旱灾。[②] 这里也暴发过特大旱灾，例如，光绪元年（1875 年）四月，北京西山煤矿区出

---

① 中国第一历史档案馆：《光绪朝硃批奏折》第一〇四辑，287 页，北京，中华书局，1996。

② 中国科学院地理科学与资源研究所、中国第一历史档案馆：《清代奏折汇编——农业·环境》，521 页，北京，商务印书馆，2005。

现特大旱灾，土地龟裂，秋禾无收；1877—1879 年，华北暴发"丁戊奇荒"，北京是重灾区，门头沟、房山等煤矿地区的旱情都较其他地方严重。

燥热、少雨、高温使得土壤的水分、植被的水分等被蒸发，生物大面积死亡。光绪二十五年（1899 年）秋季，北京西山煤矿区出现大旱，赤地千里，禾苗枯死田中。光绪二十六年（1900 年），这里又发生大旱灾，许多河流，如清河、大石河等干涸，草木枯萎，庄稼歉收。[①]"土地贫瘠像烧过一样焦黄，本应成熟待熟的庄稼只有几英寸高并因暴晒和缺水而枯萎。"[②]廊坊、保定等地区天气闷热，田里不见蔬菜，只有稀疏的玉米。

除了干旱天气，京津唐煤矿地区也有因为更多水源地的破坏而出现的水源干旱。譬如，光绪三十四年（1908 年），天气干旱，矿区原有水井无水，民众迫于无奈，请旨在矿区山外新开水井。[③] 又如，宣统二年（1910 年），天利煤矿等 30 余家煤矿联名，以矿区"担水迂远之艰"为由，向自来水公司总办提出申请，希望铺设自来水管道，启用自来水供水系统。[④]

相比之下，京津唐煤矿地区的老煤矿、山前平原地带的旱灾更为严重。比如清代，北京的旱灾大约一年半发生一次[⑤]，高于全国同期水平，成为最干旱的地区之一。[⑥] 除自然环境的影响之外，可以说煤矿开发导致的水文环境破坏是产生旱灾的一个主要因素。山林破坏使得土壤得不到很好的保护，水文环境破坏带来了区域性旱情。河流逐渐丧失生

---

① 李明志、袁嘉祖：《近 600 年来我国的旱灾与瘟疫》，载《北京林业大学学报（社会科学版）》，2003(3)。

② ［美］弗雷德里克·A. 沙夫、［英］彼德·哈林顿：《1900：西方人的叙述——义和团运动亲历者的书信、日记和照片》，顾明译，9 页，天津，天津人民出版社，2010。

③ 中国第一历史档案馆：《光绪朝硃批奏折》第一〇四辑，287 页，北京，中华书局，1996。

④ 北京市档案馆、北京市自来水公司、中国人民大学档案系文献编纂学教研室：《北京自来水公司档案史料(1908 年—1949 年)》，73 页，北京，北京燕山出版社，1986。

⑤ 尹钧科：《清代北京地区特大自然灾害》，载《北京社会科学》，1996(3)。

⑥ 池子华、李红英：《晚清直隶灾荒及减灾措施的探讨》，载《清史研究》，2001(2)。

命力，不能把外地的水源输送到本地。本地土壤中的有机成分得不到充分补充，土壤表层覆盖的有机土壤稀薄、干燥，而植被也因生长环境恶劣而变得脆弱，容易患病，出现退化现象。

干旱的不利影响也是巨大的。干旱容易让河道周边形成更多的荒地。旱灾之后会形成长时间的阴雨季或短时间的暴雨天气、雷雨天气，容易河水猛涨，形成洪水。洪水漫到陆地上来，对土壤、植物、农田造成损害；洪水退后出现更多的沙地、荒地，加重土地的干旱。同时，旱灾也常常向周边地区蔓延。

比如，晚清时期，唐山矿常发生旱灾，其周边地区同样经常发生旱灾。同时，随着矿区生产面积的扩大，旱情向周围迅速蔓延，到了 19 世纪末至 20 世纪初叶，唐山已经变得非常干旱，与此同时芦台地区及煤河等河流地带也变得更加干旱。芦台土地贫瘠，以旱地为主，其水源补给主要来自北运河和夏季雨水，随着唐山地区变得干旱，芦台地区也因缺乏补水量而变成缺水地区。煤河的水源主要来自芦台北运河，也随着芦台地区的旱情严重而枯竭。1889 年，这里发生大旱。5 月 18 日，英国人庵特生从天津到开平煤矿考察时，在信件中说道：天津到芦台，经过的地方是一片平原，十分荒凉，有些地方连一栋房舍、一棵树都看不见，有些地方只有几块地种着麦子和黍子等。[1]

又如，北京西山煤矿区及其周边一带，在光绪二十六年（1900 年）发生了大旱灾，"河水无多，且有干涸"。[2] 1900 年 5 月，途经天津大运河的外国煤矿技师，也看到许多河流的干旱。[3] 这里的干旱与煤炭工业发展对周边地区环境的影响是有一定关联的。除了煤炭工业开发之外，煤炭工业还带动了交通运输的发展，如在修建陆路、水路的过程中会对周边的自然生态环境产生一定的不利影响，出现密林减少，无法正常抵

---

① 资料来源于开滦矿务局档案馆：《开平矿务概况》，67 页，内部刊物。

② 北京市门头沟区地方志编纂委员会：《北京市门头沟区志》，87 页，北京，北京出版社，2006。

③ ［美］弗雷德里克·A. 沙夫、［英］彼德·哈林顿：《1900：西方人的叙述——义和团运动亲历者的书信、日记和照片》，顾明译，9 页，天津，天津人民出版社，2010。

御风沙的现象。不少山区的低凹地带逐渐变成所属城镇的风口，比如京西主要交通关卡的昌平南口在冬季受西北风的影响，出现严重的干旱、多风情况。这个过程也会使得河水锐减，河道断流，旱情扩大，植被稀疏，河滩裸露，水土流失。

（二）原木供应危机

晚清时期，京津唐煤矿地区山林的砍伐、破坏，引发了原木供应危机。比如，清末，政府要求在京奉、京汉、京张等铁路沿线种植树木；又如，遵化民众会自发种树，开始在东北边的沙河种植树木，建立了10里长、2里宽的河道护林。[①] 但是，这些行为不具有普遍性，范围有限，不能扭转整个地区林木锐减的大趋势。1912年，英商合并开平、滦州两煤矿公司之前，两煤矿公司需要向日本购买木材来满足煤矿对木材的巨大需求。[②] 总体上来说，晚清时期的京津唐煤矿地区林木锐减，植树久难成林及其带来的原木供应危机不断扩大。

（三）生态环境恶化

晚清时期，京津唐煤矿地区出现因煤矿开采而导致的生态环境恶化。比如，1891年，恭亲王奕䜣到门头沟地区戒台寺游玩时，发现了因附近煤矿开采而导致寺庙井水减少的现象。他回京之后就向光绪反映了情况，得到寺庙周围禁止采煤的皇谕。他命人在戒台寺重修了康熙二十四年(1685年)立的御制万寿戒坛碑，以警示煤矿主。[③] 这也表明了煤矿开发规模及其影响已经逐渐增大。

同时，随着山水环境的破坏，这里自然灾害频发，生态环境变得糟糕。譬如，矿山在发生了严重泥石流之后，就会变得不再适宜动物栖息。植被的退化直接导致大批的爬行动物、大型哺乳动物等迁徙，京津唐煤矿地区也开始出现生物多样性缺乏的现象。而当更多的地区变成泥石流多发区之后，当地居民也受到灾害的影响，只能被迫搬家，向更深

---

① 于甲川、董源：《中国晚清与日本明治时期的社会改革对林业影响的比较研究》，载《北京林业大学学报(社会科学版)》，2007(2)。

② 开滦矿务局史志办公室：《开滦煤矿志》第四卷，248 页，北京，新华出版社，1998。

③ 赵婷：《明清皇帝撰文立碑　戒台寺历史上曾禁采煤》，载《北京日报》，2003-07-26。

的人烟稀少的山区搬迁。比如，门头沟的许多山区古村落都是在明清时期形成的①，矿工家属村是在晚清时期形成的。这又导致更多的深山密林被开发，地区生态环境进一步被破坏。

（四）农垦困难

京津唐煤矿地区的部分地区属于黄淮海粮食区，曾是小麦、水稻等农作物的主产区。比如，滦县、唐山等地都是著名的农耕地区，东汉渔阳太守教民种稻，玉田、丰润一带开始兴修农田水利，发展农田种植。至大年间（1308—1311 年），政府向江南招募 2000 名稻民来这里传授种稻技术，使丰南成为稻米驰名之乡。② 又如，北京西山永定河支流地带也是古代北京的主要粮产地之一，这里对种植水稻的记载可以追溯到嘉平二年（250 年）。③

到了晚清时期，京津唐煤矿地区灾情多发，水旱灾害开始成为影响农作物种植的一个重要的不利因素。同治十一年（1872 年），李鸿章上奏折禀告，由于夏秋雨水过多，通州等八十州县发洪水，永定河发大水灾，农作物被淹。④ 同治十二年（1873 年），李鸿章上奏称，由于六月大雨不断，河北发洪水，山水暴涨，部分河堤决堤，秋禾歉收。⑤ 光绪十三年（1887 年），李鸿章禀告，秋季大雨连绵，山洪暴发，顺天府、保定、天津等属洼区，卢沟桥永定河和潮白河都出现漫口，附近庄稼被淹。⑥ 光绪十八年（1892 年），李鸿章上奏称，顺天府、保定、天津等发生水灾，各河出现漫口决堤，庄稼被淹。⑦ 光绪二十四年（1898 年），李

---

① 徐健：《京西门头沟古村落初探》，载《北京规划建设》，2015(6)。
② 唐山市地方志编纂委员会：《唐山市志》，18 页，北京，方志出版社，1999。
③ 北京市门头沟区地方志编纂委员会：《北京市门头沟区志》，10 页，北京，北京出版社，2006。
④ 中国科学院地理科学与资源研究所、中国第一历史档案馆：《清代奏折汇编——农业·环境》，524 页，北京，商务印书馆，2005。
⑤ 中国科学院地理科学与资源研究所、中国第一历史档案馆：《清代奏折汇编——农业·环境》，528 页，北京，商务印书馆，2005。
⑥ 中国科学院地理科学与资源研究所、中国第一历史档案馆：《清代奏折汇编——农业·环境》，555 页，北京，商务印书馆，2005。
⑦ 中国科学院地理科学与资源研究所、中国第一历史档案馆：《清代奏折汇编——农业·环境》，566 页，北京，商务印书馆，2005。

鸿章上奏禀告，顺天府、保定、河间、天津、遵化等十六府州大雨成灾，淹没田禾。[①] 这些灾害都导致了这里农作物种植的困难。

这种农作物种植困难还体现为煤矿区本地农作物的产量和数量下降，种植的农作物逐渐变成旱地农作物。京津唐煤矿地区的农作物有小麦、玉米、高粱等。例如，玉米的俗名很多，有"玉高粱""苞谷""苞米""棒子"等。玉米是典型的旱地作物，起源于美洲墨西哥地区，有悠久的种植历史。清末，为了消除干旱对农业造成的影响，京津唐开始大面积种植玉米，光绪《乐亭县志》、光绪《迁安县志》、光绪《顺天府志》、光绪《临榆县志》、光绪《抚宁县志》、光绪《昌黎县志》等都有对玉米种植的记载。又如，小麦是本地农作物，也是旱地农作物，滦州、乐亭、迁安、昌黎等地都大量种植小麦。《昌黎县志》写道："这里种植小麦，县境内无水田，多为旱地。"矿区干旱及其造成周边气候的干旱，使得许多地区逐渐以种植旱地农作物为主，改变了原来的种植习惯，农产品物种发生改变。

水稻等作物曾是京津唐煤矿地区一些矿区的主要农作物，是一种需要生长条件相对湿润、多水的农作物，北京西山煤矿区、唐山煤矿区、秦皇岛煤矿区等地区都曾有种植这种农作物的习惯。晚清时期，随着京津唐煤矿地区的环境问题的增加，水稻的产量下降，人们开始减少对水稻的种植。

本地粮食农作物种植的困难使京津唐煤矿地区成为外省供应粮食的主要地区。例如，北京地区每年都有南粮北运[②]的储粮习惯，是清政府漕运粮食的主要供应地及粮食进口销售地，这里依赖着外来粮食来养活当地人口。

这里的蔬菜种植情况也不好，原因是水土流失严重，生态灾害增多，肥沃的土壤遭到破坏，可以种植的蔬菜作物的种类不多。

---

① 中国科学院地理科学与资源研究所、中国第一历史档案馆：《清代奏折汇编——农业·环境》，579 页，北京，商务印书馆，2005。

② （清）震钧：《天咫偶闻》，208 页，北京，北京古籍出版社，1982。

（五）矿难

在京津唐煤矿地区，每当出现大水患、顶板、塌陷，一般都会发生矿难。比如，1902 年 11 月 28 日，开滦煤矿西北井矿的二、三巷道起火，煤气蔓延，使得井下 6 名矿工窒息死亡；1920 年 10 月 14 日，唐山矿因沼气爆炸，造成 434 名矿工死亡；1924 年，赵各庄矿发生两次矿难，造成 14 名矿工死亡。[1] 1939 年，门头沟煤矿发现有臭气，但没有停工，造成 7 名矿工中毒死亡。1941 年，门头沟煤矿井下发生水患，多人被淹死。[2] 这几次矿难之后，煤矿大都出现了停产的情况。当时矿工地位低如草芥，煤矿主常常会以煤矿自身损失较大为由，拒绝赔偿合理的抚恤费，致使经历矿难的家属因为失去家庭主要劳动力而变得更加贫困。

（六）贫困与饥馑

晚清时期，京津唐煤矿地区暴发的环境问题中有一些能直接影响到农作物的种植，导致当地农业生产受挫，农作物产量锐减，带来巨大的社会危害。

晚清时期，京津唐煤矿地区减少了原生农作物的种植，如减少了水稻种植，这致使水稻难以作为主食进入当地百姓家庭的饮食之中。稻米作为细粮——高级消费食品的代表，人们只有逢年过节或者客人到访，才舍得吃上一顿。晚清时期，这里开始以玉米、红薯、高粱等杂粮为主食。而随着干旱对农作物的影响，玉米、红薯、高粱等产量减少，百姓需要依靠外地粮食维系生存，生活成本大大增加，生活变得越发艰难。

晚清时期，由于京津唐煤矿地区的工人绝大多数属于短工，薪资不高，所种植的农作物也由于农垦困难所出不多，因此往往家境贫困。胡佛曾回忆，清末 90％的人口处于贫困的境遇。[3] 这也是当时中国煤矿区的共性问题。1900 年 5 月，英商福公司美国矿业工程师查尔斯·戴维

---

[1] 唐山市地方志编纂委员会：《唐山市志》，923 页，北京，方志出版社，1999。
[2] 潘惠楼：《白鸟吉乔的可耻下场》，载《北京党史研究》，1996(2)。
[3] Herbert Hoover, *The Memoirs of Herbert Hoover (1874-1920)*, New York, The MacMillan Company, 1951, p. 68.

斯·詹姆森在大运河沿途看到，蔬菜和食物都难以买到，而且价格几乎翻了一番，乡下到处是乞丐，劫匪偷盗和抢劫的理由只是为了吃饭。[①] 社会贫困加剧社会矛盾，矿区成为治安较为不好的地区。

贫困让更多家庭应对自然灾害的抗风险能力下降，人们或者遭遇饥馑，或者流离失所，或者背井离乡。比如，1900 年，北京大旱，龙泉镇地区的物价飞涨，出现饥荒；又如，丰润 1920 年大旱，1929 年春至夏无雨，无麦收，1930 年井水干涸。[②] 这使得社会更加不稳定。

随着贫困与饥馑加剧，矿工家庭经历的苦楚更多，生活更加艰难。比如，开平煤矿矿工的家庭大多以男性矿工为主，许多矿工是外地人，除了矿工工作，没有其他收入来源。生活成本的增加使许多家庭捉襟见肘，家徒四壁。为了糊口，有些家庭甚至不顾骨肉之情，卖儿卖女。1893 年，直隶饥荒之际，孩童被标价贩卖，"三五岁男女卖钱数百文，十岁上下可以役使卖钱千余文"[③]。为了补贴家用、吃饱饭，困难的家庭也让会让自家孩童到煤矿工作，这些童工小小年纪就受到煤矿老板的压榨、剥削。

四、晚清时期京津唐煤矿地区环境问题的治理

晚清时期，清政府对京津唐煤矿地区的环境问题的治理，主要是矿产资源保护、水利治理和山林保护等，措施不多。地方政府向中央政府汇报环境治理的情况，中央政府则对地方政府进行指导。[④] 后来，为了适应西学东渐形势的发展，在 1907 年，清政府颁布了《大清矿务章程》，随后颁布配套的法律法规，把矿产资源保护纳入了环境治理的范畴，并要求在京津唐煤矿地区重点实施。然而，清政府对于京津唐煤矿地区的

---

① [美]弗雷德里克·A.沙夫、[英]彼德·哈林顿：《1900：西方人的叙述——义和团运动亲历者的书信、日记和照片》，顾明译，9～10 页，天津，天津人民出版社，2010。

② 唐山市水利局水利志编辑办公室：《唐山市水利志》，56～57 页，石家庄，河北人民出版社，1990。

③ 李文治：《中国近代农业史资料》第一辑，929 页，北京，生活·读书·新知三联书店，1957。

④ 中国第一历史档案馆：《光绪朝朱批奏折》第一〇一辑，299 页，北京，中华书局，1996。

治理总体上以行政性管理法规和临时性管理措施为主，虽然探索了煤矿区的矿产资源保护的法治化建设，但是受到封建迷信思想、地方传统习俗的影响，对于环境保护的力度和尝试仍然具有局限性。同时，晚清政府财政状况的拮据以及社会的动荡，导致环境治理的效果并不理想。此外，一些改革措施实施的时间不长，并不能产生深远的影响。

（一）清政府对京津唐煤矿地区环境问题的管理政策

晚清时期，清政府主要通过地方政府对京津唐煤矿地区的环境问题进行管理，并且以指导为主。只有在环境问题造成重大灾害和严重后果的情况下，中央政府才进行临时性的干预。譬如，光绪三十四年（1908年），京津唐煤矿地区水井干枯，直隶总督上报灾情，奏请在矿区外新开水井。由于饮水问题是一个重大民生问题，光绪照准，并回复"著照所请，该衙门知道"①。但是，清政府对环境管理的态度并不积极。在对矿区的环境管理过程中，清政府更加重视的是对京津唐煤矿地区的煤矿矿产资源的保护，并进行了一些改革。

1. 矿产资源保护

重视煤矿矿产资源的保护，实际上是传统矿产资源管理思想的承袭。自古以来，统治者都认为煤矿资源是治国的重要资源，需要加以保护。比如，"官山海"政策中就有相关论述。《管子·海王》论及山林川泽和沿海资源时，指出要重点管理矿产；《管子·地数》还强调有矿产的山区，要"谨封而为禁。有动封山者，罪死而不赦。有犯令者，左足入，左足断；右足入，右足断"。绝大多数统治者都认识到矿藏资源是国家持久稳定和发展的根基，并形成了矿藏国有、矿藏皇有的传统归属权。古代社会对煤炭的需求量不大，这使得在古代绵长的时间之河里，京津唐地区的煤矿没有被积极地开发。

但是，随着明清时期对煤炭的需求量增加，政府只能逐渐放宽煤矿开采的权限。部分富矿区被开发出来，封建统治阶级及其附庸阶级对于

---

① 中国第一历史档案馆：《光绪朝硃批奏折》第一〇四辑，287页，北京，中华书局，1996。

采煤造成的环境破坏和社会影响明显是忧虑的。这种忧虑使得明代朱元璋以采矿"损于民者多"为由，不准开采；清代康熙在驳回地方办矿的奏折时，提到"闻开矿事情，甚无益于地方，嗣后有请开采，俱著不准行"[①]；依靠土地维系阶级地位、获得经济收入和生活资料来源的地主乡绅也表示出了对影响土地耕种的采煤的愤慨。

政府也采取了一些办法。比如，明清时期，煤矿以官办、官督商办为主，"严禁私办"。政府不仅希望通过"民七官三"的税收政策增加税收，而且希望通过参与办矿来限制煤矿的数量，进而控制煤矿的发展，对煤矿实施保护。事实上，中国传统社会向来重视燃料能源。比如在煤炭之前，木炭行业也隶属于官办行业，政府管控着木炭的生产技术、生产规模以及销售渠道，其中也有保护周边山林的目的。

到了晚清，政府管理和保护煤矿的态度更为明确。清政府加强京津唐煤矿地区的行政管理，矿商需要得到政府的批准才能办矿。煤矿执照制度的进一步落实使得煤矿执照具有一定的约束性（对于煤矿的生产、管理、违法与惩罚等都有简略的描述和基本要求），增强了政府监督煤矿生产、经营的能力。

比如，门头沟矿主徐友松接到由直隶布政司发给的煤矿执照，执照中写明宛平封停的煤窑较多，大多分布在西山。对于这些煤矿，矿商可以申请新执照，但是须在去除以往煤矿的民事争端后才能恢复生产。煤矿经营开采中，矿商除了要合理使用矿工和防止窝藏其中的匪徒滋事、搅扰社会秩序之外，还需要合理开采煤矿，保证安全生产。如果出现影响坟地、水源、林场的情况，需要停工，并向政府及时申报。这些措施也能在一定程度上对矿区环境起到保护作用。

洋务运动之初，考虑到京津唐煤矿地区煤炭的存储和保护对于北京安全的战略性作用，清政府并没有把京津唐煤矿地区作为煤矿工业发展的试点，而是把台湾列为发展煤炭工业的地方。基隆煤矿成为我国最早

---

① 李治亭：《清史》，761页，上海，上海人民出版社，2002。

的正式投产的近代机械化煤矿。[①] 但是，随着华北等地区对于煤炭需求量的增大，清政府不得不大力发展京津唐煤矿地区的煤矿工业，并把唐山开平煤矿区作为煤矿工业发展试点。在开平煤矿办矿成功之后，政府又开发了北京、秦皇岛等地区的煤矿。这使得从前推行的矿业管理政策不能完全适应当时的情况。皇权管理模式并不符合近现代煤矿工业的发展实际，特别是在涉及外国人的矿务管理上。

晚清时期，帝国主义列强对于京津唐等重要矿产资源地区的野心日益增大。例如，胡佛认为中国拥有大量工业发展需要的矿产，而这些矿产并没有得到充分的开发。[②] 清政府也开始认识到传统管理给这些矿产资源管理和保护带来的不利影响。比如，列强通过侵略战争迫使清政府开放中国沿海区的矿权，介入中国矿务。他们到处考察，摸清了唐山、北京的煤田情况，并对它们虎视眈眈。列强于 1898 年在门头沟成立了中英合办门头沟煤矿，接着在 1900 年骗取了开平煤矿。清政府也认识到如果不加以控制，列强侵占京津唐煤矿之后，会在掠夺矿藏资源的过程中造成更多的民事纠纷，激起社会的愤怒及抗议。

于是，清政府开始派人到西方考察、学习，着手起草矿务法案。光绪二十四年（1898 年），清政府出台了《矿务铁路公共章程二十二条》。为了完善矿务管理，清政府还颁布了其他条例，如光绪二十八年（1902 年）颁布了《矿务章程十九条》，光绪三十年（1904 年）制定了《矿务暂行章程》，光绪三十三年（1907 年）颁布了《大清矿务章程》，宣统二年（1910 年）修订了《大清矿务章程》。《大清矿务章程》以维护我国矿务主权为主，初步建设了我国矿产资源保护的法律体系，成为我国最早的矿产资源环境保护的法案，其内容主要包括以下几个方面。

一是规定了地面和腹地的区别，明确了矿权与地权的区别，阻止矿商特别是外国矿商偷换概念，以办矿执照为凭证宣称其对矿区所有自然

---

① 潘君祥：《论官办基隆煤矿的创办和经营》，载《中国社会经济史研究》，1988(1)。

② Herbert Hoover，*The Memoirs of Herbert Hoover*（*1874-1920*），New York，The MacMillan Company，1951，p. 66.

资源的所有权，并对所有环境、生态植被进行规定，要求矿商办矿谨慎从事。第六章第十三款明确规定，矿质各地分为两层，地面和地腹。地面是地的第一层，指矿藏之上的土地，包括可以耕种、建筑、其他公用的土地，不属于矿商。地腹是第一层以下的地区，"厚所及之深处并无限制"[①]，在矿界内属于矿商。这对于矿区地表的环境和生态植被能起到一定保护作用。

二是重申单个煤矿的最大的坑长深度、最大采矿面积及开采年限，限制煤矿过度扩张。第八章第三十款规定，一个矿的执照的采矿面积的上限是960亩[②]，超过这个面积的矿必须另外申请办理新矿。而光绪三十年（1904年）制定的《矿务暂行章程》规定矿区面积为 $7.5\ km^2$，从法律角度缩小了单个煤矿的办矿面积。这使得除了滦州煤矿之外，列强强占的煤矿基本上没有超过开平煤矿的矿区面积，在一定程度上抑制了列强对于京津唐煤矿地区矿产资源的掠夺和破坏。

三是提出了矿商要有环境保护意识。比如，第十一章第五十三款提出，当矿区发生水患时，矿商有责任救灾，去除水患，对于多家煤矿同时出现水患而不能达成救灾共识的，清政府将迫使他们按照水患情况进行捐资赔偿。

四是规定了勘探矿产的限制，限制频繁的勘探活动，减少对周边生态环境的干扰。第八章第二十六款规定了勘探的区域：当在官家的公地，或者地方已经领取矿业执照的地区进行勘探活动时必须遵守规定，"开坑验矿其深阔处均不得过中国官尺三十尺"，开采以后需要勘探，"至深不过官尺五百"。[③]

五是加大了政府对于煤矿的管理和监督。第九章规定了矿界的租赁年限。清政府设立矿务警察，巡查矿区卫生，以促进矿区公共环境的改善和保护等。

---

① 彭觥、汪贻水：《中国实用矿山地质学》下册，49页，北京，冶金工业出版社，2010。
② 彭觥、汪贻水：《中国实用矿山地质学》下册，50页，北京，冶金工业出版社，2010。
③ 彭觥、汪贻水：《中国实用矿山地质学》下册，50页，北京，冶金工业出版社，2010。

清政府对于矿务政策的改革探索，为京津唐煤矿地区的环境治理奠定了基础。《大清矿务章程》提出了矿区污水排泄处理、矿区环境保护等矿区环境保护的观念，对于这里的环境治理有指导性意义。但是，由于章程侧重的是煤矿资源环境的保护，对于环境保护的诠释和理解还比较浅显，加之清政府于1912年被推翻，因此《大清矿务章程》的许多细则并没有得到有效的落实。

2. 水利治理

晚清时期，对于矿区开发造成的水环境破坏，如饮用水困难、影响周边河流正常行水等问题，清政府会出面解决。首先是通过在水井附近设立警示碑石，以警示矿商、矿工在水源周边不能从事采矿事宜，破坏水源，并派人定期巡查，达到保护水源的目的。其次是通过水利工程建设来治理。具体的水利治理与保护措施有以下几个方面。

一是在矿区建立排污水渠，加大饮用水水源的保护和监督力度。在政府的支持下，北京西山煤矿区、唐山煤矿区等都新修了专门供煤矿排污的排水渠，使得排水渠成为贯穿全地的重要河道，缓解矿区的水患。同时注意维修排水渠，定期清淤，解决了污水排水不畅的问题，让这些排水渠能发挥减灾防洪的作用。比如北京西山煤矿区，为了让矿区的积水及时排出，并流到更远的地方，政府多次出面，通过集资的方式，帮助矿区建立排水渠，并监督排水渠的维修。

二是修建通向矿区的灌溉引水渠。灌溉引水渠分为明渠和暗渠。中原干旱、人口密集的地区早在三国时期就开始建造灌溉引水渠了。光绪二十九年（1903年），傅家台引水计划启动。[①] 引水渠修建以后，缓解了这里的用水困难问题。根据所开发的水源的水量多少，引水渠又分为水库引水渠和无水库引水渠。比如，都江堰等就属于水库引水渠；而京津唐煤矿地区的多数灌溉引水渠为无水库引水渠，以附近山泉为水源。随着这里旱情的日益加重，政府逐渐增加了水库引水渠的建设，通过建立水坝在雨季蓄水以及引用周边河流水源来补充水源。永定河、滦河、陡

---

① 刘书广：《水和北京——永定河》，159 页，北京，方志出版社，2004。

河、洋河等各矿区的母亲河都是水库引水渠的主要水源。

仅以西山地区为例，除了城龙引水渠，这里还陆续修建了引用永定河河水的三家店引水渠、稻地引水渠、龙泉务引水渠、陇驾庄灌渠、河北引水渠等。这些水渠基本上解决了当地用水困难的问题。光绪三十一年(1905 年)，清政府又通过制定《使水章程》，解决了京津唐煤矿地区河流上下游用水的争端。但是，当地引水渠多为明渠，且以土渠为主，这使得引水渠的水质并没有当地原来的溪水和井水洁净、清澈。比如，永定河河水中含泥沙量大，污染物多，水质不如井水，也不适合灌溉，容易造成土地沙漠化，抑制植物生长，田地的农作物产量减少。虽然修建水渠解决了用水问题，但是并不能完全解决矿区水资源匮乏及其不利影响。

三是进行区域性河流水利治理。虽然清政府采取的区域性河流水利治理措施不是完全出于对京津唐煤矿地区的环境问题进行治理的目的，但是在治理过程中也解决了京津唐煤矿地区的部分环境问题，如河灾问题。清政府为了完善京津唐煤矿地区的水利系统，保持运河、海河的行水通畅，修缮河堤，定期清淤，形成了岁修制度；适当分流河水，减少河流中下游排泄压力，使得内陆河与海河的水流排泄通畅。这对京津唐煤矿地区的水环境起到保护作用，同时也改善了矿区的水环境。《大清矿务章程》规定了矿区污水如何排放，防止"阻碍现有水道"，影响周边地区的水环境；并且规定重要的水利工程周边不准开采煤矿。

水利治理是古代政府的重要职责之一，晚清时期，清政府也一直对京津唐煤矿地区的水利进行建设和维护。光绪三十四年(1908 年)十二月十二日，直隶总督汇报，永定河、南运河和北运河的修缮中，除了永定河的费用最高之外，紧接着的就是北运河，南运河的费用最少。[①] 但是，为了促进经济社会的发展，清末水利治理的主要目的是让河流防洪、排泄通畅，并能够行船运货，采取的是一种治水获利的思想。

---

① 中国第一历史档案馆：《光绪朝硃批奏折》第一〇一辑，14 页，北京，中华书局，1996。

这种思想是在建坝修缮的同时，调水灌溉农田和方便水上运输。例如，晚清时期永定河部分河道被开发成了京西农田灌溉水源。又如，为了运输方便，保持漕运河流的高水位运行，"借河济运"，使得京津唐煤矿地区的不少煤矿的自然河流成为南北大运河漕运沿线的补充水源。在治理这些河流时也要考虑漕运，当地会为了保持漕运主干道河流的水位深度，而继续任由这些河道分割矿区自然河流的河面，束河行水。这事实上加重了京津唐煤矿地区河流的河病问题。

清政府重视漕运河流的淤泥治理，表现出一种对于重点河流的政策倾斜性。此外，由于永定河流经北京，帝都首府，为了控制永定河的河灾，提升河流的防洪泄洪能力，清政府投入了更多的精力和经费。而其他矿区支流却容易被忽视，得不到及时、有效的治理。

总体而言，当国富民强，国家经济好时，政府对水利治理的投入相对丰厚，治理的范围更加全面，治理效果增大。而当国力衰微，经济不好时，政府对水利环境治理的实际投入经费相对不足，治理效果也不明显。比如，对永定河的治理拨款，最高的治河经费是嘉庆十年到十五年对于南河的治河费用，而之后的皇帝的拨款都没有高过这个数目。而嘉庆时期的永定河的治理效果也相对较好。晚清时期，由于战事不断、内忧外患，清政府无心治河。

光绪、宣统年间，清政府对于京津唐煤矿地区河流的治理都是草草了事。比如，直隶总督李鸿章在永定河发洪水之后对于卢沟桥段永定河进行考察时，胡佛向他提议：迁移沿河中下游的居民，建立更多的水坝，种植护河柳树林，扩宽河面。[①] 但是，考虑到耗资巨大，李鸿章并没有采纳胡佛的提议。晚清时期，清政府还受到社会水利建设技术进步和治水思想时代局限性的限制，使得这个时期的水利建设措施基本上停留在表层工作上，治理效果并不显著。

3. 山林保护

京津唐煤矿地区的开发利用对于山林的破坏情况增多，政府也认识

---

① 朱寿朋：《光绪朝东华录》，1084～1088 页，台北，文海出版社有限公司，2006。

到了采煤对于广大山林的不利影响，希望尽量避免破坏林地。譬如，在新建开平煤矿林西矿时，考虑到"该厂自开办至今，其横路仅挖长五里……林西距唐山五十里，预另开口能由地道通此"①，避免因为开新煤井而造成的林地破坏。同时，统治者认为山林是保障民生、社会发展、改善水利环境的重要自然资源，需要加以保护。

然而客观上，保护山林是一件十分困难的事情，特别是在林木加工制造业得到发展以后。清政府沿袭了明代以来的林业政策，把大片的林地分而治之，让林地有主人负责。大片的优质林地，如天然林、护河林、皇家狩猎林、军垦林、陵墓林等被分给了贵族和官吏，也叫官有林。少数的一些林地交由乡间绅士、商人和有余力的农民个人管理，也叫私有林。但是，这些官有林和私有林不断易主，使得林地管理方法不统一，森林的管理职责不清晰，不能很好地遏制京津唐煤矿地区及其周边地区的山林破坏。

晚清时期，清政府对于山林的保护是比较积极的。首先是鼓励种树，规定个人不能私自进入山林砍伐树木，违者治罪，并设立林区碑石以警世人。加强了"劝农桑"政策的奖励力度，鼓励农户多种桑树、果树等经济林，让农户能因为种树获得更多的收入而愿意种树，稳定落实林业政策。这些政策一定程度上保护了矿区山林环境，使得一些荒地，特别是接近矿区的地区开始出现了一些耐旱的果木林，如板栗树、榛子树、枣树、桃树、柿子树等，这里的林地得到了一定的恢复。

其次是为了恢复林区，除了推行传统的林业政策，清政府还进行了一些林政改革。自光绪四年（1878年）起，清政府以东北为试点兴办了垦殖公司，并推行垦殖山林赋税制，规定将一定比例的税收用于林区的复建，以此来限制商人在林地垦殖中造成的毁林行为。这个政策很快也在京津唐煤矿地区推行。种树可以给矿商带来经营利润，减少经营开支。所以，开平煤矿、门头沟煤矿等都纷纷兴办垦殖公司，兴建林场。

---

① 中国第一历史档案馆：《光绪朝硃批奏折》第一〇二辑，4页，北京，中华书局，1996。

这对于京津唐煤矿地区的林地恢复起到一定积极作用。《大清矿务章程》也细化了对于矿区林木的管理规定。比如，章程规定了矿商对于矿区树木砍伐的权限和保护林木的义务，第十二章第五十七款提出办矿、清道砍伐的树木要列到办矿执照上，并缴纳市场价的相应赔偿费。[①] 如果矿商开采导致了林区破坏，并对所造成的破坏置之不理，清政府会出面干预、惩罚矿商，督促矿商对煤矿生产造成的山林破坏负责。《大清矿务章程》还规定，矿商砍伐矿区的树木，必须征求业主同意，购买后砍伐。矿商对于周边荒野的林木也不能随意砍伐，要在选择赔款、种树的情况之后才能砍树。这也促使矿商在生产中要谨慎行事，减少破坏山林带来的不必要的经济损失和补偿责任。

最后是清政府采纳了岑春煊、赵炳麟等开明官员的建议，把保护森林列为新政内容。宣统元年（1909 年），清政府农工部颁布了"振兴林业"的措施，制订了林业发展计划，比如设立专门的农业管理机构，制定章程，设立专职人员定期巡查、监管林区情况等。这在一定程度上起到保护山林环境的作用。

但是，由于煤炭工业以及其他重工业都在发展，为了促进发展，清政府的林政执法力度实际上并不严格。同时，种树造林、推行山林保护与水利治理一样耗资巨大。由于当时清政府财政拮据，林区治理只能是小修小补，比如，政府对矿区周边的河堤林场的治理以种植低成本的"小松树"为主。[②] 小松树的成活率不高，林区的环境也不如大树林好，这也使得林地治理效果不好。加之许多林业政策实施时间不长，对于林地的治理和保护也比较有限。

（二）清政府对京津唐煤矿地区环境问题的治理政策

晚清时期，京津唐煤矿地区虽然产生了一些环境问题，带来了一定的不利影响，但是由于这些环境问题的数量不多，造成的不利影响的社

---

① 彭觥、汪贻水：《中国实用矿山地质学》下册，52 页，北京，冶金工业出版社，2010。
② 中国第一历史档案馆：《光绪朝硃批奏折》第一〇一辑，315 页，北京，中华书局，1996。

会范围还不大，因此清政府对环境问题的治理措施也不多。对于京津唐煤矿地区环境问题的治理政策主要是停止煤矿生产，经过自然的休养生息来恢复生态环境。

清政府所采取的常见的、比较有效的措施是封窑，勒令其停止生产。之所以能采取"关闭煤矿"的措施，首先是因为晚清时期是京津唐煤矿地区煤炭工业近代化发展的起步期，造成的环境影响还有限，一般的环境问题在停止煤矿生产之后就会明显减少。其次是因为关停这些煤矿所牵涉的社会影响还不大。虽然晚清是京津唐煤矿地区发展的一个重要时期，比如唐山矿区、北京西山矿区都得到了更好的发展。但是，煤矿城镇规模还不大，且由于当时社会对于煤炭的需求还没有现代工业社会的需求量大，关闭一些煤矿不会对社会造成巨大影响。所以，当一些煤矿产生的环境问题造成了恶劣的社会影响，比如发生矿难导致矿工家破人亡、水井无水直接导致人们生活不便或出现地区性饮用水困难等，并被民众告到衙门，导致民生问题时，政府勒令这些煤矿废闭、停产是比较好的做法。

回顾历史，"关闭煤矿"也是清政府治理环境问题的一贯做派，特别是当环境问题引发民事纠纷，激起社会矛盾时。康熙二十三年（1684年），康熙帝批示只要是影响风水、民田庐墓的煤窑一律封窑。乾隆二十六年（1761年），西山官煤窑就发生了多次水患灾害，当地民众把事发煤窑告到衙门，政府为此关闭了这些煤窑。① 地方煤矿的发展因此受到抑制。乾隆二十七年（1762年），西山、宛平、房山共有煤窑 750 座，废闭和停止生产的煤窑有 560 座。其中，西山有煤窑 116 座，废闭的煤窑有 70 座、停开的煤窑 30 座，正在开采的煤窑 16 座；宛平有煤窑 450 座，停产的煤窑有 330 座。② 嘉庆六年（1801年），关停的煤矿数也超过了正在运营的煤矿数，具体关停情况详见表 2-4。与此同时，这里的自

---

① 《煤炭志》编委会：《北京工业志・煤炭志》，16 页，北京，中国科学技术出版社，2000。

② 《煤炭志》编委会：《北京工业志・煤炭志》，16 页，北京，中国科学技术出版社，2000。

然环境得到了更好的保护和恢复。

表 2-4　1801 年西山地区煤窑关停情况

单位：座

煤矿地区	废闭煤窑数量	停产煤窑数量	累计关停煤窑数量
京营	50	23	73
宛平	224	132	356
房山	143	21	164

资料来源于李进尧、吴晓煜、卢本珊：《中国古代金属矿和煤矿开采工程技术史》，314 页，太原，山西教育出版社，2007。

　　晚清时期为了保护环境，清政府出面要求关闭煤矿的情况也比较普遍，比如，庵特生于同治八年（1869 年）到开平地区考察时，发现城北有两个煤窑，其中一个煤窑已经关闭。[1]　光绪八年（1882 年），清政府关闭了房山县长沟峪的大桶煤窑；光绪三十四年（1908 年），关闭了门头沟杨家坨煤窑等。[2]

　　此外，值得注意的是，"关闭煤矿"不单单是出于治理环境问题，有时也是出于政权统治、封建迷信思想的考虑。

　　首先是为了巩固政权统治，安定民心。这是清政府一贯的做法。乾隆二十八年（1763 年），政府下令，"无论何项差务所用车骡，概不得在宛、房各煤窑雇用，违者官参役处"；乾隆四十七年（1782 年），借给西山过街塔等多个煤矿国库银一万五千两以协助煤矿解决水患之困；嘉庆七年（1802 年），借国库银五万两给门头沟煤窑修理已毁坏的泄水石沟；等等。[3]

　　其次是出于封建迷信思想的考虑。当时人们普遍认为环境问题及其不利影响，如人员伤亡、贫困与饥馑等，是统治者统治失当，遭到天谴

----

　　[1]　李保平、邓子平、韩小白：《开滦煤矿档案史料集（一八七六———一九一二）》，67 页，石家庄，河北教育出版社，2012。

　　[2]　《煤炭志》编委会：《北京工业志·煤炭志》，19、21 页，北京，中国科学技术出版社，2000。

　　[3]　《煤炭志》编委会：《北京工业志·煤炭志》，17、18 页，北京，中国科学技术出版社，2000。

的表现。譬如，胡佛在日记里提到晚清社会把灾害与饥馑的积怨相结合，形成流行于民间的晚清即将灭亡的谣言。[①] 这些谣言在社会上造成了不好的社会影响。同时，人们还会认为采矿是一种对天神不敬畏的做法，会触怒天神，即采煤破坏山河、扰乱天地，天神会降罪惩罚。"关闭煤矿"就变成了平息民怨、平息神怒的有效方法。这不仅反映着清代统治阶级对于煤矿环境问题的一种态度，而且实际上反映出普通民众对于煤矿环境问题的产生和治理的一种认识。

譬如，蒲松龄的《聊斋志异》之《龙飞相公》借遇难矿工亡魂之口，提出了煤矿水患与矿难的联系，即"此古煤井。主人攻煤，震动古墓，被龙飞相公决地海之水，溺死四十三人"。当时，人们还迷信风水。而风水思想主张"五行相生"和"天人合一"的平衡观，从某种意义上对于当地的环境保护也起到一定的积极作用。

风水思想以"风水说"为主要理论依据，包括中国的传统地理学、传统哲学、传统民间风俗与文化、传统宗教文化等，从客观上来说蕴含了我国最早的环保思想。在风水思想的影响下，中国形成了以风水思想为指引的"环保人群"。他们虽然没有结社，不像现代西方环境保护运动中形成的各种环境保护协会或环境保护组织，但是有环境保护的统一思想、理论依据等。他们以社会中上层阶级为主，大多数人是封建阶层的中坚力量，有名门望族的族长、祖业殷实的乡绅、香火旺盛的寺庙的住持等。他们具有一种朴素的乡土情怀，每当朝廷把矿务列入议事日程，他们就会为了保住风水，阻挠兴办矿业的提案，并在不同场合下谈论办矿对于风水的不利影响，列举采煤的"十不宜""七大害"，如"田园变废物""天地元气大伤"等，形成社会舆论，潜移默化地影响着统治者的办矿决策。[②] 这种思想及活动在清中期最为活跃，康熙、雍正年间，因为影响风水而关闭煤矿的情况比较多。比如，康熙不仅禁止京畿地区煤矿

① Herbert Hoover，*The Memoirs of Herbert Hoover*（*1874-1920*），New York，The MacMillan Company，1951，p. 44.

② 李保平、邓子平、韩小白：《开滦煤矿档案史料集（一八七六——一九一二）》，60 页，石家庄，河北教育出版社，2012。

的开采，而且禁止唐山矿区的开办。雍正更加严格，不仅禁止煤矿开采，而且禁止了铁、铜等矿区的开采。清政府能做出这些决策，实际上也与当时的社会经济结构有关。当时的国民经济以农耕经济为主，农耕经济能支撑社会的发展，还没有迫切发展近代工业经济的愿望。

但是我们也应该看到，清政府关闭煤矿来治理矿区环境问题的态度在转变，执行力度也在减小。这主要是当近代煤矿工业发展成为晚清京津唐煤矿地区经济发展的内在需求时，社会经济发展显然要比山水保护、陵墓风水保护更加重要。晚清时期，煤炭工业经济的收入成为清政府的一项重要税收来源。晚清的灾年不断，除了烟草等少数行业之外，各行各业都不景气，清政府只有进一步增加赋税，并通过放开煤炭等矿业的发展，压低大宗货品（如煤炭）的运输和销售，来控制工业产品及其他货物的价格，缓解中央政府的财政危机。从短期来看，开办煤矿对于大家都有利。矿商通过办煤矿能获得巨大经营利润，地方官能通过敲诈、勒索煤矿而获得财政收入，而贫民则能通过在矿上工作或者偷采煤炭换钱来糊口养家。

秉持风水思想的风水派却坚信更多的煤矿开发必然带来更多的风水破坏，这一思想在一定程度上制约了当时工业经济的发展。国人中的有识之士于是加入风水思想的批驳队伍。原先，对于风水思想的批驳主要来自外国传教士。1875 年 4 月—1883 年 5 月，《万国公报》刊登的批判风水的文章达到 16 篇，教会也会在自己编辑的刊物中收集关于批评风水的文章，并向教民传讲。[1] 随着晚清社会对于煤矿业发展的现实需求增多，洋务派学者、早期维新运动的思想家、资本主义知识分子、革命先驱等都对风水思想展开了激烈的抨击。

1894 年，郑观应在《盛世危言·开矿下》中指出外国办矿富国之道，如日本不讲风水，"国祚永久"，不曾遇到因为风水而停止办矿的情况。[2] 1903 年，陈榥《续无鬼论》用"磁气学"批驳了"风水说"对于气候、

---

① 郭双林：《论晚清思想界对风水的批判》，载《史学月刊》，1994(3)。
② 夏东元：《郑观应集》上册，713 页，上海，上海人民出版社，1982。

自然现象的神化解释，提出"温带分四季，热带分二季"，"风水说的四季之神到了热带，就应该只有两神才对"。1905年，陈独秀在发文抨击"风水说"时，指出《易经》所讲究的"五行说"的种种弊端。

除了展开论战，在现实中，人们也会对风水思想进行抨击。郭嵩焘曾在给李鸿章的书信中指出"风水说"是无稽之谈。清代洋务派官吏王之春在公开场合批驳"开矿伤地脉"的荒谬之处。这些思想和社会舆论动摇着风水思想对于人们思想的控制，使风水思想的社会影响逐渐减弱。

光绪七年（1881年），祁世长上奏折，提出"还乡河在西山皆北水"，"陵山端于遵化州之西北"，"唐山在丰滦交界东南方"，开办开平煤矿之后"东陵必沃煤之盛"①，出面阻止办矿。清政府为此令李鸿章详细查对，谨慎办理。之后，在其他矿业的兴办过程中，也有不少官吏提出同样的论调，希望清政府能收回成命，停止办矿。清政府为了打击风水思想对于办矿的阻挠，在光绪三十三年（1907年）正式颁布《大清矿务章程》之前，就风水说阻碍办矿的问题，做出了规定：有关风水积习空谈阻止采矿者为违法，交由官局酌办，其他情况禁止多言。

总体上，晚清时期的环境问题主要集中在北京西山老煤矿区以及唐山开平煤矿区，其中开平煤矿的近代机械化水平相对较高。但是，即便是开平煤矿，其造成的环境影响也是有限的。开平煤矿考虑到用工成本，以及"要察其窿口形势运道难易，决定是否用机器"②，一些先进采煤技术并没有完全使用，这也使得这个时期的煤炭开采量和挖掘范围都不大，环境问题增加的速度也没有那么快。一些煤矿地区还能保持原来的自然环境原貌和社会生产生活模式。譬如，唐山依然是一个人烟稀少的小渔村，唐廷枢到开平考察，看到唐山有一些正在开采的土煤窑，规模并不大，人口也不多。距开平西南大约20 km，有一个乔家屯村，住户只有18家。所以，关闭煤矿是当时比较可行、有效的措施。

---

①　中国第一历史档案馆：《光绪朝朱批奏折》第一〇四辑，4页，北京，中华书局，1996。

②　中国第一历史档案馆：《光绪朝朱批奏折》第一〇四辑，140～141页，北京，中华书局，1996。

第三章　民国时期京津唐煤矿地区的
煤矿工业发展与环境问题的
产生、影响及治理

　　民国时期，京津唐煤矿地区的煤矿工业化得到大力发展，新式机械煤矿不断出现，生产力显著提升，煤炭年产量增长很快，超过全国煤炭年生产平均水平，率先成为国内为数不多的工业化煤矿区，其中开滦煤矿成为全国八大煤矿之首，并被列入"中国十大厂矿"。① 与此同时，煤矿的发展严重破坏了矿区的生态环境，特别是帝国主义对京津唐煤矿地区的疯狂掠夺，加剧了环境恶化的程度。虽然政府曾对京津唐煤矿地区的环境进行了治理，并取得一定成效，但是由于政局动荡，缺乏充足的财政资金支持及完善的法律制度，民国时期京津唐煤矿地区环境问题没有得到很好的解决。

第一节　民国时期京津唐煤矿地区的
煤矿工业发展与环境问题的产生

　　民国时期，政府重视发展京津唐煤矿地区的煤炭工业。这里基本建立了近代煤炭工业体系，成为全国最大的煤炭生产基地和能源供应地，

---

　　① 《中国煤炭志》编纂委员会：《中国煤炭志·河北卷》，186 页，北京，煤炭工业出版社，1997。

为地区的经济发展做出了巨大贡献。唐山、门头沟等煤矿区的煤矿机械化水平都达到了较高水平。随着煤矿出煤量的快速提升，煤矿环境问题激增，这使得民国时期成为京津唐煤矿地区产生环境问题的一个主要时期。

一、民国时期京津唐煤矿地区的煤矿工业发展

民国初期，我国掀起了振兴实业的热潮。北洋政府出台了许多刺激实业发展的政策。实业部拟定的《商业注册章程》准许商户自由注册，提倡和保护兴办工商矿业等。[①] 减小政府的行政干预，提倡建立社会商贸团体，加大全国性的实业宣传，鼓励企业发展等，这些举措都促进了京津唐煤矿地区企业的发展。第一次世界大战爆发后，中国资本主义工商业得到迅速发展，到 20 世纪 30 年代，重工业也得到了发展。[②] 重工业对煤炭的需求增加，促进了京津唐煤矿地区的煤矿规模和数量的增大。原来有发展潜力的大中型煤矿，如开滦煤矿等都得到持续不断的发展。并且这里的中小型煤矿也得到了发展，以北京西山地区的煤矿为例，1917 年，房山有煤窑 160 余座[③]；1930 年，门头沟正在生产的小煤矿有 562 座[④]；1935 年，北京西山地区有煤矿 630 余座[⑤]。

科学技术的进步促进了京津唐煤矿地区煤矿企业生产经营能力的提升。京津唐煤矿地区的煤矿企业把工程学、物理学、采矿学等领域的新科学成果用于煤矿的技术改革，极大地提高了生产力。例如，工程学的发展，促进了坑道技术提高。京津唐煤矿地区就根据工程学的新成就，进行开拓矿区巷道技术的改革，使得纵横交错的巷道能延伸到更深的矿区，更科学。京津唐煤矿地区的大中型煤矿不仅开始试用水泥作为主体巷道的支护，而且根据每一层煤炭分布设计生产石门及生产和运输的合

---

①　徐建生：《民国初年的实业热潮与初期工业化》，载《中国工业评论》，2015(9)。

②　李海涛：《民国时期胡庶华的钢铁经济思想述评》，载《湖北理工学院学报（人文社会科学版）》，2016(1)。

③　《煤炭志》编委会：《北京工业志・煤炭志》，22 页，北京，中国科学技术出版社，2000。

④　潘惠楼：《日本帝国主义对北京煤炭的掠夺》，载《北京党史》，2007(4)。

⑤　北京市地方志编纂委员会：《北京志・地质矿产水利气象卷・地质矿产志》，326 页，北京，北京出版社，2001。

理空间。煤矿区基本上采取了暗立井采煤法，煤井规划中有主井和暗井的分别，主井采煤，暗井排气、运输、减排，有的大煤矿有 1～2 个暗井。20 世纪一二十年代，开滦煤矿的煤井都是采取的暗立井方式，中英门头沟合办煤矿也是采取的暗立井方式。[①] 这种方式使得井巷垂直深度可以达到 12 或 13 层煤底板的岩层中，并沿着煤层走向运输大巷。主干运输巷道每隔 240～300 m 即开一个生产石门，水平段垂直高度 40～60 m，煤层斜长 120 m 左右。暗立井方式加大了煤矿的新鲜空气的输送量，可以使更多的矿工到井下进行集中作业，及时排出煤矸石并把煤炭运输到地面。这些煤矿也基本上采用了当时先进的采煤技术——房柱法和长壁法。[②]

　　煤炭加工技术也得到快速发展，如洗煤技术。1910 年，开平矿务有限公司开始研究洗煤技术。开滦矿于 1914 年建成开滦林西第一洗煤厂，设鲍姆式洗煤机 1 台，洗煤箱有 4 个气缸。该厂能生产核煤、碎煤、末煤等，上等精煤的灰分为 12.2％，产率为 60％。[③] 1918 年开滦建成第二座洗煤厂，1923 年建成第三座洗煤厂，全厂每小时处理原煤510 t，年入洗煤 240×10^4 t。[④] 1917—1927 年，北京门头沟地区的中日杨家坨煤矿有限责任公司在经营期间，由于煤质不好，也采用了洗煤技术，购置了炼煤炉 15 座、煤筛子 4 架等。[⑤] 这使得这些煤矿的精煤生产水平不断提升，生产的精煤形成规模。煤矿也能通过煤化工生产技术生产焦煤来增加煤炭品种。比如，开滦生产的焦煤成为湖南汉阳钢厂炼铁所需焦煤的主要煤源[⑥]，技术的进步让这些煤矿的煤炭品质得到提升，

---

　　① 《中国煤炭志》编纂委员会：《中国煤炭志·河北卷》，194 页，北京，煤炭工业出版社，1997。

　　② 袁树森：《老北京的煤业》，52 页，北京，学苑出版社，2005。

　　③ 河北省地方志编纂委员会：《河北省志 第 28 卷 煤炭工业志》，254 页，石家庄，河北人民出版社，1995。

　　④ 河北省地方志编纂委员会：《河北省志 第 28 卷 煤炭工业志》，255 页，石家庄，河北人民出版社，1995。

　　⑤ 袁树森：《老北京的煤业》，52 页，北京，学苑出版社，2005。

　　⑥ Ellsworth C. Carlson，*The Kaiping Mines*（*1877-1912*），Cambridge，Harvard University Press，1971，p. 52.

而外资、合资在发展中的技术优势明显，其煤炭不仅热销国内市场，而且能远销国外，占领海外市场，详见表3-1。

表 3-1　1912—1933 年开滦煤矿向国外销售煤炭情况

单位：10^3 t

年度	销往日本、朝鲜的煤炭量	销往国外的煤炭总量
1912—1913 年	128	144
1913—1914 年	275	372
1914—1915 年	402	485
1915—1916 年	220	279
1916—1917 年	276	386
1917—1918 年	524	663
1918—1919 年	499	574
1919—1920 年	672	753
1920—1921 年	475	507
1921—1922 年	342	386
1922—1923 年	417	448
1924—1925 年	549	596
1925—1926 年	210	214
1927—1928 年	262	262
1928—1929 年	410	410
1930—1931 年	632	632
1931—1932 年	516	516
1932—1933 年	459	459

资料来源于开滦国家矿山公园博物馆，原资料不全。

采煤技术的进步和西方先进采煤机器的引入，使京津唐煤矿地区的煤炭生产迈上一个新台阶。

在这个时期，中英合办门头沟煤矿的主要生产环节机械化程度显著提升，"装载原煤之矿车出井后推进翻车架，将煤倾入长条筛，大块煤由筛面划入，火车漏下之煤由斗升机提上注入圆筒……经筛漏下，由输送板送入各煤仓"[①]。这些煤矿的采煤设备的机械化水平取得了进步，中英合办门头沟煤矿在民国时期购置了多种机械化设备进行煤炭生产。[②] 例如，据 1944 年的调查，中英合办门头沟煤矿购置多台先进的采煤设备：2 台发电机、8 个水泵、2 个水管锅炉、3 台气压机、3 个 80 马力(1 马力≈0.735 kW)卧锅炉、4 架筛煤机、1 座 35 马力选煤机、3 个罐筒、2 个卷扬机，以及多个电钻、自动运输起动机、反向控制起动机、液体起动机等。[③]

又如，开滦煤矿在民国时期进一步提高了煤矿开采设备的机械化水平。据 1932 年的统计，开滦煤矿的水泵有 56 台，详见表 3-2。

表 3-2　民国时期开滦煤矿拥有的水泵情况

煤矿名称	安装地点	台数	功率/马力	排水量/(m³·min⁻¹)
唐山矿	4 巷道	8	480	6.0
	6 巷道	3	260	6.0
	8 巷道	5	480	6.0
	9 巷道	3	80 100	2.5
	10 巷道	4	30	1.5
林西矿	6 巷道	4		6.0
马家沟矿	2 巷道	2		6.0
	2 巷道	3		2.5
	4 巷道	2		2.5
	5 巷道	1		4.5
	5 巷道	1		2.5
	6 巷道	2		0.5

① 天津市档案馆：《为送门头沟煤矿公司矿产概况致天津市社会局函(附概况册)》，档案号：401206800-J0025-3-001063-001，49 页。

② 天津市档案馆：《为送门头沟煤矿公司矿产概况致天津市社会局函(附概况册)》，档案号：401206800-J0025-3-001063-001，49 页。

③ 北京市档案馆：《门头沟煤矿档案》，档案号：J59-1-387，1、9 页。

煤矿名称	安装地点	台数	功率/马力	排水量/(m³·min⁻¹)
赵各庄	4 巷道	6		4.0
	2 巷道	5		2.5
唐家庄	1 巷道	5		2.5
	2 巷道	2		2.6

资料来源于河北省地方志编纂委员会：《河北省志　第 28 卷　煤炭工业志》，186～187 页，石家庄，河北人民出版社，1995。

　　不仅采煤机械设备进步很快，而且矿区在采煤工具方面也在进步。打眼爆破的工具除了单头鹤嘴镐、双头鹤嘴镐，还有轻便的 45 kg 左右的大锤和钎八角钢条。20 世纪 30 年代，开滦煤矿开始尝试使用风钻打眼。后来，越来越多的煤矿开始使用日式风钻凿岩。[①]

　　此外，矿区电力普及率较高。其中开平煤矿的电力开发的历史最早，早在光绪三十二年（1906 年），唐山矿和林西矿的矿井机器就开始以电为动力。[②] 1914 年，唐山启新洋灰公司利用制造水泥的窑炉余热建立了第一座专业发电厂——华记电厂。该厂有 2 台发电机，总容量 1.28×10^4 kW。[③] 门头沟煤矿地区也在民国时期使用了电力，截至 1945 年，中英合办门头沟煤矿拥有 2 台发电机。[④] 民国时期，京津唐煤矿地区的电厂的发电能力提升，部分煤矿电厂，如华记电厂可以与冀北电力联网，共同发电，向河北输送电力，成为地区电力能源供应基地。

　　充足的电力资源，使京津唐煤矿地区的井下能通过电力来提升照明、生产、运输的效率。照明方面：1915 年，开滦煤矿在井下使用了英国人戴飞发明的井下灯泡。为了防爆，1927 年开滦煤矿在唐山矿、马家沟矿等瓦斯浓度含量较高的井下启用了蓄电池灯，不久在赵各庄

---

① 《中国煤炭志》编纂委员会：《中国煤炭志·河北卷》，198 页，北京，煤炭工业出版社，1997。

② 唐山市地方志编纂委员会：《唐山市志》，838 页，北京，方志出版社，1999。

③ 唐山市地方志办公室：《唐山大事记》，30 页，北京，中央文献出版社，2014。

④ 北京市档案馆：《门头沟煤矿档案》，档案号：J59-1-387，1、9 页。

矿、林西矿推行，到 1932 年开滦煤矿有蓄电池灯 13200 盏，其中，唐
山矿 3800 盏、马家沟矿 3800 盏、赵各庄矿 4000 盏、林西矿 1600 盏。[①]
生产方面：开滦煤矿在民国时期普遍使用电力设备，如比利时制造的离
心式电源水泵，到 1932 年开滦煤矿累计有这样的水泵 56 台、柳江和长
城公司的水泵 49 台。[②] 运输方面：唐山煤矿地区，1929 年开滦赵各庄
矿在井下试用电机车运输，1930 年开滦林西矿正式采用电机车运输[③]，
1934—1949 年，开滦煤矿的机车保持在 25～27 台。[④] 北京煤矿地区，
1916—1927 年，中日杨家坨煤矿有限责任公司井下安装了 12 磅的单轨
小铁路。1929 年，门头沟煤矿开始使用电力进行煤炭生产。[⑤] 这都加快
了煤炭生产线流程的速度，避免了安全隐患造成的停工停产，推动了煤
矿发展。

　　随着生产规模扩大，京津唐煤矿的年出煤总量快速增长。民国时
期，无论新式机械煤矿还是土煤窑的生产力水平都得到了进一步的提
升。例如，1916 年煤产量，全国为 15902616 t，土煤窑为 6018000 t，
新式机械煤井为 273144 t，官办煤矿为 176385 t，外资有关的煤矿为
6970087 t。[⑥] 而京津唐煤矿地区外资及新式机械煤井的生产力还要高于
这个水平。1916 年，河北省的煤产量为 3176336 t，开滦煤矿的煤产量
为 2932109 t[⑦]，约占河北省年出煤量的 92%。1912—1949 年河北煤矿
地区部分煤矿的煤炭产量情况见表 3-3。

---

① 河北省地方志编纂委员会：《河北省志 第28卷 煤炭工业志》，203 页，石家庄，河北
人民出版社，1995。

② 河北省地方志编纂委员会：《河北省志 第28卷 煤炭工业志》，186～187 页，石家庄，
河北人民出版社，1995。

③ 唐山市地方志办公室：《唐山大事记》，59 页，北京，中央文献出版社，2014。

④ 唐山市地方志编纂委员会：《唐山市志》，943 页，北京，方志出版社，1999。

⑤ 袁树森：《老北京的煤业》，52 页，北京，学苑出版社，2005。

⑥ 中国通商银行：《五十年来之中国经济》，169 页，中国通商银行，1947。

⑦ 张国辉：《从开滦煤矿联营看近代煤矿业发展状况》，载《历史研究》，1992(4)。

表 3-3　1912—1949 年河北煤矿地区部分煤矿的煤炭产量情况

单位：t

年份	河北地区		
	开滦煤矿	柳江煤矿	长城煤矿
1912 年	1693196		
1913 年	2532166		
1914 年	2877498		
1915 年	3208785	5000	
1916 年	2932109	14957	
1917 年	3254018	45000	
1918 年	3398375	58273	2000
1919 年	4201888	71268	2800
1920 年	4363900	94492	50000
1921 年	11085509	100752	70000
1922 年	3874995	158252	85000
1923 年	4464814	158143	11000
1924 年	4033780	122964	96000
1925 年	3581716	158191	130000
1926 年	3683299	211309	150000
1927 年	4958368	164184	120000
1928 年	4414592	131872	150000
1929 年	4812718	195754	150000
1930 年	5541802	206851	150000
1931 年	5262311	255374	160000
1932 年	4874540	172598	60000
1933 年	4223022	151780	101000

续表

年份	河北地区		
	开滦煤矿	柳江煤矿	长城煤矿
1934 年	4699355	158000	17000
1935 年	3898115	150000	
1936 年	4590346	180000	
1937 年	4401802	180000	
1938 年	5901281	179250	150000
1939 年	6547761	256170	19712
1940 年	6466805	243400	97895
1941 年	4918187	29000	246894
1942 年	6654184	240000	167780
1943 年	6424118	70000	90000
1944 年	5624986		80000
1945 年	2394869		
1946 年	4018902		44307
1947 年	4971058		81653
1948 年	4269986		80769
1949 年	3345227		

资料来源于《中国煤炭志》编纂委员会：《中国煤炭志·河北卷》，190 页，北京，煤炭工业出版社，1997。

这个时期，无论从地区还是从单个煤矿发展来看，京津唐煤矿地区的生产力都已经超过了晚清时期的水平，其中外资独资、合资的煤矿的生产力遥遥领先。1912—1949 年，开滦煤矿单个子矿的煤炭产量基本上从几十万吨提升到百万吨。比如，唐山矿 1939 年的原煤生产总量达到 1028053 t[①]。但是受到战争及社会经济发展的影响，1921—1922 年，日本有意向华转嫁经济危机，与经营开滦煤矿的英商的合作变得不顺

① 唐山市地方志编纂委员会：《唐山市志》，868 页，北京，方志出版社，1999。

利。由于当时日元贬值、运费低，日本煤的离岸价格已经远低于开滦煤矿的价格。这直接导致开滦矿的煤炭卖不出去，生产力下降。[1] 1929—1933 年，在国际经济危机的影响下，我国发生了比较严重的经济危机，出现通胀[2]，煤炭滞销。开滦煤矿受到市场需求减小的影响，又出现了生产力的降低，出煤量减少。这使得开滦煤矿的产煤量出现波段下降。但是当经济形势好转之后，开滦煤矿又会很快恢复生产，继续提升煤炭生产力。1912—1936 年开滦煤矿煤炭销量情况见表 3-4。

表 3-4　1912—1936 年开滦煤矿煤炭销量情况

单位：t

年度	煤炭销量
1912—1913 年	1728296
1913—1914 年	2411038
1914—1915 年	2690135
1915—1916 年	2667743
1916—1917 年	2766111
1917—1918 年	2996669
1918—1919 年	3128677
1919—1920 年	4010980
1920—1921 年	3775536
1921—1922 年	3536027
1922—1923 年	3712925
1923—1924 年	4284157
1924—1925 年	3230808
1925—1926 年	3227214

---

① 丁长清：《从开滦看旧中国煤矿业中的竞争和垄断》，载《近代史研究》，1987(2)。

② 陈涛：《论 1929—1933 经济危机对南京国民政府工商业的影响及对策》，载《党史文苑》，2009(20)。

续表

年度	煤炭销量
1926—1927 年	3993520
1927—1928 年	4220062
1928—1929 年	4098463
1929—1930 年	4486367
1930—1931 年	4170600
1931—1932 年	4573721
1932—1933 年	3734673
1933—1934 年	3673064
1934—1935 年	3655508
1935—1936 年	3602289

资料来源于张国辉：《从开滦煤矿联营看近代煤矿业发展状况》，载《历史研究》，1992(4)。

在京津唐煤矿地区，除了开滦煤矿，还有其他煤矿的年产量也超过 10×10^4 t。[1] 1917 年，房山地区的煤矿年产量达到 30×10^4 t。[2] 门头沟煤矿年产量提高也较快，1925 年其年产量约为 28×10^4 t，1934 年年产量达到 35×10^4 t，具体见表 3-5。当地其他煤矿出煤量也增加，使得当时北京地区煤矿出煤的总量增大。比如，兴宝、中兴、宏福、广丰、协中、利丰 6 个民族资本煤矿年产量占北京地区总产量的 26%，其他土窑产量占 35%。[3] 这里的煤矿生产水平全面提升，年出煤量出现了整体的增长。

---

[1] 中国通商银行：《五十年来之中国经济》，179 页，中国通商银行，1947。

[2] 《煤炭志》编委会：《北京工业志·煤炭志》，22 页，北京，中国科学技术出版社，2000。

[3] 《煤炭志》编委会：《北京工业志·煤炭志》，25 页，北京，中国科学技术出版社，2000。

表 3-5　1918—1934 年中英合办门头沟煤矿的年出煤量

单位：t

年份	产量	年份	产量
1918 年	153870	1927 年	80000
1919 年	75796	1928 年	6000
1920 年	115946	1929 年	8755
1921 年	187336	1930 年	160000
1922 年	98612	1931 年	106605
1923 年	183384	1932 年	221000
1924 年	262741	1933 年	300200
1925 年	282891	1934 年	350000
1926 年	161730		

资料来源于中国人民政治协商会议北京市门头沟区委员会、文史资料研究委员会：《门头沟文史》第一辑，102 页，中国人民政治协商会议北京市门头沟区委员会、文史资料研究委员会，1993。

随着采煤技术和煤矿企业的发展，煤炭生产规模的扩大，年出煤量的增加，京津唐煤矿地区的许多煤矿成为河北乃至全国工业的煤炭能源基地。[①] 像唐山已经成为以煤炭生产为主导产业的煤炭工业城市，北京门头沟煤矿地区、秦皇岛抚宁煤矿地区也成为北京和河北地区的主要煤矿工业区。

二、民国时期京津唐煤矿地区环境问题的产生

煤矿煤炭工业的迅速发展不可避免地对环境产生了破坏。当地企业追求效率而忽视了环境保护，这就使破坏程度加重，导致环境问题的产生。

值得注意的是，帝国主义对京津唐煤矿的疯狂掠夺，也是京津唐煤矿地区环境问题产生的一个重要原因。为了办矿，需要选择厂址，于是

---

① 张米尔、武春友：《资源型城市产业转型障碍与对策研究》，载《经济理论与经济管理》，2001(2)。

办厂地点的森林和自然环境遭到破坏。修建坑道需要大量的木材等，加剧了当地山林的破坏。而随着大量开采，矿井越挖越深，矿井的地质和地理结构遭到破坏。同时，开采煤矿用水量增加，矿井排污增多，水资源遭到破坏。地表植被被破坏导致水土流失更加严重，这使得开采煤矿对环境的各种破坏在同一时段叠加起来，导致这里的生态系统被破坏，逐步产生更多的环境问题。下面以帝国主义对京津唐煤矿地区的煤炭疯狂掠夺造成的环境破坏，来分析京津唐煤矿地区环境问题产生的一个方面。

京津唐煤矿地区是列强掠夺在华煤矿资源的主要地区之一。从晚清开始，列强就开始在京津唐煤矿地区进行矿产勘探活动、开始办矿。民国时期，列强对京津唐煤矿地区的煤矿资源的掠夺达到了疯狂的程度。

唐山煤矿地区是我国被列强侵占和开发时间最长的大型煤矿地区之一。19世纪末，英国首先看上开平煤矿。这是由于英国当时处于工业发展期，出现了煤炭短缺的情况，必须进口煤炭。同时，英方也看到了在开平办矿的优势：一是劳动力供应充足，当时京津地区是人口聚集之地，劳动力较丰富；二是多数人对于煤炭的认识不充分，还没有充分认识到煤炭除了取暖还具有工业能源的重要价值，在我国，煤炭不像外国那样用于机械设备的能源供应；三是我国还没有生产出优质煤炭。就当时比较先进的开平煤矿来说，其煤质分为甲、乙、丙三个等级，甲级煤灰分在6%以下，乙级煤灰分在11%以下，丙级煤灰分在15%左右。产煤有30%为块煤，焦煤数量很少。[1] 开平煤矿的煤炭开发利用的潜力使得英方对这个地区有了野心，把该煤矿作为重点掠夺的对象。

1900年，义和团运动爆发，英方乘机掠夺了开平煤矿。[2] 当时，开平煤矿总经理张燕谋委托德国人德璀琳与英商墨林签订开平煤矿与外国人合作办矿的合同。外国人通过语言把戏篡改了原文，比如"把胡佛说

---

① 李保平、邓子平、韩小白：《开滦煤矿档案史料集（一八七六——一九一二）》，151页，石家庄，河北教育出版社，2012。
② 魏子初：《帝国主义与开滦煤矿》，1页，上海，神州国光社，1954。

成委托人"，"把在一定条件下转让开平资产说成无条件"，"促销利润归英方，而原文未提"等，骗占了开平煤矿。[①] 英国骗占开平煤矿之后，完全无视合同协议规定的中外合作原则，通过派驻英方矿区代表处理矿区日常事务，大事必须上报远在伦敦的董事会，完全架空了张燕谋等中方董事。签订合约之后不到一年的时间内，英方还通过迅速重新在英国注册中英开平煤矿公司，使得清政府给予开平煤矿的优惠政策全部变为英方所有。比如，英方获得了国内最低货物税收优惠特权。而这个税收特权，当时只有台湾基隆煤矿享有。这样英方通过收购开平煤矿同时获得了整个渤海湾地区的煤炭经营特权。[②] 按照合作合同，包括开平煤矿在天津、杭州、苏州的驻地、煤仓、售煤处以及天津东岸码头、天津西岸码头、塘沽码头、牛庄码头、上海码头、广东码头、香港码头、秦皇岛码头等地盘，以及 6 艘万吨以上的货轮等都归于英方。[③] 英国殖民者直接控制了开平煤矿庞大的矿产资源、资产、不动地产以及生产经营权，开平煤矿成为英方独资的外资煤矿，英方也具有独一无二的开矿优势。

除了开平煤矿，英商还吞并了北洋滦州官矿有限公司（简称滦矿）。滦矿成立于 1907 年[④]，曾是唐山地区出煤量仅次于开平煤矿的大中型官办新式机械煤矿，与开平煤矿一样获得了许多办矿特权。[⑤] 这也引来英方的狼子野心。开平煤矿主动与滦矿开打价格战，开平煤矿具有自身的办矿优势和外资独资办矿的经营管理优势，"胡佛采用的'上工币'，按币领钱，填补了开平煤矿原管理层因官僚腐败导致的吃空饷的财务漏洞"[⑥]等使得价格战中开平煤矿的办矿优势凸显，能以低价格出售煤炭。滦矿为了与开平煤矿竞争，大幅度削价，煤价要比开平的煤价每吨低

①　Ellsworth C. Carlson，*The Kaiping Mines*（*1877-1912*），Cambridge，Harvard University Press，1971，p. 64.

②　汪敬虞：《中国近代工业史资料》第二辑上，65 页，北京，科学出版社，1957。

③　资料来源于胡华：《中国天津开平煤矿之调查报告》。

④　熊性美、阎光华：《开滦煤矿矿权史料》，序言 15 页，天津，南开大学出版社，2004。

⑤　Ellsworth C. Carlson，*The Kaiping Mines*（*1877-1912*），Cambridge，Harvard University Press，1971，p. 114.

⑥　Herbert Hoover，*The Memoirs of Herbert Hoover*（*1874-1920*），New York，The MacMillan Company，1951，p. 66.

"0.25～0.40元"①，滦矿大量亏损。这种价格战很快就拖垮了滦矿，1912年，滦矿只有接受开平煤矿提出的两矿联合办矿的合作意向，两矿联合后成立了开滦煤矿，并标志着整个唐山地区的优质煤田落入帝国主义之手。② 开滦煤矿成立以后，英商看到日本是仅次于英国在华的第二大投资巨头，其中包括采矿业。③ 为了规避竞争风险，英方化敌为友，推行利益均沾政策，在1912年就寻求与日本三井财团联合，签订了英日合作协议，联合垄断了中国煤炭市场。1914年以后，英国还通过参与日本在东京举行的日本煤矿主会议，协商了开滦煤矿在中日乃至远东地区煤炭价格和销售煤炭的规划，英日两国形成默契，相互勾结，以京奉线上的北直浦为分界线，把直销煤炭限制在其内，之外的由"南满洲铁道株式会社"代理。并在这个地区以西的地区充当抚顺煤矿的销售代理，减小这些地方的竞争。此外，英国还与日本达成合作，瓜分了华南沿海、长江流域等主要煤炭市场，控制了我国绝大多数的煤炭市场。

北京西山煤矿地区也遭受到了列强的大肆侵略和掠夺。门头沟煤矿是列强在北京矿区争夺激烈的一个煤矿。为了夺取该煤矿的采矿经营权，列强对门头沟进行了勘探考察。1862年，天津广隆洋行英商海德逊和英驻京使馆使节等就到北京西山煤矿地区进行了多次考察。1863年，美国驻华公使蒲安臣也借为清政府制订海军计划的名义，派出美籍采矿工工程师庞伯里到北京西山煤矿地区进行勘察，他本人也亲自到门头沟的圈门、斋堂等地考察。④ 1867年，美国派出地质学者崩派来到北京西山矿区进行专业的地质岩层勘探。⑤ 掌握了这里的矿业情况之后，

① 唐山市地方志编纂委员会：《唐山市志》，953页，北京，方志出版社，1999。

② 熊性美、阎光华：《开滦煤矿矿权史料》，序言19～20页，天津，南开大学出版社，2004。

③ ［美］费维恺：《中国早期工业化——盛宣怀（一八四四——一九一六）和官督商办企业》，虞和平译，8页，北京，中国社会科学出版社，1990。

④ 袁树森：《老北京的煤业》，45～46页，北京，学苑出版社，2005。

⑤ 中国人民政治协商会议北京市门头沟区委员会、文史资料研究委员会：《门头沟文史》第一辑，85页，中国人民政治协商会议北京市门头沟区委员会、文史资料研究委员会，1993。

列强就伺机介入矿务。1868 年，海德逊极力怂恿驻天津英国公使阿礼国借《天津条约》修约之机，提出开放位于门头沟的斋堂煤矿。[①] 1896年，美国人施穆趁门头沟地区的通兴煤矿出现财务危机，招商引资困难之机，以融资为名，私下与矿商段益三达成合作协议，成立了"中美合办通兴煤矿公司"。该煤矿于 1898 年经清政府批准，成为中国第一个中外合办煤矿。[②] 1918 年，英商佐治·麦边勾结华商周奉璋把该煤矿买下来，成立了中英合办门头沟煤矿。[③]

再如，位于门头沟的中兴煤窑是列强争夺激烈的另外一个煤矿。1906 年，英国机械师宾司以技术入股为由，要求与窑主陈熙武合股开办中兴煤窑。[④] 1908 年，中兴煤矿因发生水患被清政府查封，煤矿被迫关闭。1912 年，该煤矿重新开窑生产。1916 年，日本臼井洋行作为股东投资 100 万银圆，与矿商陈少武达成合作协议，成立了中日杨家坨煤矿有限责任公司。[⑤] 此外，1917 年，日本矿业株式会社派人员对北京西山进行调查之后，于 1920 年获得了大安山煤矿的开采权，使得该煤矿也成为中日合资煤矿。

随着列强侵略的加深，外资、合资煤矿在京津唐煤矿地区的煤矿生产总值的份额迅速增加。1912—1937 年，全国共出煤约 5×10^8 t，帝国主义直接开采的煤炭总量约 3×10^8 t，在华开办的 8 座大中型中外合资煤矿包括开滦、门头沟、福公司、井陉、抚顺、临城、本溪湖等，其产量约占全国总产量的 60%，其中开滦煤矿和抚顺煤矿约占全国外资煤

---

① 中国人民政治协商会议北京市门头沟区委员会、文史资料研究委员会：《门头沟文史》第五辑，78 页，中国人民政治协商会议北京市门头沟区委员会、文史资料研究委员会，1993。

② 《煤炭志》编委会：《北京工业志·煤炭志》，4 页，北京，中国科学技术出版社，2000。

③ 中国人民政治协商会议北京市门头沟区委员会、文史资料研究委员会：《门头沟文史》第一辑，98 页，中国人民政治协商会议北京市门头沟区委员会、文史资料研究委员会，1993。

④ 中国人民政治协商会议北京市门头沟区委员会、文史资料研究委员会：《门头沟文史》第六辑，108 页，中国人民政治协商会议北京市门头沟区委员会、文史资料研究委员会，1993。

⑤ 中国人民政治协商会议北京市门头沟区委员会、文史资料研究委员会：《门头沟文史》第一辑，109 页，中国人民政治协商会议北京市门头沟区委员会、文史资料研究委员会，1993。

矿的一半①，中英合办门头沟煤矿约占1/3。②这使外资独资、中外合资煤矿在煤矿地区中的地位上升，增大了其对于煤矿殖民统治的社会影响力。

帝国主义者在经营煤矿期间，以掠夺资源、获取利润为目的，使得这里的煤矿资源环境遭到了严重破坏。为了掌握京津唐煤田矿产资源情况，保持煤炭生产的持续增长，列强进行了频繁的地质勘探。民国时期，仅门头沟地区，列强在这里打孔勘探的面积就一增再增，其中中美通兴煤矿于1920年在门头沟东矿区打孔2个，日本侵略者于1940年在门头沟矿西矿区打孔4个，这6个孔总深度约为277527 m。1945年，日本侵略者又在门头沟斋堂地区打孔22个，总深度约为2860 m，其中直孔4个、斜孔18个。③ 1888—1949年，开滦煤矿在唐山煤矿地区打孔33个，如马家沟打孔的总深度达到2252.40 m，具体情况见表3-6。

表3-6　1888—1949年开滦煤田勘探情况

地区	钻孔数/个	探井/口	总深度/m
唐家庄	3		2003.46
林西至古冶	3		407.80
赵各庄	3		357.83
开平向斜	12	2	1344.75
马家沟（半壁店—开平—洼里）	9	1	2252.40
弯道山	3	1	1202.30

资料来源于开滦国家矿山公园博物馆。

列强的开采活动不仅掠夺了当地的煤炭资源，而且破坏了当地的地质结构。具体情况见表3-7。勘探煤矿需要打孔挖洞，生产煤炭会破坏地质结构。一般来说，煤矿资源越丰富的地区打孔勘探的次数就越多，

① 中国通商银行：《五十年来之中国经济》，169页，中国通商银行，1947。
② 北京市档案馆：《门头沟区产煤及本矿生产概况》，档案号：J59全宗-1目录-230卷，3～4页。
③ 中国人民政治协商会议北京市门头沟区委员会、文史资料研究委员会：《门头沟文史》第一辑，90页，中国人民政治协商会议北京市门头沟区委员会、文史资料研究委员会，1993。

唐山煤矿地区、北京西山煤矿地区等都遗留有民国时期勘探的空洞、废弃煤坑。这些空洞和废弃煤坑由于没有被及时填埋，使地质结构疏松，极大地削减了矿区煤矿岩层的稳定性。

表 3-7　1912—1922 年开滦煤矿探煤工程和探见煤量统计表

年度	勘探煤量/10^4 t	探煤工程进尺（原始记录尺数）/m
1912—1913 年	1076.0	
1913—1914 年	1444.0	
1914—1915 年	1643.0	55140
1915—1916 年	1634.4	56642
1916—1917 年	1596.0	54359
1917—1918 年	2014.5	63270
1918—1919 年	2345.0	60975
1919—1920 年	2295.0	50769
1920—1921 年	2443.5	56751
1921—1922 年	2466.0	80248

资料来源于开滦国家矿山公园博物馆。

此外，列强为了扩大生产能力和煤矿面积，不断吞并林区煤田，破坏了矿区环境。比如，林西矿区放弃了清代绕开林地舍近求远的开矿出口的做法，就地开口出煤，使得林西矿区的林地遭到破坏。[①] 当时的政府放宽了办矿限制，这也使列强有扩大矿区的可乘之机。《大清矿务章程》规定了勘矿的限制和开矿的界限，如"每张勘矿执照所准履勘之地至多不得逾三十方中里"。但是，民国初期，情况却发生了变化。当时，华人矿商试图通过扩大煤矿面积来增加自身的生产经营实力和经营利润，而外商却以合资为借口乘机与这些华人矿商私自签订合作协议，以外交政治、国际社会的优势施压来达到实质性掠夺这些煤矿的目的。资料表明，当时许多合资、外资的煤矿都有超面积开采煤矿的情况，仅

———————

① 中国第一历史档案馆：《光绪朝硃批奏折》第一〇二辑，4 页，北京，中华书局，1996。

1912 年到 1915 年，矿区面积增长近 50 倍。① 外商通过与华人签约合办煤矿，合理地规避了政府对于列强抢占煤矿的管理限制，从而做出非法扩张煤矿的行为。例如，北洋政府在颁发给中美合办通兴煤矿公司的合同中规定矿区面积为 36.5 亩②，而该矿后来实际开采的矿区面积却增加到 4770.2 亩③。又如，中英门头沟合资煤矿在 1920 年增加到 16×10⁴ m²，中日合办杨家坨煤矿由 1917 年的 585 亩增至 1921 亩。④ 而唐山煤矿地区的情况更为严重，比如，开滦煤矿实际上就是英商侵占了几乎整个开滦盆地煤田的产物。该矿的单个煤矿的面积远远超过清末所规定的任何一个地区煤矿的矿区面积，也超过了民国时期的其他外资煤矿。

英国对于煤矿的无节制开发，造成了京津唐煤矿地区自然环境的破坏。1912—1937 年，京津唐煤矿地区作为华北地区的龙头煤矿，成为英国掠夺的主要对象。比如，开滦煤矿、门头沟煤矿等都成为被英商控制的煤矿矿区，形成了以英国为首的京津唐煤矿群矿联盟。由于煤矿实施的掠夺性开采，煤炭生产更加具有无理性、无计划性，为了方便采矿，英国采用放火开山、毁林办矿的做法，严重破坏了周边森林环境。

日本帝国主义对京津唐煤矿资源的掠夺所带来的环境破坏也非常严重。日本侵华期间提出了"以战养战"的口号，这使得其为了勘察矿情，追求高产而出现煤矿生产的冒进，以杀鸡取卵的生产方式造成这里煤矿矿产资源的严重破坏。比如，日本从 1907 年起就开始对我国社会、经济、矿产等做了详细的调查，并认为煤炭可以被列为侵华掠夺的四大物资之一。1917 年，日本矿业株式会派人到北京地区勘察矿业情况，回

① 农商部总务厅统计科：《中华民国四年第四次农商统计表》，812、813 页，上海，中华书局，1918。
② 北京市档案馆：《门头沟地区中外合办煤矿史实记述》，档案号：J001-002-00529，3 页。
③ 农商部地质调查所：《北京西山地质志》，69 页，北京，农商部地质调查所，1920。
④ 袁树森：《老北京的煤业》，52、53 页，北京，学苑出版社，2005。

去后撰写了调查报告，拟定了大安山办煤矿计划。[①] 1933 年，"南满洲铁道株式会社"起草了《对华经济调查机关设立案》。1935 年 9 月，"南满洲铁道株式会社"经济调查会的《华北经济开发方针大纲方案》提到首先获取和保有铁矿、煤炭、锰矿。[②] 1935 年 12 月，日本颁布《华北产业开发指导纲领》，指出要求把铁矿、煤矿统合起来管理，并把煤炭掠夺区域划定在长城、大安、开平等京津唐煤矿地区。同年，15 万字的《北平西山炭田调查资料》介绍了北京煤炭化验鉴定的结果、房山运煤高线公司、杨家坨煤矿及中日香山煤矿等的契约及销售情况。1937 年 3 月，日本人到河北地区调查，形成了 85 册调查报告。日本人的频繁勘探，以及疯狂生产行径对京津唐煤矿地区造成的破坏是相当严重的。

日本侵略者的采矿完全不讲规划，无限扩张矿区面积，不顾煤矿与煤矿之间的隔离带的环境保护等，生产开发毫无节制。[③] 例如，唐山矿在 1898 年开凿 3 号井，井深约为 300 m，到 1942 年日本人开发时，却一下延伸到了 700 m 左右，到达 11 水平。[④] 为了提高产量，日本人把其他浅层煤矿的挖掘深度也进一步向下延伸。1943 年，日本人把林西矿延伸到第 7 水平。[⑤] 日本侵华期间，京西煤矿地区单个矿井的深度延伸到了 500～800 m，大台煤矿的平洞深凿至 880 m，计划开发深度达到13 层。不仅如此，日本人还乱挖、乱采，哪里有好煤就挖哪里，甚至挖掘掉支撑煤矿的主体煤柱，完全不顾及煤矿地区主体矿区煤矿岩层环境的保护等，使得更多的煤柱坍塌。[⑥] 此外，日本帝国主义还不讲矿区卫生和环境的管理保护，任由环境恶化，矿区因此变得满目疮痍。

日本对煤矿开采的行为不仅造成了京津唐煤矿地区的环境破坏，而且在其掠夺煤矿资源中加速了地方矿产资源的流失，使得地方资源供给

---

① 中国人民政治协商会议北京市门头沟区委员会、文史资料研究委员会：《门头沟文史》第五辑，81 页，中国人民政治协商会议北京市门头沟区委员会、文史资料研究委员会，1993。

② 资料来源于吉林省档案馆、吉林省社会科学院满铁资料馆藏，1、43、53 页。

③ 资料来源于开滦国家矿山公园博物馆。

④ 唐山市地方志编纂委员会：《唐山市志》，841 页，北京，方志出版社，1999。

⑤ 唐山市地方志编纂委员会：《唐山市志》，843 页，北京，方志出版社，1999。

⑥ 中国人民大学工业经济系：《北京工业史料》，103 页，北京，北京出版社，1960。

压力增大，影响当地生态环境的自然恢复。1941 年，日本对华北 1941—1946 年的煤炭开采指标是 $2344 \times 10^4 \sim 5730 \times 10^4$ t，而京津唐煤矿地区成为开采的主要目标落实地。这个时期，煤矿的年出煤量出现了非正常增长。1939 年，日本制铁公司与开滦煤矿合设"开滦煤炭贩卖股份有限公司"[①]，开滦煤矿经销权被日本人占有，日本人不断提高煤炭产量来实施掠夺。1941 年 12 月—1945 年 11 月，日军占领开滦期间生产的煤炭超过 2260×10^4 t。[②] 据统计，1938—1944 年，日本累计掠夺的煤炭达到 1065×10^4 t。这些煤炭除了部分来自井陉，其他大部分都来自开滦、柳江、长城煤矿等。[③] 掠夺的这些煤炭除了在当地销售之外就是运回日本满足日本本国的需求，比如开滦销往日本的煤炭量占其总产量的百分数由 1937 年的 26.17％增加到了 1942 年的 36.69％（表 3-8）。[④] 这使得唐山的煤炭资源大量流失，本地煤炭供应紧张，山林环境进一步遭到破坏。

表 3-8　1937—1942 年开滦销往日本的煤炭量

年份	生产量/ 10^4 t	总销量/ 10^4 t	对日输出/ 10^4 t	占生产量百分比/％	占总销量百分比/％
1937 年	477.3	431.0	124.9	26.17	28.98
1938 年	516.7	493.4	158.7	30.71	32.16
1939 年	652.8	567.6	196.5	30.10	34.62
1940 年	649.0	618.0	236.0	36.36	38.19
1941 年	664.3	571.2	228.3	34.37	39.97
1942 年	665.4	581.7	244.2	36.69	41.98

　　资料来源于开滦矿务局史志办公室：《开滦煤矿志》第一卷，63 页，北京，新华出版社，1992。

---

　　① 河北省地方志编纂委员会：《河北省志 第 28 卷 煤炭工业志》，概述 6 页，石家庄，河北人民出版社，1995。
　　② 唐山市地方志编纂委员会：《唐山市志》，945 页，北京，方志出版社，1999。
　　③ 《中国煤炭志》编纂委员会：《中国煤炭志·河北卷》，185 页，北京，煤炭工业出版社，1997。
　　④ 开滦矿务局史志办公室：《开滦煤矿志》第一卷，63 页，北京，新华出版社，1992。

再具体来看北京煤矿地区的情况。1936 年，迫于日本军方压力，中英合办门头沟煤矿向日本输出煤炭 1.75×10^4 t。[①] 1938 年，日本以武力兼并宏富煤窑，易名为"川南工业门头沟事务所"，派日本人吉富重雄任矿长，矿区面积达到 977 亩。[②] 此外，日本还吞并了长沟峪兴宝煤矿、门头沟利丰煤矿、中英合办门头沟煤矿等，并新开了门头沟大台煤矿、房山万盛煤矿等，重开了原来由日本人经营的中日杨家坨煤矿。在新开煤矿中，以门头沟大台煤矿为最大。[③] 1938—1945 年，日本占领门头沟煤矿期间，门头沟煤矿总计产煤 272.815×10^4 t，这些煤矿几乎都被运入日军占领区或日本国。[④] 日本提升了煤矿生产能力，使得其经营期间这里煤矿的年均出煤量大大增加。日本获得了这些煤炭的全部销售利润，并把这些煤炭的 60% 运回国内，具体见表 3-9。[⑤] 日本投降后，虽然煤矿经过几年的治理，但是被破坏的环境仍然没有得到改善，20 世纪 50 年代，苏联专家推测，门头沟的煤矿区只有约 50 年的开采寿命，"20 世纪 90 年代可采储量低于国家标准"[⑥]。日本帝国主义的侵略行为破坏了这里的煤矿资源环境，带来的后果是灾难性的。

表 3-9 1938—1943 年日本帝国主义掠夺京津唐煤矿地区的煤炭总产量

单位：t

煤矿区域或煤矿名称	1938 年	1939 年	1940 年	1941 年	1942 年	1943 年
门头沟各矿（除中英合办门头沟煤矿）	728300	1010000	1307000	1100600	1348800	721500
房山坨里一带煤窑	105700	92400	172900	193600	153300	
大台煤矿		1146	41877	73982	31956	

① 《煤炭志》编委会：《北京工业志・煤炭志》，26 页，北京，中国科学技术出版社，2000。

② 潘惠楼：《日本帝国主义对北京煤炭的掠夺》，载《北京党史》，2007(4)。

③ 中共中央党史研究所：《日军侵华罪行纪实》，356 页，北京，中共党史出版社，1995。

④ 潘惠楼：《日本帝国主义对北京煤炭的掠夺》，载《北京党史》，2007(4)。

⑤ 中国人民政治协商会议北京市门头沟区委员会、文史资料研究委员会：《门头沟文史》第五辑，84 页，中国人民政治协商会议北京市门头沟区委员会、文史资料研究委员会，1993。

⑥ 张强、何敬海、尹香举：《以稳定为中心 以维护为重点 搞好破产企业职工安置——关于门头沟煤矿关闭破产中维护职工权益的调查》，载《工会博览》，2001(20)。

煤矿区域或煤矿名称	1938 年	1939 年	1940 年	1941 年	1942 年	1943 年
中英合办门头沟煤矿	71700	198000	342950	519400	550200	358490
开滦煤矿	5901281	6547761	6466805	4918187	6654184	6424118

资料来源于中国人民政治协商会议北京市门头沟区委员会、文史资料研究委员会：《门头沟文史》第五辑，84 页，中国人民政治协商会议北京市门头沟区委员会、文史资料研究委员会，1993；北京师范大学历史系三年级、研究班：《门头沟煤矿史稿》，8 页，北京，人民文学出版社，1958；《中国煤炭志》编纂委员会：《中国煤炭志·河北卷》，190 页，北京，煤炭工业出版社，1997。

日本侵华期间，除疯狂掠夺煤炭资源外，还把掠夺的目标指向林木资源。例如，日本利用在上海销售的优质棉纱、棉布来诱惑利欲熏心的华人奸商，让他们私下砍伐森林、偷偷交易林木，使得走私现象严重。这让日本占据了东北林区的优质林地，东北大面积的森林被砍伐、毁坏，使得东北森林覆盖率降低到 18%，森林储积量变为 14.3%。到其投降时，日本总共从东北掠去原木约 64217480 m^3。[①] 河北的林区也遭到了类似的毁灭性破坏，特别是日本强占煤矿矿山时，对这里的森林进行疯狂的掠夺、破坏。为了增加林地获得的利润，日本也对北京西山等林场进行了大面积毁坏。

战争防御工程对于林木的需要以及战火毁坏的森林，也使得京津唐煤矿林区的林木资源进一步减少，林区自然生态环境恶化之后对整个生态环境产生不利影响。像门头沟、古冶、山海关等煤矿区都是军事防御重镇，这些地方会修建防御工程，挖掘各种战道。而战火蔓延又常常会引起大片林地着火，对森林、荒地造成破坏。比如，当时日本人毁坏房屋的做法大多是放火烧。大火一起，附近的山林会随之发生山火，直接造成周边林木的大片毁坏。

帝国主义入侵不仅对生态环境造成严重破坏，而且给京津唐煤矿地区人民的财产造成了巨大损失。抗日战争期间，日本侵略者烧毁了当地大量房屋。例如，1941 年 1 月 25 日，日军在山林环境较好的丰润县潘

[①] 陈嵘：《中国森林史料》，202 页，北京，中国林业出版社，1983。

家峪村进行扫荡，烧毁民房 1100 间；同年 2 月 14 日，日军在遵化县鲁家峪村烧毁房屋 1930 间。1942 年 12 月 5 日，日军在滦南县制造了"潘家戴庄惨案"，毁掉房屋 1039 间。[①] 重新建筑房屋，需要大量林木。按照中国传统瓦房木质结构房屋的标准，一间普通瓦房包括大梁、梁柱、横木、横条等木材，修建一间普通瓦房至少需要数棵成年大树。

日本投降时，整个华北地区的森林面积都在锐减。[②] 华北平原茂密的原始森林基本消失，次生林的情况也每况愈下，北京郊区森林覆盖率只有 1.3%[③]，荒地较多的沿河地区，如永定河、滦河、大清河、清凉河等下游两岸的护堤林出现了大面积裸露的荒滩。[④] 到民国末期，河北省山区的森林已被破坏殆尽，有林地面积只剩 504827 hm^2，森林覆盖率为 4.99%。[⑤] 日本控制京津唐煤矿期间，实行"以战养战"[⑥]政策，煤矿作业面积急速延伸到石灰岩断层，煤矿作业面会出现更多的渗水，并诱发更多的水患。煤矿发生大水患时，日本侵略者不会及时抢救，大量积水会漫到煤井中，让煤井出现冒顶，进而造成煤井井身及其周边岩层的松动。在这个过程中，地下水也容易冲破地下岩层阻碍向上涌出，破坏水源环境，水患灾情扩散，致使受灾矿区周边的其他矿区也发生水患，从而产生更多环境问题。

归结来说，民国时期京津唐煤矿区产生的环境问题主要有以下方面。

（一）煤矿资源破坏

民国时期，煤矿资源破坏是矿区一个显著的环境问题。随着京津唐

① 唐山市地方志编纂委员会：《唐山市志》，54～55 页，北京，方志出版社，1999。
② 河北省地方志编纂委员会：《河北省志 第 17 卷 林业志》，18 页，石家庄，河北人民出版社，1998。
③ 北京市地方志编纂委员会：《北京志·市政卷·环境保护志》，3 页，北京，北京出版社，2004。
④ 河北省地方志编纂委员会：《河北省志 第 17 卷 林业志》，11 页，石家庄，河北人民出版社，1998。
⑤ 河北省地方志编纂委员会：《河北省志 第 17 卷 林业志》，18 页，石家庄，河北人民出版社，1998。
⑥ 中国人民政治协商会议北京市门头沟区委员会、文史资料研究委员会：《门头沟文史》第五辑，82 页，北京，中国人民政治协商会议北京市门头沟区委员会、文史资料研究委员会，1993。

煤矿地区煤矿生产力的提高，煤矿资源环境遭到破坏，煤矿资源开始变得缺乏，主要表现是一些富矿区开始出现煤矿资源枯竭而不得不新开煤矿的现象。当时由于大量煤矿被开采，产生了许多废弃的煤坑及深坑煤井。例如，1912年以前，唐山煤矿地区基本上没有煤矿资源枯竭的煤井。但是，后来多个煤井出现了这样的情况，包括唐山矿矿井的一道、二道、三道、四道，赵各庄矿矿井的一道，以及林西矿矿井一道等，这些矿井基本上已经被采光。[①] 又如，1932年，中英合办门头沟煤矿的东矿区出现了煤矿资源枯竭，并导致该矿区因为无煤可采而被迫停产，之后发现城子有煤矿，新开城子矿才恢复了生产。[②] 这实际上是因为工业机械化采煤水平提高后，单个矿井短期采矿压力增大，资源破坏加剧，过早暴露出煤炭资源短缺的问题。

这里的优质煤炭资源也在大量减少，一些煤矿的煤炭需要经过加工才能成为精煤。比如，中日杨家坨煤矿生产出来的未经过加工的煤炭含灰量高，煤炭湿度大，不容易点燃，且燃烧时煤烟大[③]，因此必须经过煤炭加工，才有开采的价值。这个时期，随着这里采矿工业机械化水平的提升[④]，像开滦煤矿、中英合办门头沟煤矿等的煤炭生产力水平已经基本上达到现代煤矿的标准。开滦煤矿全部矿区通电生产，主要采煤环节由机器替代完成，如排水时使用水泵。[⑤] 比如，1912—1949年，开滦煤矿的年均出煤量已经达到或超过了20世纪90年代一些煤矿的生产力水平。而这些采煤加工技术及生产力水平的提升会加大环境生态包袱，产生新的环境问题。

此外，这个时期，无论新式机械煤矿，还是土煤窑的现代化水平都比晚清时期有了提高，年均出煤量的总体水平呈现上升趋势。京津唐煤

---

① 李保平、邓子平、韩小白：《开滦煤矿档案史料集（一八七六——一九一二）》，1535、1536页，石家庄，河北教育出版社，2012。

② 资料来源于北京市档案馆：《中英门头沟煤矿公司概况》。

③ 袁树森：《老北京的煤业》，51页，北京，学苑出版社，2005。

④ 北京市档案馆：《门头沟煤矿档案》，档案号：J59-1-387，1、9页。

⑤ 河北省地方志编纂委员会：《河北省志 第28卷 煤炭工业志》，186页，石家庄，河北人民出版社，1995。

矿地区的矿井向岩层延伸的随意性增大，仍然沿用一些对环境影响较大的传统采煤技术，如"以掘代采"等，加之这个时期是帝国主义列强侵略加剧的时期，列强在煤炭生产、经营中采富弃贫、采厚弃薄、采易弃难的做法，都使得这里的煤矿在开发利用的过程中，如勘探和挖掘煤炭的行为对岩层造成的破坏在增大。

（二）森林锐减

民国时期，森林锐减是京津唐煤矿地区较为严重的环境问题。办矿采煤和推进煤矿工业近现代化发展都容易造成森林破坏。除了前面提到的帝国主义侵略带来的环境问题，还有就是煤矿在发展过程中产生的环境问题了。民国时期，京津唐煤矿地区的山林环境遭到了严重的破坏，在矿山延绵的山脉中，一些优质的密林也遭到破坏，林地变得稀少。原来受到政府保护的陵墓林也遭到大肆砍伐，如遵化东陵和北京昌平十三陵。[①] 过去林密树茂的景象一去不复返。相比之下，矿山林区遭到砍伐的情况更加严重，如门头沟灵山失去了大片林地，绿地变成以低矮的灌木、草地为主，这也为灵山沦落为我国自然生态条件恶劣的山林区埋下了伏笔。

同时，受到煤矿生产污染物排放的影响，这里的树林生长也不健康。许多矿山林区犹如被煤灰漂染过，变得黑乎乎的。位于门头沟煤矿地区的黑山树林，由于常年受到煤炭生产污染的影响，树是黑的，偶尔从山间跑出来的野兔分不清是灰的还是黑的，从山林中飞出来的麻雀也是黑的，成为名副其实的"黑山"。[②] 门头沟深山区也遭到了罕见的破坏，即原始森林遭到了砍伐，天然的次生林也遭到了砍伐，只残存了部分树龄不长的次生林。[③]

---

① 北宁铁路经济调查队：《北宁铁路沿线经济调查报告书》，637 页，北宁铁路管理局，1937。

② 中国人民政治协商会议北京市门头沟区委员会、文史资料研究委员会：《门头沟文史》第一辑，118 页，中国人民政治协商会议北京市门头沟区委员会、文史资料研究委员会，1993。

③ 王成：《北京市门头沟区山区公路生态建设的探讨》，载《公路》，2007(7)。

民国时期，京津唐煤矿地区办矿采煤造成的山林破坏的原因很多。

第一，煤矿生产对于木材需求的增大。比如，1928年，中英合办门头沟煤矿的采煤方法为房柱法，矿井内的支柱多是成年大树的树干，以杨、柳、榆等树的树干为主，木材的长度一般在 2.0～2.7 m。[1] 又如，1937年，开滦煤矿消耗的坑木为17000余根，木材主要是松木、桧木、杨木、柳木等，除了24%的木材由日本进口，其余均来自本地区。再如，1947年，门头沟煤矿生产所需要的木材为17535根，几乎全年都需要消耗木材，详见表3-10。[2]

表3-10　1947年门头沟煤矿使用坑木情况

单位：根

月份	坑木数量
1月	2020
2月	2591
3月	3294
4月	1630
5月	1760
6月	1750
7月	950
8月	400
9月	200
10月	0
11月	1410
12月	1530

资料来源于天津市档案馆：《为送门头沟煤矿公司矿产概况致天津市社会局函（附概况册）》，档案号：401206800-J0025-3-001063-001，55页。

---

① 中国人民政治协商会议北京市门头沟区委员会、文史资料研究委员会：《门头沟文史》第一辑，101页，中国人民政治协商会议北京市门头沟区委员会、文史资料研究委员会，1993。
② 天津市档案馆：《为送门头沟煤矿公司矿产概况致天津市社会局函（附概况册）》，档案号：401206800-J0025-3-001063-001，55页。

第二，煤矿矿区及其交通运输的面积增大。1912—1915 年，这里的矿区面积增长了近 50 倍。而煤矿多在矿山之中，毁林办矿的现象变得普遍。为了煤炭工业的发展，煤矿生产用地面积不断增加，以矿井为中心的包括厂房、办公用地、储煤场等煤矿工作区的用地面积及排污用地面积等也在增加。同时，煤炭运输用地面积也在增大。政府建成了许多铁路，对枕木的需求也导致大量林地受损。[①] 京津唐煤矿地区是这些铁路干线延长的重要区域，民国十四年（1925 年），唐山建成了唐家庄矿至古冶火车站的支线。修建铁路就会为了开山铺路而破坏林地，而且会为了定期更换铁路所需的枕木增大林区资源的供给压力，每千米铁路每年需要更换的铁路枕木在 7.5％左右，这使得更多的山林遭到砍伐。[②]

第三，煤矿工业对于木材的需求带动了林木垦殖公司的兴起。民国时期，随着工业的发展，京津唐煤矿地区对于木材的需求量激增。这些煤矿对于木材的巨大需求，使得木材生意的利润增大。军阀与奸商勾结，使高价销售木材来拿回扣的情况增多，也使这些林地更容易被砍伐。在这个时期，林地原来的主人也砍树毁林，以保证林地的物资不被别人夺走，没有起到保护林地的作用。例如，民国七年（1918 年），林地资源丰富的遵化兴起了伐木的木材生意，这里出产了大量木材。民国十年（1921 年），直隶省设立了"东荒垦殖局"，后经过两次易名改为"河北省第一林务局"，该局把林场承包给 10 余家木行、公司进行砍伐。民国二十年（1931 年）7 月，该局批准木商已砍伐尚未运输的木料达到214000 件，并批准唐山北部山区迁安、遵化、玉田、滦县等地的林场为该局的主要木材供应地。[③] 随着这里林地的减少，该局还逐渐把昌

---

① 金士宣、徐文述：《中国铁路发展史（1876—1949）》，238 页，北京，中国铁道出版社，1986。

② 胡孔发、曹幸穗：《民国时期的林业教育研究》，载《教育评论》，2010(2)。

③ 河北省地方志编纂委员会：《河北省志 第 17 卷 林业志》，18 页，石家庄，河北人民出版社，1998。

黎①、山海关、张家庄、北戴河等林区开发成为其木材供应地，从而使得更多的林地遭到破坏。

为了获得木材，开滦煤矿、中英合办门头沟煤矿等开办了自己的林木垦殖公司。本来，政府鼓励民间兴办林木垦殖公司是出于让煤矿公司通过种树解决自身木材短缺的目的，也出于让当地生长出更多林木以保护环境的目的。但是由于实际操作中，煤矿公司植树造林的主要目的就是满足他们自身的木材使用需求，林地的经济价值大于环保价值，这些垦殖公司很难起到恢复林区生态环境的作用，有时甚至会加速林区环境的破坏。人们在兴办林木垦殖公司的过程中更加重视的是经营林木带来的利润，这使得京津唐最后的原始林也从人们眼前逐渐消失。

第四，工业城镇建设发展用地增多。伴随着煤矿工业城镇的发展，绿地减少，土地变得珍贵，房价也随之变得过高。1935 年，《唐山日报》就刊登了标题为《房价太高》的新闻。山林毁坏的区域延伸到了丘陵、山麓的密林区域，许多密林遭到大肆砍伐。比如，民国四年（1915 年），为了开发遵化兴隆山，建立兴隆镇，人们纵火烧毁了约 13 km² 的森林。森林被毁之后，山林环境变得恶劣。又如，民国二年（1913 年），从外国人拍摄的开滦煤矿矿场的照片中，我们可以看到无论是平坦的平原地带，还是起伏的丘陵地带，到处都是光秃秃的。稀稀拉拉的小树散落在开阔的地面上，本来生长着树林的平原、丘陵地带被厂房和林立的烟囱所替代。② 林地破坏的结果是树龄变短，森林变得稀疏，原有的多年生乔木、灌木林变成了树苗林，并逐渐被低矮的灌木林及杂草丛生的荒地所替代，京津唐煤矿地区出现了严重的林地退化现象。

（三）水患

民国时期，京津唐煤矿地区的许多煤矿都出现了水患。③ 唐山煤矿

---

① 北宁铁路经济调查队：《北宁铁路沿线经济调查报告书》，1241～1242 页，北宁铁路管理局，1937。

② 资料来源于开滦国家矿山公园博物馆。

③ 北京市档案馆：《门头沟矿厂关于井下积水排干缮具报告的呈及平津敌伪产处理局排水报告》，档案号：J059-001-0012。

地区成为水患最严重的地区之一。比如，开平矿务局时期开凿的西北井矿仅1904—1919年就发生了3次突水，矿井全部被淹；1920年，该矿在7水平第9煤层发生大水患，最大涌水达到6600 m³/h。[1] 林西矿从1923年到1948年，矿区涌水量一直呈上升趋势[2]，也经常发生水患。除了唐山，北京西山煤矿区也是水患多发地区，如1937年，房山长沟峪兴宝煤矿发生了震惊社会的大水患。[3]

这里水患多发的原因，首先是这个时期的煤矿机械化水平提高，使得开发的主要煤矿岩层为深层矿区，对矿区水文环境破坏增大。矿区环境变得复杂，矿区涌水造成的水患的灾情容易扩散。[4] 加之许多煤矿分布在含水夹砂层，随着机械化煤矿开采的深入，矿区更容易发生水患。比如，开滦煤矿属于含水冲积层掩盖下的隐伏煤田，煤系地层中的5煤层顶板和12煤层底板砂岩之间为充水的含水层，10～50 m厚的砂岩层就是含水极为丰富的区域，对煤层岩层进行长期的水资源补给，挖掘这里的煤矿也更容易破坏这里的水文环境和地质结构，造成涌水。[5] 又如，门头沟煤矿三面环山，中部为平地，煤层夹于砂岩层，孔隙极大，且靠近永定河古河床，每逢雨季，河床涨水，河水渗入砂岩，潜入矿区，易发生水患。[6] 这也使得这些煤矿随着越挖越深，遭遇到的由矿区透水、河水倒灌导致的大水患的情况越多。

其次是这个时期的一些先进的采矿减灾技术增加了对矿区自然环境的干扰。譬如，民国时期，矿区普遍使用的水泵排水技术，"有条件的煤矿会采购水泵来治水"[7]，没有条件的煤矿也会租用"治水公司的

① 唐山市地方志编纂委员会：《唐山市志》，920页，北京，方志出版社，1999。
② 唐山市地方志编纂委员会：《唐山市志》，836～837页，北京，方志出版社，1999。
③ 北京市房山区志编纂委员会：《北京市房山区志》，25页，北京，北京出版社，1999。
④ 北京市档案馆：《门头沟矿厂关于井下积水排干缮具报告的呈及平津敌伪产处理局排水报告》，档案号：J059-001-0012。
⑤ 唐山市地方志编纂委员会：《唐山市志》，836页，北京，方志出版社，1999。
⑥ 北京市档案馆：《门头沟矿厂关于井下积水排干缮具报告的呈及平津敌伪产处理局排水报告》，档案号：J059-001-0012。
⑦ 北京市档案馆：《门头沟煤矿档案》，档案号：J59-1-387，1、9页。

水泵"①来治理水患。使用水泵增加了矿区的机械化排水能力。民国初期，马家沟矿渗水为每分钟 158 m³，安设的电水泵每分钟可排水156.7 m³。② 1947 年，门头沟煤矿水泵每分钟的最大排水量约为27 m³。③ 水泵超强的排水能力，使得煤矿能在较短时间内排出积水，达到及时减灾、救灾的目的。但是，这也缩短了灾害导致的自然停工时间，加快了煤矿的开发、生产的速度，降低了生态环境的自然修复的涵养能力。这也就使得京津唐煤矿地区的煤炭开采、生产对煤矿煤层的损害增大，更容易渗水，出现水患。

（四）河流水文环境破坏

民国时期，京津唐煤矿地区煤矿的开发与利用使得周边河流水文环境遭到了破坏。首先，河流来水量锐减，晚清永定河的最大来水量均超过 6000 m³/s，如 1890 年卢沟桥站流量为 8390 m³/s。④ 而民国时期永定河的最大来水量只有 4920 m³/s，且含沙量增大。一般年份含沙量达到 4%，1929 年 7 月初，测得含沙量为 39.5%。⑤ 其次，河流患上河病的情况增多。比如，1949 年为了疏通大水灾后的大石河，清淤近 8×10⁴ m³。⑥

河流会随着煤炭开采而出现"稳定""衍生""转移""恶化"等。⑦ 京津唐煤矿地区的一些煤炭开发破坏了地下水环境，使得矿区水源的补给不

---

① 中国人民政治协商会议北京市门头沟区委员会、文史资料研究委员会：《门头沟文史》第二辑，140 页，中国人民政治协商会议北京市门头沟区委员会、文史资料研究委员会，1993。

② 唐山市地方志编纂委员会：《唐山市志》，845 页，北京，方志出版社，1999。

③ 北京市档案馆：《平津敌产处理局门头沟煤矿公司关于水患比往年愈趋严重的呈、函及北平行辕的指令》，档案号：J059-001-00101，1 页。

④ 北京市永定河管理处：《北京永定河志》，73～74 页，北京，北京市永定河管理处，2015。

⑤ 北京市门头沟区地方志编纂委员会：《北京市门头沟区志》，69 页，北京，北京出版社，2006。

⑥ 北京市房山区志编纂委员会：《北京市房山区志》，159 页，北京，北京出版社，1999。

⑦ 张广磊、鞠金峰、许家林：《沟谷地形下煤炭开采对地表径流的影响》，载《煤炭学报》，2016(5)。

足问题波及周边的河流。比如，北京西山煤矿区分布于永定河在北京地区的主要山水涵养区。[1] 但是随着煤矿增多，西山矿区周边水源干涸情况越发严重。[2] 当地多次修建引水渠，使得永定河的来水量减少，进而使得永定河在当地的支流因水流不畅而患上河病。这个时期，京津唐煤矿地区的河流因为来水量减少而河病增多的表现是善淤、善决、善徙。比如，煤矿区的河流中下游地区常常会成为上游冲刷下来的沙、泥、石的残留地，河床被垫高，河水流动变得缓慢，使得无论是本地河，还是过境河都受到影响。又如，唐山石榴河已经成为一条病河，水量减小，河水污染加重。再如，唐山矿、林西矿等矿区，由于过度抽排地下水，使得地下水水位降低，在民国时期就出现了漏斗层，并且使得周边的非矿区的水文环境也连带受到影响。《唐山市水利志》记载，至民国四年（1915 年），唐山古冶、开平矿区的水文环境变得恶劣，滦河改道，河水减少。当地居民需要引矿区坑水作为补充水源。这些河流也会因水量减少而导致流域面积减小，行水不畅，不能补给中下游地区的地下水，也使得中下游地区出现了山谷无溪水、河流无水流、平原地下水位下降等现象。比如，永定河卢沟桥在民国时期变得更加干旱，一些下游河流成为旱地。[3] 这事实上是因为采矿而改变了地下水文环境的分布，打乱了地表水文环境的水流入和流出的动态平衡，造成了水文环境的破坏。

（五）矿区环境污染

民国时期，京津唐煤矿地区环境污染加剧的原因，首先是煤矿工业排放量的增多及挖掘范围的增大。随着京津唐煤矿地区开采量的增加，如民国十四年（1925 年）到民国十九年（1930 年），唐山地区主要煤矿的

---

① 北京市档案馆：《门头沟矿厂关于井下积水排干缮具报告的呈及平津敌伪产处理局排水报告》，档案号：J059-001-0012。

② 北京市档案馆、北京市自来水公司、中国人民大学档案系文献编纂学教研室：《北京自来水公司档案史料（1908 年—1949 年）》，11 页，北京，北京燕山出版社，1986。

③ 北京市档案馆：《北平特别市政府关于开辟永定河渠取石卢水煤之余水的训令、指令（附引浑河渠路线图）和工务局的呈》，档案号：J017-001-00293。

开采量由 2880.9×10^4 t 增加到了 3465.2×10^4 t[①]，以及生产加工煤炭技术的进步等，开滦煤矿等成为地区支柱产业。[②] 煤炭生产中产生的固体废弃物、污水排放物、粉尘排放物等造成的环境污染情况增多，煤矿环境污染开始成为这里的主要环境问题之一。

例如，煤矿在生产挖掘中采用机械化生产技术，会不可避免地排放污染物，带来更多的环境污染。据 1947 年门头沟煤矿耗材统计，每生产 1 t 煤，就会带来约27 kW·h的电力消耗、0.0675 t 的锅炉用煤消耗、0.13 t 的黄火药消耗等。[③] 这些消耗中排放的污染物，都会污染环境。

又如，洗煤技术的运用会带来更多的环境污染问题。开滦煤矿于民国二年（1913 年）建成的林西矿第一洗煤厂投入生产后，每小时可以洗原煤 75 t。[④] 民国二十九年（1940 年），林西第四洗煤厂建成投产，年洗煤能力达到 180×10^4 t。[⑤] 这种煤炭生产和煤炭加工的工业化发展，虽然能带来更多的优质煤，但是也会带来更多的污染物排放。随着煤矿煤炭开发能力的提升，"三废"（废水、废气和废渣）排放也越来越多，造成的环境污染也随之加重。[⑥]

再如，煤矿开发、生产、堆放过程中产生了更多的空气污染。更多的煤炭被挖掘出来并堆放到地面上，它们会使得矿区的煤尘和粉尘污染范围扩大，由矿区的煤井、煤层隧道向更广阔的地区扩散。像煤井开采区、煤炭生产加工区、矸石堆放区、储煤区等都会有粉尘污染，当这些污染物比较集中、混杂在一起时，有时甚至会危及人们的生命。除了空气污染，这里还出现了水污染问题。这个时期随着煤矿区向附近河床的

---

① 李保平、邓子平、韩小白：《开滦煤矿档案史料集（一八七六——一九一二）》，1537页，石家庄，河北教育出版社，2012。
② 唐山市地方志编纂委员会：《唐山市志》，4 页，北京，方志出版社，1999。
③ 天津市档案馆：《为送门头沟煤矿公司矿产概况致天津市社会局函（附概况册）》，档案号：401206800-J0025-3-001063-001，55 页。
④ 唐山市地方志编纂委员会：《唐山市志》，34 页，北京，方志出版社，1999。
⑤ 唐山市地方志编纂委员会：《唐山市志》，879 页，北京，方志出版社，1999。
⑥ 黄烈生、张丹：《煤炭企业生态环境成本分析》，载《会计之友》，2008(2)。

延伸,不仅煤矿区出现水污染问题,而且煤矿区附近的河流也出现水体污染问题,如门头沟清水河、抚宁石门寨沙河、唐山石榴河等矿区周边的河流,由于多数河段的来水量减少,淤泥、煤渣较多,水质浑浊、有异味,已不能作为饮用水水源,而清末,它们还是这里的主要饮用水水源。被污染的水会随着河水向下流动,向河流中下游地区蔓延,造成区域性水污染问题。

其次是京津唐煤矿地区工业城镇的工业排污增多及煤炭消耗量增加。民国时期,京津唐煤矿地区的重工业及衍生工业群建立起来。例如,1878—1941 年,唐山新建了 100 人以上的大工厂 7 家。这些工厂中有些与煤矿有关,如唐山启新洋灰公司、唐山铁路修车厂、德盛窑业公司、新明磁厂等,其中,唐山启新洋灰公司属于煤炭工业的衍生工业——水泥制造。由于开滦煤矿实力雄厚,它经营的唐山启新洋灰公司也颇具实力,是当时的全国四大水泥工厂之一。该水泥厂不断提升水泥机械设备的生产力水平,清末购进的旋窑最高日产量为 2000 桶(1910年,丹麦旋窑),民国时期购进的设备生产能力基本上提高了一倍。比如,1921 年购进的丹麦旋窑的日产量为 4700 桶、1932 年购进的国产旋窑的日产量为 5500 桶、1941 年购进的丹麦旋窑的日产量为 4900 桶等。这使得该水泥厂到民国二十三年(1934 年)就能达到年产 140×10^4 t。随着水泥生产能力的提升,该水泥厂也成为唐山煤矿区的一个主要污染源。[1][2]

又如北京地区,随着煤炭工业的发展,其他工业也迅速发展。这些工业群也会造成环境污染。因为其他工业消耗煤炭的总量也在增加,1948 年,北京月均工业消耗煤炭量为 96570 t。1948 年京津唐煤矿地区主要工业、企业每月用煤情况见表 3-11。

---

① 凌宇、方强:《启新洋灰公司发展策略浅论》,载《唐山师范学院学报》,2006(3)。

② 董彧:《中国近代水泥发展——以启新洋灰公司为例》,载《中国民族博览》,2018(6)。

表 3-11　1948 年京津唐煤矿地区主要工业、企业每月用煤情况

单位：t

序号	工厂名称	耗煤量	备注	序号	工厂名称	耗煤量	备注
1	冀北电力	53000	烟煤：开滦煤；硬煤：门头沟煤	8	纺织染工业公会	1054	烟煤：开滦煤；硬煤：门头沟煤
2	华北钢铁公司	25000	一号煤末：开滦煤；硬煤：门头沟煤	9	中央印制厂	750	开滦煤
3	机器工业公会	6000	开滦煤	10	北平企业公司	600	焦煤、烟煤：开滦煤；硬煤：门头沟煤
4	华北水泥公司	3500	开滦煤	11	机器造纸	590	开滦煤
5	染工业公会	2160	开滦煤	12	洋酒制造公会	286	烟煤：开滦煤；硬煤：门头沟煤
6	造胰制碱公司	1500	开滦煤	13	印刷工业公会	322	烟煤：开滦煤；硬煤：门头沟煤
7	北平电车公司	1500	烟煤：开滦煤	14	北平自来水公司	300	烟煤：开滦煤

资料来源于北京市档案馆：《北平市工业会收文》，档案号：J11 全宗-1 目录-11 卷。

这里的重工业，如开滦煤矿的华记电力、秦皇岛柳江煤矿发电厂、冀北电力、华北钢铁公司等的排污量也在增加。一般而言，煤炭消耗量越大，造成的环境污染也越大。1948 年，在北京地区，冀北电力公司北京分电厂煤炭的消耗量较大，仅次于该公司的天津分公司，详见表 3-12。[①] 同时，在北京工业对煤炭的消耗中，像冀北电力、华北钢铁公司等的煤炭消耗量也远远超过了其他工业，这也使得这些重工业的排污成为附近水体、空气污染的主要原因。[②]

---

① 北京市档案馆：《北平市工业会收文》，档案号：J11 全宗-1 目录-11 卷。
② 北京市档案馆：《北平市工业会收文》，档案号：J11 全宗-1 目录-11 卷。

表 3-12　1948 年冀北电力公司部分地区每月耗煤情况

单位：t

序号	地区	耗煤量
1	北平	15000
2	天津	24000
3	唐山	8000
4	秦皇岛	2000
5	保定	1000

资料来源于北京市档案馆：《北平市工业会收文》，档案号：J11 全宗-1 目录-11 卷。

最后是煤炭工业发展促进工业城镇的形成，人口密集，排污负担增加。截至 1948 年，门头沟煤矿区仍然主要依靠清代修建的排污渠来排泄煤矿污水；而唐山市区只有两条共计 8.79 km 的排水管道，存在超负荷排污水的情况。[①] 加之这个时期在兴建工业城镇过程中，当地为了修建公路、住宅等，一些河流被改为暗河，一些暗沟开始被淹没。门头沟冯村沟、黑河沟等部分河段被填埋，致使这些地方在很长时间内都没有排污沟，雨后容易形成积水坑，滋长病菌恶臭，加大了排污河水系的排水压力，污染了周边多条河流。

（六）瓦斯灾害

民国时期，瓦斯灾害是煤矿区较常出现的灾害之一。一般而言，京津唐煤矿地区生产能力越强的地方，越容易发生瓦斯灾害，其中唐山煤矿区爆发的瓦斯灾害情况最为严重。唐山矿曾在 1914 年、1917 年、1920 年、1926 年、1942 年、1943 年等年份发生瓦斯爆炸；马家庄矿于 1920 年 7 月 30 日发生瓦斯爆炸，同年 10 月 22 日再次发生瓦斯爆炸；赵各庄矿曾在 1924 年、1947 年等年份发生瓦斯爆炸。[②]

同时，瓦斯浓度增大造成的隧道污染也成为民国时期京津唐煤矿地区主要的环境污染。瓦斯的主要成分是甲烷，还有一些乙烷、丙烷、硫

---

① 唐山市地方志编纂委员会：《唐山市志》，579 页，北京，方志出版社，1999。
② 唐山市地方志编纂委员会：《唐山市志》，923～924 页，北京，方志出版社，1999。

化氢、二氧化碳、氮、水等，是古代植物在形成煤炭过程中释放出的气体。它在煤矿中一般以游离状态附着在煤层或岩层的孔隙和裂缝中，当作为一种气体混杂在空气中时，能污染空气，人大量吸入会窒息死亡。

京津唐煤矿地区煤炭机械化生产水平的发展也成为这个时期瓦斯灾害增多的一个主要原因。浅层煤矿的瓦斯以液态形式存在于煤层，瓦斯活动并不活跃，不容易形成瓦斯爆炸的自然条件，但是随着煤矿越挖越深，瓦斯更多以气体的形式存在之后，其扩散能力变强，能穿透煤层，冒到空气中发生化学反应，变成易燃气体。瓦斯与空气混合、瓦斯浓度增加的结果是引发瓦斯灾害。同时，随着土窑的发展，一些煤窑仍然保留着一些传统的生产技术，也容易引发瓦斯灾害。有些煤矿还保留了《天工开物》中提到的传统的采煤技术，比如，通过手摇牛皮袋风箱排风，铺设"家竹箐隧道"①排风等。这些技术比较简陋、粗放。一是排气、通风能力不强，手工自制的换气设备的排风效率不高，无法及时、有效地排出瓦斯，无法解决瓦斯的高含量、强附着的问题。二是以坑木为井身，材质简单，对于煤井隧道不能起到有效的保护作用，无法有效阻止瓦斯穿透煤层，往往形成更大面积的瓦斯隧道污染。

（七）塌陷

民国时期，京津唐煤矿地区出现了新增塌陷区，地下形成了大面积的分层采空层。② 例如，拥有大型煤矿的唐山开平区容易发生塌陷，唐山矿成为唐山塌陷最多的地区之一。③ 据统计，1920—1934 年，塌陷对京津唐煤矿地区及其周边地区造成的影响在持续增大。1920 年，开滦林西煤矿区发生煤矿塌陷，并在大雨后发生泥石流，400 余间房屋因此变成危房，灾后该村被迫迁移。④ 又如，门头沟圈门、黑河沟等成为采

---

① 王明年、钟新樵、张开鑫：《运营瓦斯隧道污染控制技术研究》，载《污染防治技术》，1998(2)。
② 纪玉杰：《北京西山煤炭采空区地面塌陷危险性分析》，载《北京地质》，2003(3)。
③ 杜青松、武法东、张志光：《煤矿类矿山公园地质灾害防治与地质环境保护对策探讨——以唐山开滦为例》，载《资源与产业》，2011(4)。
④ 赵连：《开滦林西矿志》，759 页，北京，新华出版社，2015。

空区，门头沟西辛房村多次发现房屋倾斜、地面裂痕。[①] 再如，1925 年房山周口店张记煤矿西北角窑区发生坍塌，造成 6 名矿工当场死亡，20 余名矿工受伤。[②]

这个时期，煤矿已经开始被大量开发出来。煤炭采掘会破坏水资源，造成岩体破裂，形成大量裂隙和断层，地下空洞也随之增多。这个时期，机械化煤井使用的火药随着威力的增大和使用量的增大，对矿区造成的破坏也在增大。比如，1947 年，门头沟煤矿黄火药的使用量为 44454.9 kg，黑火药的使用量为 3563.0 kg，[③] 具体使用情况见表 3-13。

表 3-13　1947 年门头沟煤矿使用火药情况

月份	黄火药/kg	黑火药/kg	雷管/个	纸引线/根	引线/m
1 月	2216.1	0.0	16759	1294	11045
2 月	1821.7	0.0	14703	3408	7510
3 月	2262.6	0.0	15507	6912	2546
4 月	1866.7	37.6	12780	9147	1164
5 月	1854.8	126.3	13957	13157	22
6 月	3964.8	2.4	26660	26430	0.0
7 月	3436.9	0.0	21398	21351	0.0
8 月	3055.8	753.6	17220	21720	0.0
9 月	4075.8	87.7	27146	26790	214.0
10 月	5381.0	44.6	30933	29647	1202.2
11 月	7023.7	0.0	42975	41307	1291.9
12 月	7495.0	2510.8	3909	28958	825.0

资料来源于天津市档案馆：《为送门头沟煤矿公司矿产概况致天津市社会局函（附概况册）》，档案号：401206800-J0025-3-001063-001，55 页。

---

① 王海、赵华甫、吴克宁：《门头沟产业转型背景下采煤塌陷土地开发利用模式和战略》，载《现代城市研究》，2014(3)。

② 北京市房山区志编纂委员会：《北京市房山区志》，24 页，北京，北京出版社，1999。

③ 天津市档案馆：《为送门头沟煤矿公司矿产概况致天津市社会局函（附概况册）》，档案号：401206800-J0025-3-001063-001，55 页。

从表 3-13 的火药消耗情况我们可以看到，门头沟煤矿在全年的煤炭生产中使用了大量黄火药，而黑火药的使用量并不大。黄火药，也称为"黄色炸药"，是由诺贝尔研制出来的硅藻土炸药，主要成分是硝化甘油、碳酸钙、硝石和木屑等，优点是威力大。黑火药，也称为"土火药"，主要成分是硝酸钾、硫黄、木炭等，威力相对小。从表 3-13 所示雷管、纸引线、引线的消耗情况我们也可以看出，这个时期人们爆破煤矿岩层的深度较大，需要向矿区深处投入较长的火药引火线。大量使用威力巨大的火药爆破煤矿更深处的岩层的结果是在取煤的同时，造成更多的岩层地质结构的损害，进而出现更多的采空层、塌陷区等。

（八）泥石流

民国时期，京津唐煤矿地区经常发生泥石流，如北京西山煤矿区、唐山煤矿区、秦皇岛煤矿区等发生过较大泥石流灾害，详见表3-14。矿山河间、矿山运煤通道、煤矸石堆等都是容易发生泥石流的地区。同时，矿渣型泥石流有时会加重自然泥石流灾害，特别是在雨季之后，更容易形成严重的灾害。1939 年，北京西山煤矿区先发生了泥石流，随后在向下游流动中诱发了矿渣型泥石流，形成了特大泥石流灾害。其中，房山、门头沟等地成为重灾区，门头沟区清水涧流域成为泥石流的中心，东王平、白道子、千军台等村庄受灾。[①] 民国时期，煤矿周边的许多地区已经成为泥石流多发区。比如，门头沟区永定河流域自太子墓至下苇甸沿主流南北的山间低谷逐渐成为京津唐煤矿地区泥石流的多发地。[②]

表 3-14　1914—1949 年京津唐煤矿地区主要泥石流灾害统计

	地区	年份	影响
北京	房山大安山	1914 年	死亡 60 余人，毁房若干
	房山大石河流域的下石堡等地	1924 年	

---

① 吴文涛、王均：《略论民国时期北京地区的自然灾害》，载《北京社会科学》，2000(3)。

② 尹钧科、于德源、吴文涛：《北京历史自然灾害研究》，347 页，北京，中国环境科学出版社，1997。

续表

地区		年份	影响
北京	房山霞云岭、蒲洼等地	1938年	死亡8人，毁房数十间
	房山佛子庄九道河，东关上村龙泉寺、榆树窑、中英水村、西安村、中石堡村等	1939年	死亡30余人，导致石板房村镇村房屋破损和土壤流失
	房山区南窑乡大西沟等地	1949年	死亡6人
	门头沟永定河九河沟	1917年	
	门头沟清水涧、韭园村、王平村、樱桃沟以及房山大石河、漫水河等	1929年	人员伤亡惨重
	门头沟清水河流域	1934年	
	门头沟清水河流域	1935年	
	门头沟清水河流域、沿河城，房山银水村等地	1946年	
唐山	唐山东北部等	1939年	人员伤亡惨重

资料来源于北京市地质矿产勘查开发局、北京市地质研究所：《北京地质灾害》，39页，北京，中国大地出版社，2008；北京市房山区志编纂委员会：《北京市房山区志》，102页，北京，北京出版社，1999；陈瑶、田宝柱、李昌存等：《唐山市矿山环境地质问题分析及其分布特征》，载《河北理工大学学报（自然科学版）》，2011(4)。

办矿采煤是煤矿地区泥石流多发的一个因素。民国时期，京津唐煤矿地区不仅堆积的松散固体物质增多，而且便于泥石流形成的集水、集物的地形增多，这是促成泥石流的自然条件。[1] 煤矿地区更多地使用火药，使得岩石破碎、错落等，岩层出现不良地质发育，岩层结构松散、软弱，煤层易于风化、易受破坏，出现碎片化裂变，从而为泥石流提供丰富的碎屑物来源。[2] 同时，泥石流又会导致煤矿地区出现更大面积的

---

[1] 北京市地质矿产勘查开发局、北京市地质研究所：《北京地质灾害》，41页，北京，中国大地出版社，2008。

[2] 天津市档案馆：《为送门头沟煤矿公司矿产概况致天津市社会局函（附概况册）》，档案号：401206800-J0025-3-001063-001，55页。

水土流失，大量有机土壤和浅层生根植被被带走。[①]

　　陡峭的便于泥石流形成的集水、集物的地形也与煤矿开发有一定关联。采煤会使矿山变得陡峭，而在取出煤矿中的煤炭之后，这些地区会由于没有煤矿岩层的支撑，更容易形成采空层。当发生滑坡、崩塌时，矿山就会变得陡峭，或变成集水、集物之地，这使得靠近矿山脚下的塌陷区也成了泥石流多发区。

（九）沙尘暴

　　民国时期，沙尘暴依然是京津唐煤矿地区的环境问题之一。1912—1948年，华北地区是风灾多发地，河北有10个县多次受到风灾的影响[②]，京津唐煤矿地区多在其中。这个时期的京津唐煤矿地区已经被划为我国沙尘暴的北区。沙尘暴北区的范围是山西北部—京津唐地区，地理纬度在39°N～41°N，由多个沙尘暴中心组成。其中，北京的沙尘暴中心最多，有5个。唐山地区也开始出现沙尘暴，比如，唐山径流的出海口沿线也由没有沙尘暴到开始出现沙尘暴，且形成多个沙尘暴中心。[③]

　　民国时期，京津唐煤矿地区沙尘暴活动频繁，对当地环境有比较大的影响。由于倒春寒、久旱、大风等都是沙尘暴形成的自然条件，因此沙尘暴不仅造成空气污染，而且使空气环境变得更阴冷、干燥、多风。北京西山煤矿地区在民国时期常刮6～9级大风。而其周边的丘陵、河滩、平原的地带是更容易发生风灾的地方。1942年飓风袭击北京[④]，拔起一根根粗壮的大树。

　　沙尘暴导致患呼吸道疾病的病人增多，加之高发的硅肺病等因素的影响，当地死亡的人数也在增加。沙尘暴还会向周边地区蔓延。从内蒙

① 吴文涛、王均：《略论民国时期北京地区的自然灾害》，载《北京社会科学》，2000(3)。
② 王鑫宏、柳俪葳：《民国时期华北灾荒对农村经济的影响》，载《经济研究导刊》，2013(24)。
③ 邓辉、姜卫峰：《1464—1913年华北地区沙尘暴活动的时空特点》，载《自然科学进展》，2006(5)。
④ 北京市丰台区地方志编纂委员会：《北京市丰台区志》，106页，北京，北京出版社，2001。

古草原刮来的沙尘暴，容易在北京西山煤矿地区形成更大的沙尘暴，之后向北京城区蔓延。沙尘暴侵袭之地，天色骤然昏黑，空气弥漫着浓厚的土腥味。沙尘暴过后，建筑物东倒西歪，到处铺满厚厚的黑色、黄色的沙土，大片的庄稼和树木死亡。

民国时期，京津唐煤矿地区的沙尘暴越来越严重，这与煤矿的开发有一定关联。首先，这里的煤矿有不少露天矿。露天矿的生产环节是移走煤层上的岩石及覆盖物，以穿孔爆破法，通过机械使岩煤预先松动，再使用采掘设备将岩煤采出，装入运输设备，运往指定地点。这种采煤方式会将煤井划分为多个水平分层，自上而下逐层开采，在空间上形成阶梯状，使得更多的土地成为裸露的土地，灰沙增多。开滦煤矿、中英合办门头沟煤矿等都是采用这种生产方式的煤矿。煤矿开采中开发了许多矿山，也会使得林地、绿地的面积减少，进而使得露天矿容易成为沙尘暴的污染物。[1] 其次，在煤矿生产中，或者爆破岩层取煤，或者把大块煤炭敲碎加工成合适的煤块，或者装运煤炭掀起的煤尘，或者昼夜不停冒着浓烟的烟囱等，这些都会加重空气粉尘污染。[2] 当沙尘暴过境时，煤尘与沙尘混杂，加重沙尘暴污染。这使得京津唐的一些煤矿地区即便不是沙尘暴的发源地，也容易在刮起沙尘暴时发生空气污染，成为空气严重污染的地区。

（十）公共环境卫生问题

公共环境卫生条件恶劣是导致京津唐煤矿社区、厂矿区环境问题滋生的客观因素之一。

一是住房紧张，室内公共卫生环境不好。例如，矿工宿舍多是简易瓦房，1 间约 10 m² 的简易瓦房住 14～15 名矿工。[3]

二是缺少公厕。1937 年，北京的人口达到 170 万，公厕只有 647处，而北京西山煤矿地区的公厕数量更少。此外，当时还缺乏公厕保洁

---

① 资料来源于《专家称沙尘暴含大量煤尘 露天矿成污染源》，大连市水务局网。

② 李保平、邓子平、韩小白：《开滦煤矿档案史料集（一八七六——一九一二）》，1535、1539 页，石家庄，河北教育出版社，2012。

③ 《工人生活现状拾零》，载《劳动季报》，1934。

员（当时称为粪夫）。20 世纪 30 年代，政府通过法令，规定"粪夫"属于公职人员，把公厕的管理纳入政府管理权限，以吸引更多的人来从事公厕保洁员工作。但是这个措施的普及需要大量经费支持，所以该项公厕管理革新措施在京津唐煤矿地区并没有得到很好的贯彻。

三是公共排污条件简陋。京津唐煤矿地区存在工业污水与民用污水混排，排污渠年久失修，污水毒性大、四处横流的情况。① 驻华办矿的外国人不愿意与中国人混杂居住，一般选择把家眷安置在天津、上海的租界内，修建宅院。常住矿区的外国人，也另辟保留地修造居所，修建外国人的矿工社区，修建单独的进水渠和排污渠系统。天津、秦皇岛等地区的西式别墅群，以及门头沟、房山等煤矿地区少数被遗留下来的西式别墅都可以说明这一点。

四是公共卫生环境恶劣，一些煤矿地区的矿工社区垃圾遍地、污水横流、乌烟瘴气。据 1949 年的统计，以煤炭工业为主的门头沟地区，人口达到 109227 人，其中矿工 1 万余人，医疗诊所只有 12 个，且以私人经营为主。从业医生只有 41 人。这里流行着 20 多种疾病，人均寿命仅为 33 岁。② 唐山等以煤炭工业群为主的地区，公共环境卫生也不好，如在厕所、街道的旁边倾倒垃圾，把药渣等垃圾散放到街道上，人畜共居。

当时的公共环境主要分为自然公共环境和城镇公共环境，而对于民国时期的京津唐煤矿地区来说，公共环境卫生问题主要是城镇公共环境卫生问题。城镇公共卫生问题，是指以非农业人口为主的地区的公共场所、室外环境的卫生状况。政府对城镇公共卫生问题的治理，主要以公共环境的界定为依据。虽然比清末规定的自然公共环境要具体，指出"公有建筑、公园、著名古迹、公用道路、铁路及水利"是公有地、国有地，但是还不够全面、清晰。比如，对于非租赁的公有地、国有地的公共环境的土地，特别是城镇型公共环境的土地管理并不充分，只是从表

---

① 于德源：《北京灾害史》，464~465 页，北京，同心出版社，2008。

② 中国人民政治协商会议北京市门头沟区委员会、文史资料研究委员会：《门头沟文史》第四辑，229 页，中国人民政治协商会议北京市门头沟区委员会、文史资料研究委员会，1993。

面上指出政府要加以限制和管理。

而矿商资本家为了节约成本，并没有对矿工社区的公共环境，如街道、街巷、排污水渠、公共厕所等进行统一的规划、建设，甚至在建造矿工宿舍时，也粗制滥造。宏观来看，这里的城镇建设由于煤炭工业等工业群发展迅猛，人口大量迁入，来不及进行全面、合理的市政布局。广场、街道、垃圾站、排污水渠、公共厕所等的建设还不完善，人们就已经定居，这便导致公共环境卫生相当糟糕。

民国时期，对于宅地周边的公共环境管理的责任落在房屋的户主（也称房东）肩上。房东除了要交自己所居住房屋的卫生费之外，还要自己充当基层环境管理员，出面向房客收取管理费，一般按照住户人口均摊管理法，收齐管理费之后，雇用清洁工、粪夫等保洁人员来实施管理。这使得一个社区出现多个管理者，管理责任落实不到位。同时，社区矿工多，流动性大，例如，开滦煤矿中 1～5 年的矿工占矿工总人数的 31.307％，6～10 年的矿工占 14.782％，11～15 年的矿工占 10.169％等。[①] 这些矿工文化素质普遍不高，开滦煤矿的文盲矿工约占矿工总人数的 40％，小学学历的矿工约占 57％，中学及以上学历的矿工约占 3％。[②] 天南地北的人都群居在一起，有着不同的卫生习惯，也加大了公共环境卫生的治理难度。

第二节　民国时期京津唐煤矿地区环境问题的影响

民国时期，随着煤炭工业机械化水平的提升，京津唐煤矿地区采矿对环境的破坏增大，直接或间接导致的环境问题进一步增多，给当地的

---

① 资料来源于开滦矿物总局：《开滦煤矿概况》，国家图书馆微缩阅览室，微缩胶卷 2013 版。

② 资料来源于开滦矿物总局：《开滦煤矿概况》，国家图书馆微缩阅览室，微缩胶卷 2013 版。

生态环境和社会发展带来了不利影响。

一、干旱

民国时期，京津唐煤矿地区的工业机械化生产水平提升。比如，1932年，开滦煤矿的水泵达到56台，使得煤矿排水能力增强。[1] 煤矿生产技术的提升对水资源及生态资源造成的影响也随之加大，环境问题增多，矿区也出现更多的干旱及旱灾的情况。首先是降水量减少，比如1925—1946年，门头沟的降水量总体上呈减少的趋势。[2] 其次是这里的水井更频繁地出现干涸，比如民国时期，门头沟煤矿地区最大的水井——岩子井不再出水，使得附近的王平村及永定镇北岭的村落出现饮用水困难，一些村民因此搬迁。

民国时期，京津唐煤矿地区发生旱灾的次数约是15—19世纪的6倍。1912—1935年，京津唐煤矿地区发生了多次旱灾，其中1934—1936年发生的旱灾是影响较大的。[3] 这个时期发生的大旱年份持续时间长，其间出现了多次特大旱灾年。

旱灾的影响是巨大的。1920年春，华北五省遭遇大旱，加之前一年江南洪灾的波及，灾情变得更加严重，河北地区的灾县达到80余个，灾民增至873.6×10^4人。[4] 京津唐煤矿地区是重旱区，灾情为40年不遇，多个地区同时发生旱灾，灾情连片，如直隶省多个县受灾。[5] 唐山在1920年，也发生了旱灾。当年丰水季的降水量也只有269 mm，且降水分布不均，矿区干旱情况突出，古冶、开平等地区持续干旱、无雨。1927年5月，唐山春夏持续缺雨，出现大旱。此后，京津唐煤矿地区又出现持续性的旱灾。1942年，在北方出现的八省旱灾中，北京、唐

① 河北省地方志编纂委员会：《河北省志 第28卷 煤炭工业志》，186~187页，石家庄，河北人民出版社，1995。
② 北京市档案馆：《门头沟矿厂关于井下积水排干缮具报告的呈及平津敌伪产处理局排水报告》，档案号：J059-001-0012。
③ 李明志、袁嘉祖：《近600年来我国的旱灾与瘟疫》，《北京林业大学学报（社会科学版）》，2003(3)。
④ 河北省地方志编纂委员会：《河北省志 第47卷 粮食志》，353页，北京，中国城市出版社，1994。
⑤ 于德源：《北京灾害史》，267页，北京，同心出版社，2008。

山等是重灾区，如门头沟琉璃渠村山坡地农作物绝收 50％以上①，降水量严重不足②，旱灾加重了环境问题对当地生态自然环境的不利影响。

当时，除了大旱，京津唐煤矿地区还经常出现春旱。比如，唐山在1935—1937 年连续 3 年发生旱灾，且以春旱为主。③ 1946 年，唐山再次发生春旱。④ 又如，门头沟在 1921 年、1923 年、1941 年、1942 年、1943 年等年份发生了春旱。⑤ 再如，抚宁在 1942 年发生春旱，水井干涸，河流水位下降，河面萎缩，人们可一步迈过南洋河，青苗枯槁。⑥

值得注意的是，这个时期也是京津唐煤矿地区干旱影响范围增大的时期。一些清末民初才着力开发起来的新煤矿区，在民国时期开始由丰水区变成干旱区。比如，唐山煤矿地区，民国以前降水量一直比较充足。⑦ 但是，随着煤炭工业化和煤矿工业城镇化的发展，民国时期这里的气候也变得异常，容易发生干旱。⑧ 干旱致使河、井干涸，山不绿，庄稼歉收。

此外，京津唐煤矿地区的旱灾还会向煤矿周边地区蔓延，波及更多地区。比如，1927 年 5 月，"巴沟村一带未见水，青龙闸、高亮闸至广源闸干涸，水洼、公园堵闭"⑨。再如，北京西山煤矿地区的永定河的

---

① 中共北京市委党史研究室、北京市地方志编纂委员会办公室：《琉璃渠村志》，11 页，北京，北京出版社，2020。
② 董安祥、李耀辉、张宇：《1942 年中国北方八省市大旱的成因》，载《地理科学》，2014(2)。
③ 董安祥、李耀辉、张宇：《1942 年中国北方八省市大旱的成因》，载《地理科学》，2014(2)。
④ 《时值春耕 唐山无雨》，载《唐山日报》，1946-07-02。
⑤ 北京市档案馆：《华北政委会实业总署园芳试验场关于各作物干旱情况呈及报告事项》，档案号：J079-001-00060。
⑥ 秦皇岛市地方志编纂委员会：《秦皇岛市志》第一卷，347 页，天津，天津人民出版社，1994。
⑦ 河北省地方志编纂委员会：《河北省志 第 8 卷 气象志》，10 页，北京，方志出版社，1996。
⑧ 董安祥、李耀辉、张宇：《1942 年中国北方八省市大旱的成因》，载《地理科学》，2014(2)。
⑨ 北京市档案馆：《北平特别市政府关于开辟永定河渠取石卢水煤之余水的训令、指令（附引浑河渠路线图）和工务局的呈》，档案号：J017-001-00293。

旱灾加重了下游地带的旱情。这使得京津唐煤矿地区的旱情的辐射面积增大，旱灾成为当地的一个比较严重的环境问题。

二、生物灾害

民国时期，影响京津唐煤矿地区的环境问题之一是生物灾害。首先是虫灾。民国初期，京津唐煤矿地区暴发的虫灾，有黏虫、蚜虫、蟋蟀、豆虫、玉米螟、高粱条螟、地老虎、麦叶蜂、象鼻虫、蝗虫等。一些地区暴发虫灾的面积较大，如 1943 年 8 月，宛平县发生黏虫灾害，受灾面积达到 3×10^4 亩。[①] 其次是生物入侵灾害。民国时期为了在荒地、旱地上植树造林、培育果树及农作物等，京津唐煤矿地区引进了耐旱、多产的外地物种，而一些有害的生物也会随着这些物种被引入。这使得民国时期成为京津唐煤矿地区生物入侵灾害暴发的一个重要时期。例如，1940 年，门头沟从新疆引进核桃树，随后就发生了"核桃举肢蛾"灾害，受害率达到 $10\% \sim 46\%$。京津唐煤矿地区的病虫害在 1933 年时已经相当严重，政府为此出台了《农业病虫害取缔规则》，把进口的检验和管理机构限制到上海口岸，凡是输入的农产品和树种等，都需要得到农业部签发的特许证，否则一经发现，全部责令烧毁注销。[②]

三、粮食作物歉收

民国时期，环境问题的影响有干旱、污染、土地肥力下降、病虫害等，这些影响导致粮食作物歉收，影响人民生活。据 1949 年的统计，门头沟全区粮食总产量仅为 1510 万斤，平均亩产 105 斤，小麦、谷子等传统作物都不足 100 斤。[③] 而在明清时期，这里是河北的主要粮食产地之一，如北京西山的永定河支流地带是水稻种植地区。[④]

---

① 北京市丰台区地方志编纂委员会：《北京市丰台区志》，109 页，北京，北京出版社，2001。

② 《中华民国法规大全》第三册，3270 页，北京，商务印书馆，1936。

③ 中国人民政治协商会议北京市门头沟区委员会、文史资料研究委员会：《门头沟文史》第四辑，129 页，中国人民政治协商会议北京市门头沟区委员会、文史资料研究委员会，1993。

④ 北京市门头沟区地方志编纂委员会：《北京市门头沟区志》，10 页，北京，北京出版社，2006。

由于干旱，河北地区被迫种植更多的旱地作物，使得外来耐旱作物在这里大量繁殖，详见表 3-15。1931—1937 年，这里依然以种植外来旱地作物为主，小麦 45100 千亩、小米 27460 千亩、玉米 17700 千亩、高粱 16180 千亩等。①

表 3-15　1930 年京津唐煤矿地区主要农作物种植情况表

单位：%

地名	玉米	粟	高粱	花生	豆类	麦类	甘薯
昌平	34	22	19	0	11	9	0
平谷	14	44	17	3	15	0	0
密云	10	30	20	10	10	7	3
蓟县	13	6	48	0	8	17	0
遵化	11	25	33	0	6	9	6

资料来源于冀东农村实态调查班：《冀东地区内二十五个村农村实态调查报告书》。

人们的粮食消费开始变为以外来旱地粮食作物为主。比如，从 1934 年唐山输入的粮食来看，排第一位的是高粱（4000 t），排第二位的是黑豆（3000 t）。因为耐旱、耐寒、高产、便宜，所以高粱、黑豆等作物逐渐成为人们能消费得起的粮食。小米、绿豆和芝麻等传统的作物产量低，价格高，人们对这些粮食的消费也变少了。② 又如，在 1937 年京绥铁路的运输中，高粱的输入量依然是当时最高的，达到168170 t，小麦的输入量为 100400 t，而大米的输入量更小，只有 30230 t。事实上，这也促使河北地区高粱的种植面积不断扩大。

由于京津唐煤矿地区的粮食需要外地供应，因此人们消费外来旱地粮食时还必须付出更多的钱。1919—1933 年，通过京绥、胶济等铁路向京津唐等人口密集的地区输送了大量粮食，运送粮食量超过240×10⁴ t，

①　任新平：《民国时期粮食安全研究》，24 页，北京，中国物资出版社，2011。

②　汪度：《本路沿线出产货品及运输状况》，载《平绥日刊》，1936-01-01。

粮食运送量增速迅猛，如 1919 年为 172116 t，到 1933 年增至229398 t。[①] 尽管如此，一些粮食的价格还是很高。为了填饱肚子，豆饼、白米糠等成为人们的主食。[②] 1948 年年末，唐山出现粮荒，粮食价格飞涨。此外，牲口也需要外地的粮食供应才能活下来。随着京津唐煤矿地区煤炭运输总量的提升，这里使用牲口运输煤炭的需求也在增加，从而带来了牲口对粮食需求的增加。京津唐煤矿地区的粮食供应的增加，又给河北乃至全国的粮食供应市场带来了压力，促使民国时期出现了全国性的粮食安全危机，粮食问题成了政府亟待解决的民生问题。[③] 为了发展农业，政府在 1914—1947 年又新开垦了更多的荒地，全国粮食种植面积由 883536 千亩增加到 1162147 千亩，土地自然环境又遭到更多的破坏。[④]

农作物种植经济效益不好，棉花等经济作物种植利润增大，也导致粮食种植面积减少。民国时期，为了解决农垦困难，京津唐煤矿地区也开发了更多土地来发展农业。而与此同时，棉纺业也在这个时期发展起来，比如，唐山于 1921 年出现近代面纱厂、华新纱厂等，河北地区也出现了许多纺纱厂。随着地区对棉花需求的增多，其市场价格上涨。[⑤] 许多的农户考虑到种植传统的粮食作物收成不好，而棉花的种植利润大，就逐渐放弃了粮食作物的种植，开始大面积种植棉花。1914—1947 年，全国棉花种植面积由 26784 千亩增加到 36463 千亩。[⑥] 1932 年，河北地区的棉花种植面积和总产量大幅增加，1936 年的种植面积和总产量均相当于20 世纪20 年代初的2 倍多。1933 年以后，河北地区棉花总

---

① 熊亚平：《铁路与华北乡村社会变迁 1880—1937》，177 页，北京，人民出版社，2011。

② 潘惠楼：《白鸟吉乔的可耻下场》，载《北京党史研究》，1996(2)。

③ 成升魁、徐增让、谢高地等：《中国粮食安全百年变化历程》，载《农学学报》，2018(1)。

④ 许道夫：《中国近代农业生产及贸易统计资料》，338 页，上海，上海人民出版社，1983。

⑤ 吴松弟：《中国近代经济地理》第一卷，213 页，上海，华东师范大学出版社，2015。

⑥ 许道夫：《中国近代农业生产及贸易统计资料》，338 页，上海，上海人民出版社，1983。

产量居全国第一。[①]

四、饥馑与贫困

京津唐煤矿地区环境问题也会导致饥馑与贫困。1914 年，北京的贫困人口达到 96850 人，之后贫困人口进一步增加，1928 年达到 234800 人。[②] 这里的贫困已经是一个普遍的社会现象。京津唐煤矿地区的矿工家庭尤其贫困。从小生长在唐山的李大钊在《唐山煤厂的工人生活》一文中这样记载：他们每日工作八小时，工银才有二角，饮膳还要自备。他们的工作量十分大，常常把两星期的活压到一个星期来干完。在这一个星期中，他们昼夜不分，不停工作，不睡觉，不盥漱，不沐浴。他们终日在黑漆漆的煤窑里工作，无法接触明媚的阳光，使得他们一般都是面目发黑，在煤坑里疲于奔命。外国资本家对于他们来说，是遥不可及的。开滦煤矿实行的是包工制，矿工由包柜(也称为包工头)来管。包工头大多凶横霸道、毫无人性，以苛待工人来讨好外国资本家。[③]

同时由于社会贫困，京津唐煤矿地区的家庭抵御灾害风险的能力下降，也使得连续遭逢荒年的人们备感痛苦与煎熬。1920 年直隶大旱，为 40 年罕见，受灾 80 余个县，灾民 873.6×10^4 人。[④] 京津唐煤矿地区是重灾区，1942 年，门头沟军庄镇灰峪村有 50 余人饿死；门头沟匣石窑村有 9 人饿死，该村在灾后逐渐成为废弃村，至今无人居住。房山坨里煤矿地区的灾情更为严重，粮食歉收，直接导致 2035 人饿死，1538 户离乡逃亡，432 户卖儿卖女。[⑤]

一方水土养一方人。当京津唐煤矿地区的土地变得不那么容易养活人们时，为了生存，这里的农户家庭的主要劳动力会放弃以种地为主的生存方式，到煤矿地区当矿工等来谋生。而矿工的工资按照他们所付出

---

① 郭贵儒、戴建兵：《河北经济史》第四卷，227 页，北京，人民出版社，2003。

② 袁熹：《清末民初北京的贫困人口研究》，见北京市档案馆：《北京档案史料二〇〇〇·三》，216~232 页，北京，新华出版社，2000。

③ 唐山市地方志编纂委员会：《唐山市志》，3510 页，北京，方志出版社，1999。

④ 河北省地方志编纂委员会：《河北省志 第 47 卷 粮食志》，353 页，北京，中国城市出版社，1994。

⑤ 北京市房山区志编纂委员会：《北京市房山区志》，93 页，北京，北京出版社，1999。

的最大的劳动强度与劳动服役期的产值收益来看，个人所获得的工资一直处于较低水平。按照刘一叶对 1933 年国内产值的统计，工业劳力收入中，工矿业的付出和收入的绝对值工资并不高，所占比例仅为 0.21％，低于老式运输业（1.2％）和现代交通运输业（0.43％）。① 民国时期，虽然京津唐煤矿地区矿工的工资一直在缓慢增长，但是由于社会多次出现通货膨胀，矿工实际上拿到手的钱也并不多。比如，开滦煤矿矿工的月工资在 1904—1905 年为 8.01 元，1913—1914 年为 8.33 元，1919—1920 年为 8.33 元，1920—1921 年为 9.24 元，1921—1922 年为 9.24 元，1922—1923 年为 10.17 元，1924—1925 年为 12.02 元，1926—1927 年为 12.42 元，1927—1928 年为 12.68 元。② 北京地区矿工的工资也不高。1928 年，调查显示，门头沟地区煤矿直接发给工人的工资一般为每 8 小时 0.35 元，最高的工资为每 8 小时 0.45 元，房山地区农村零工日工资为 0.15 元左右③。20 世纪三四十年代，随着对煤炭需求的增加，煤矿生产力水平提升，京津唐煤矿地区工人的工资有所增长。1933 年，门头沟煤矿矿工每月的工资为 30～40 元；1939 年，开滦煤矿矿工每月的工资为 39.25 元。④ 同时，包工头通过各种手段（惩罚、高利贷）和理由（工作效率低、煤炭质量不合格）克扣矿工的工资。⑤

　　矿工的工资收入主要用于生存、生活日用消耗品，日常消费指数维持在一个较为低端的水平上。从 1932 年开滦矿工的具体消费情况看，食品支出占工资总额的 52.86％，房租占 4.11％，衣服支出占 22.46％，杂项支出占 20.57％。⑥

---

　　① ［美］费正清：《剑桥中华民国史（1912—1949 年）》，杨品泉、孙言、孙开远等译，40、44、45 页，北京，中国社会科学出版社，1994。
　　② 《南开经济研究所年刊》编委会：《南开经济研究所年刊（1984）》，298 页，天津，南开大学出版社，1985。
　　③ 北京市房山区志编纂委员会：《北京市房山区志》，618 页，北京，北京出版社，1999。
　　④ 南开大学经济研究所经济史研究室：《旧中国开滦煤矿的工资制度和包工制度》，128～129 页，天津，天津人民出版社，1983。
　　⑤ 丁丽：《民国时期门头沟煤矿工人的劳动与生活状况探析》，载《兰台世界》，2016（1）。
　　⑥ 南开大学经济研究所经济史研究室：《旧中国开滦煤矿的工资制度和包工制度》，134 页，天津，天津人民出版社，1983。

　　这里由于依靠外地供应粮食等农产品，物价容易波动。首先，在遭遇自然灾害时，这里更容易受到经济环境不好的影响而出现物价飞涨。例如，1917 年，河北地区受大水灾的影响，物价一直居高不下。滦县等 16 种粮食的平均价格 1924 年比 1916 年上涨了 49％。煤价也受影响，开滦煤价 1928 年比 1913 年上涨了 59.1％。[①] 天津批发市场的煤等燃料的物价指数高于常年，如 1920 年为 0.7571（1913 年为 0.6102），1927 年为 1.0152（1926 年为 1.0000），1939 年为 2.5262（1938 年为 1.9124）。[②] 1928 年，政府统一调控物价，物价有所下降。但好景不长，第二年，河北地区因 124 个县受灾以及世界经济危机的影响[③]，物价再次上涨。到 1930 年，工农业交换比的价格持续增加，农产品换工业品的数量却继续减少，京津唐煤矿地区生活资源等供应更加吃紧。[④]

　　其次，在遭遇自然灾害时，这里更容易受到时局动荡的影响而出现物价飞涨。1939 年河北地区发生特大水灾，加之日本的侵略，物价飞涨。唐山的 5 种粮食价格在 1939—1940 年，涨幅较大，详见表 3-16。[⑤]

表 3-16　1937—1940 年唐山 5 种粮食价格变动表

单位：元

年份	每袋面粉	每斗大米	每斗高粱米	每斗小米	每市斤玉米面
1937 年	4.77	1.64	0.99	1.30	0.066
1938 年	5.28	2.15	1.30	1.53	0.082
1939 年	6.85	3.18	2.26	2.40	0.127
1940 年	15.92	7.78	5.31	5.88 元	0.270

---

　　① 河北省地方志编纂委员会：《河北省志 第 50 卷 物价志》，5 页，石家庄，河北人民出版社，1994。

　　② 南开大学经济研究所：《1913 年—1952 年南开指数资料汇编》，7 页，北京，统计出版社，1958。

　　③ 陈涛：《论 1929—1933 经济危机对南京国民政府工商业的影响及对策》，载《党史文苑》，2009(20)。

　　④ 河北省地方志编纂委员会：《河北省志 第 50 卷 物价志》，7 页，石家庄，河北人民出版社，1994。

　　⑤ 河北省地方志编纂委员会：《河北省志 第 50 卷 物价志》，7 页，石家庄，河北人民出版社，1994。

资料来源于河北省地方志编纂委员会：《河北省志 第50卷 物价志》，30页，石家庄，河北人民出版社，1994。

注：1937和1938年的货币单位为法币，1939和1940年的货币单位为联银券。法币是"法定货币"或"法偿币"的简称，于1935年11月发行，1948年8月停止流通。联银券是"中国联合银行兑换券"的简称，于1938年发行。官定联银券与法币比值为1：1。

除了粮价上涨，其他商品的价格也在上涨。比如，猪肉的价格在1937年为每市斤0.25元(法币)，到1939年上涨为0.43元(联银券)，上涨72％。其后每年都在上涨，1941年为1.05元(联银券)，1942年为1.11元(联银券)，1943年为2.91元(联银券)，1944年为16.25元(联银券)，1945年为274.38元(联银券)。1941—1948年，唐山的鸡蛋价格也在疯涨，详见表3-17。[1]

表3-17 1941—1948年唐山鸡蛋(每百个)价格表

单位：元(法币)

年份	1941年	1942年	1943年	1944年	1945年	1946年	1947年	1948年
鸡蛋价格	7.12	9.24	25.83	114.33	2706.41	8890.64	80215.06	3677511.21

资料来源于河北省地方志编纂委员会：《河北省志 第50卷 物价志》，75页，石家庄，河北人民出版社，1994。

物价飞涨会使得家庭购买力下降，生活成本增加，饥馑与贫困问题更加严重。

五、社会矛盾激化

环境破坏带来的影响，还表现在人民的生命财产遭受巨大损失，社会矛盾激化上。各种灾害暴发，不仅会造成煤矿矿产资源的损失，而且会导致人畜伤亡事故和产生其他不利影响，影响到社会安全。例如，矿难带来的社会影响就非常突出。当时由于还没有建立起公共社会保障体系，煤矿地区社会普遍贫困。[2] 比如，门头沟、房山、古冶等京津唐煤

---

[1] 河北省地方志编纂委员会：《河北省志 第50卷 物价志》，65、66、74页，石家庄，河北人民出版社，1994。

[2] ［美］西德尼·D.甘博：《北京的社会调查》，陈愉秉、袁熹、齐大芝等译，281页，北京，中国书店，2010。

矿地区人口的贫困率高于其他地区，出现"家有半碗粥，不到门头沟"①之语。

在发生矿难时，遇难家属很难得到救助。而矿商为了私利也不愿意救济矿工家属，或只作某种表示，而不给予实质性救助。比如，中英合办门头沟煤矿的矿商英国人麦边，给矿难家属的抚恤金只有 40 元，而当时一头驴的价格是 120～200 元。②

这些环境问题有时容易成为一个诱因，激化京津唐煤矿地区的社会矛盾，出现人民自觉的反抗和斗争。民国时期，京津唐煤矿地区的绝大部分长工依然为外地人③，矿上工资是他们唯一的经济来源。而那时一切生活都需要花钱，哪怕是最常见的水也需要花钱买④，这使得家底单薄的他们很难养活全家。新中国成立前，当地的妇女平均怀 6～8 胎，家里有 3 个以上子女是常有的事，这种庞大的矿工家庭人口数量带来的常常是更严重的家庭经济困难。

就矿工群体来看，他们大多为外来的农业人口，如开滦煤矿以广东、河北、河南、山西等为主要工源⑤，门头沟煤矿以河北、河南、山西、山东等为主要工源。⑥ 为了补贴家用，让家人吃饱饭，矿工不仅会让家里的成年人到矿上打短工，而且会让自家的孩子在年幼的时候就到矿上工作，这使得贫困与童工问题发生关联。与晚清的情况相似，煤矿

①　中国人民政治协商会议北京市门头沟区委员会、文史资料研究委员会：《门头沟文史》第五辑，85 页，中国人民政治协商会议北京市门头沟区委员会、文史资料研究委员会，1993。

②　中国人民政治协商会议北京市门头沟区委员会、文史资料研究委员会：《门头沟文史》第五辑，84 页，中国人民政治协商会议北京市门头沟区委员会、文史资料研究委员会，1993。

③　资料来源于开滦矿物总局：《开滦煤矿概况》，国家图书馆微缩阅览室，微缩胶卷2013 版。

④　南开大学经济研究所经济史研究室：《旧中国开滦煤矿的工资制度与包工制度》，134页，天津，天津人民出版社，1983。

⑤　资料来源于开滦矿物总局：《开滦煤矿概况》，国家图书馆微缩阅览室，微缩胶卷2013 版。

⑥　北京市档案馆：《门头沟煤矿公司关于报送查照式样并就实况造具里清册的训令及城子煤矿厂、门矿厂呈》，档案号：J059-001-00316。

资本家能借此机会压榨童工，这又成为当时社会矛盾增加的原因之一。[①] 中英合办门头沟煤矿雇用童工是大家心照不宣的事实，童工在条件恶劣、危险性大的井下工作，常常受到虐待。[②] 这让劳工雇佣关系更加紧张。

同时，为了榨取更大的生产剩余价值，煤矿资本家还会加大对矿工的剥削。这些矿工被称为"苦力""炭夫"，他们得不到基本的人格尊重。日本侵略时期，情况更加糟糕。矿工因工受伤无人管，生病无人问，一些人被活活饿死、冻死。[③] 煤矿资本家、包工头对工人的剥削也激起民怨，激化社会矛盾，成为这里工人罢工的一个导火索。

《中国煤文化》一书指出中国的煤炭发展史事实上就是中国煤矿工人的斗争史。他们的斗争越来越激烈，自发斗争逐渐发展成为自觉斗争。例如，1934年1月，开滦马家沟矿发生"一一四"惨案，数千名矿工罢工，进而形成了五矿同盟罢工的局面。[④] 又如，1942年冬，中共路南工委的张伯英到唐家庄矿、林西矿、赵各庄矿三矿附近的农村调研时发现，这里贫困的人口较多，出现了"跑家工人"。在他的组织下，这些贫困人口纷纷参加了他领导的"开滦五矿职工抗日会"。此外，他还在唐山、古冶一带到钱营和稻地等地的100多个村建立起了抗日游击区。[⑤] 再如，1943年，日本人加紧对于门头沟煤矿工人的压迫：工人干一天的活，连混合面都吃不上。日本帝国主义的压迫，激起了人们保家卫国的民族精神，这里很快形成了抗日力量，并走出了40名矿工参加到八路军队伍中支援抗日。抗日战争结束，这里反对剥削压迫的斗争还在持

---

① 资料来源于开滦矿物总局：《开滦煤矿概况》，国家图书馆微缩阅览室，微缩胶卷2013版。

② 中国人民政治协商会议北京市门头沟区委员会、文史资料研究委员会：《门头沟文史》第一辑，119～121页，中国人民政治协商会议北京市门头沟区委员会、文史资料研究委员会，1993。

③ 中国人民政治协商会议北京市门头沟区委员会、文史资料研究委员会：《门头沟文史》第一辑，16页，中国人民政治协商会议北京市门头沟区委员会、文史资料研究委员会，1993。

④ 唐山市地方志编纂委员会：《唐山市志》，49页，北京，方志出版社，1999。

⑤ 唐山市地方志编纂委员会：《唐山市志》，55页，北京，方志出版社，1999。

续。1946 年，这里还举行了"争取增加二斤半米"的罢工。[1]

六、疫病丛生

京津唐煤矿地区的环境遭到破坏之后，气候变化、环境改变、环境污染等因素让人们更容易患上疾病。京津唐煤矿地区人员混杂，人口流动性大，传染病流行，这也使得新中国成立前，京津唐煤矿地区的人均寿命不长，如门头沟地区的人均寿命为 33 岁。[2] 民国时期，外来传染性疾病成为京津唐煤矿地区排名第一的致死疾病。

首先，这里的矿区环境质量变差成为疫病流行的条件。从宏观上看，京津唐煤矿地区生态环境变得脆弱、自我修复和涵养能力下降，生存环境变得恶劣是这里的人们抵御外来疾病的能力变弱的关键因素之一。生存环境恶劣对于老人和孩童以及体质衰弱的人群的影响比较大。比如，孕妇在生产之后，免疫力下降，体质变弱，适应气候变化的能力较差。20 世纪 20 年代，京津唐煤矿地区的产妇因感染产褥热而危及性命和新生儿死亡率高是一个普遍现象。1930 年，北京等地区的出生率只比英国高 0.2%，但是死亡率是英国的 2 倍多。1948 年，唐山农村地区的新生儿死亡率高达"650‰"[3]。

其次，环境改变、环境污染成为流行性疾病多发的客观条件。由于当时社会动荡、经济落后，京津唐煤矿地区的环境卫生基本上是"三不管"的地带，使得这里的居民社区环境也遭到了破坏，公共卫生条件变得恶劣。空气污浊等更容易使矿工患上呼吸道疾病，1949 年，门头沟城子矿查出结核患者 60 人。[4] 日本帝国主义控制煤矿时期，日本人实行暴虐的劳动制度，超负荷的工作量更是压垮了工人的身体。[5]

---

① 谭列飞：《矿工的引路人——记傅进山烈士》，载《北京党史》，1990(3)。
② 中国人民政治协商会议北京市门头沟区委员会、文史资料研究委员会：《门头沟文史》第四辑，229 页，中国人民政治协商会议北京市门头沟区委员会、文史资料研究委员会，1993。
③ 唐山市地方志编纂委员会：《唐山市志》，3154 页，北京，方志出版社，1999。
④ 北京市门头沟区地方志编纂委员会：《北京市门头沟区志》，635 页，北京，北京出版社，2006。
⑤ 中国人民政治协商会议北京市门头沟区委员会、文史资料研究委员会：《门头沟文史》第一辑，16 页，中国人民政治协商会议北京市门头沟区委员会、文史资料研究委员会，1993。

按照伍连德的观点，1820 年之前，我国的外来传染病主要是天花和疟疾，民国时期则增加了霍乱。而京津唐煤矿地区的情况却复杂得多，流行着天花、疟疾、霍乱、鼠疫、肝炎、肺结核、麻疹、猩红热、白喉、伤寒、流脑、乙脑、狂犬病、破伤风、性病等。比如，天花在 1937 年、1942 年、1943 年、1947 年等年份都出现了区域性的大规模流行。1949 年 5 月，唐山丰南流行天花、麻疹等，死亡儿童达到 657 人。[①]

这些病症中能短时发病、有较高死亡率的疾病有鼠疫。鼠疫是由鼠疫杆菌引起的烈性传染病。一般先在家鼠和啮齿类动物中流行，由鼠蚤叮咬而传染给人。鼠疫的流行，按照现在病理学的诠释，必须有传染源、传染途径、易感人群三个环节。[②] 我国发生的鼠疫基本上都属于外来的。1817 年的大霍乱由海路传入中国[③]，从温州和宁波向北方传播。1902 年、1910 年的大霍乱也是从海路和陆路传入中国的。

民国时期，随着煤炭交通运输业的发展，京津唐煤矿地区成为传染病流行的地区，且疫情流行出现新现象，即北京、天津等人口密集的地区还没有大规模流行疾病时，唐山矿区却暴发了疫情。1900—1949 年，全国鼠疫达到高峰，河北多个县受到波及，发病人数和死亡人数上万。[④] 唐山作为京津唐煤矿地区人口聚集地和大煤矿所在地，鼠疫暴发的频率最高。其中，1908—1911 年、1931—1932 年、1939—1940 年都出现了跨年度的鼠疫反复的状况。

疫情造成的影响较大，比如，1917 年春，唐山丰南鼠疫流行，死亡人数颇多，豆庄子、于庄子为重灾区。[⑤] 1919 年 8 月，开滦各矿区流行霍乱，天气反常、异常炎热，古冶赵各庄灾情严重。1928 年 9 月，

① 丰南县志编纂委员会：《丰南县志》，15 页，北京，新华出版社，1990。
② 唐家琪：《自然疫源性疾病》，775 页，北京，科学出版社，2005。
③ 余新忠：《嘉道之际江南大疫的前前后后——基于近世社会变迁的考察》，载《清史研究》，2001（2）。
④ 杨林生、陈如桂、王五一等：《1840 年以来我国鼠疫的时空分布规律》，载《地理研究》，2000（3）。
⑤ 丰南县志编纂委员会：《丰南县志》，10 页，北京，新华出版社，1990。

唐山发生瘟疫，重灾区为林西矿。[①] 1931 年，房山流行霍乱，娄子水村仅 1 个月就造成 90 余人死亡。[②] 1932 年，房山长沟峪煤矿区再次暴发霍乱，约 300 名矿工染病身亡。[③] 1939—1948 年，河北每年都有霍乱流行。其中，1940 年，滦县等是灾区。[④] 据研究，这里流行的霍乱、乙型肝炎、大肠杆菌感染、沙门氏菌主要是食源性疾病，传染性较强。比如，1946 年唐山多处发生霍乱，7 月，市区内侯边庄、刘屯发生真性霍乱患者 44 人；同月，丰南县钱营一带发生霍乱，仅太各庄就有 40 多人死亡；8 月，滦南城西八户村发生霍乱，死亡 32 人，乐亭县城东南发生霍乱，死亡 30 余人。1949 年 5 月，滦南县的 43 个自然村又发生了 4 起霍乱，367 人患病，死亡人数达到 178 人。[⑤]

霍乱与鼠疫从病源上来看属于同类疾病，但霍乱的来势更加凶猛。霍乱不仅是传染性极强的疾病，而且是以水源为媒介的传染病。比如，传统农业耕种中蓄粪发酵为肥料浇菜、浇田的做法，会使散居的住户通过吃菜、饮水等感染上病毒。京津唐煤矿地区井下排放的废水、煤矸石堆在雨后形成的污水以及排水渠里流淌的生活污水和生产污水等，从四面八方向泄洪口汇集之后，再从内河向内海、内海向外海排泄。当时这里没有系统的公共排污工程、管理制度和配套经费，所以很难控制住水污染对于疾病的传播。[⑥]

当霍乱暴发时，政府只是医治病人、隔离霍乱区人口，要求人们将水烧开才能饮用，而无力对霍乱的病源和水源进行综合防治，所以霍乱反复发作。河北在 1923 年、1932 年、1935 年、1940 年、1942 年、

---

①　开滦矿务局史志办公室：《卫生防疫》，21 页，开滦矿务局史志办公室，1987。

②　北京市房山区志编纂委员会：《北京市房山区志》，25 页，北京，北京出版社，1999。

③　北京市房山区志编纂委员会：《北京市房山区志》，567 页，北京，北京出版社，1999。

④　河北省地方志编纂委员会：《河北省志　第 86 卷　卫生志》，200 页，北京，中华书局，1995。

⑤　唐山市地方志编纂委员会：《唐山市志》，3141～3142 页，北京，方志出版社，1999。

⑥　Christopher Hamlim, *A Science of Impurity*：*Water Analysis in Nineteenth Century Britain*, Berkeley and Los Angeles, University of California Press, 1990, pp. 129-140.

1943 年、1946 年、1949 年等年份都曾发生霍乱[①]，而多数都有唐山煤矿地区。

除了鼠疫、霍乱，疟疾也是京津唐煤矿地区发病率较高的疫病。据统计，1912 年春季，唐山煤矿地区暴发疟疾，多人患病。次年又暴发，到 1914 年造成了至少 1 人死亡。1918 年、1939 年等年份，唐山各矿区又多次暴发疟疾。1937—1947 年，疫情来势汹汹，北京地区疟疾致死的人数较多，而卫生条件恶劣的门头沟、房山等矿区是重灾区。[②]

七、矿难

矿难是煤矿环境问题的主要影响，也是民国时期京津唐煤矿环境问题的一个主要的社会危害。随着京津唐煤矿地区环境问题的增多，特别是矿区独有环境问题（水患、瓦斯、塌陷等）的激增，这里的矿难也在增多。1912—1949 年，全国共发生了 297 起矿难，其中水患灾害排第二，共 98 起，京津唐煤矿地区多在其中。这里的矿难发生频率增高，间歇时间缩短。[③] 比如，唐山开滦煤矿在民国时期发生了多起矿难，在 1914 年、1917 年、1920 年、1924 年、1926 年、1930 年、1932 年、1933 年、1934 年、1935 年、1937 年、1939 年、1941 年、1942 年、1943 年、1947 年等年份都发生过矿难。[④]

京津唐煤矿矿难所造成的人员伤亡惨重。1912—1920 年，矿难伤亡人数以几人或十几人为主。比如，1914 年 5 月 10 日，开滦唐山矿发生矿难，造成 19 人伤亡；1917 年 10 月 10 日，唐山矿再次发生矿难，造成 10 人死亡，2 人受伤。1920 年 7 月 30 日，开滦马家沟矿发生瓦斯爆炸，造成 3 人死亡；同年 10 月 22 日又发生瓦斯爆炸，造成 5 人死亡。[⑤]

---

① 河北省地方志编纂委员会：《河北省志 第 86 卷 卫生志》，200～201 页，北京，中华书局，1995。
② 北京市地方志编纂委员会：《北京志·卫生卷·卫生志》，154 页，北京，北京出版社，2003。
③ 胡尘白：《我国古、近代的煤矿矿难》，载《江西煤炭科技》，2007(2)。
④ 郝飞：《近代开滦煤矿矿难及其发生的自然原因缕析》，载《唐山学院学报》，2010(5)。
⑤ 唐山市地方志编纂委员会：《唐山市志》，923 页，北京，方志出版社，1999。

1921—1930 年，矿难伤亡人数有所增加。比如，1924 年 3 月 25 日，唐山矿四巷道石门矿井崩塌，导致泥水透入，堵塞巷道造成 46 人死亡。[①] 1924 年 8 月 20 日，唐山赵各庄矿发生沼气爆炸，造成 6 人死亡，1 人受伤；同年 9 月 25 日，该矿又发生矿难，造成 8 人死亡，5 人受伤。[②] 1926 年 6 月 30 日，深夜大雨之中，开滦医院后面的矸石山自燃爆炸，造成 4 人死亡；同年 12 月 20 日，唐山矿发生瓦斯爆炸，造成 26 人死亡，14 人受伤。[③]

1931—1939 年，这里的矿难伤亡人数持续增加。1934 年 5 月 29 日，唐家庄矿斜井绞车房着火，矿区为了保住煤矿关闭了二巷道的出口，造成 33 人窒息死亡，100 余人受伤；同年 12 月 2 日，林西矿四号井发生绞车断绳坠罐事故，造成 23 人死亡。1935 年 7 月 29 日，唐山大雨，赵各庄矿遭遇积水入侵，多处矿井被淹，淹死 25 名矿工。[④] 1937 年，房山长沟峪兴宝煤矿发生水患，造成 72 名矿工死亡。[⑤]

1940—1949 年，这里单个大中型煤矿的矿难遇害人数不断上升。开滦煤矿屡次发生单次遇难人数超过百人的矿难。1942 年，开滦煤矿出现了罕见的矿难灾年，死亡人数达到 659 人。[⑥] 矿难成为这个时期这里人口非正常死亡的一个主要因素，对当地社会安全构成了威胁。

第三节　民国时期京津唐煤矿地区环境问题的治理

民国时期，京津唐煤矿地区环境问题增多，影响巨大。这一时期，国民政府加强了对京津唐煤矿地区的环境管理，并进行了治理。国民政

---

① 唐山市地方志编纂委员会：《唐山市志》，40 页，北京，方志出版社，1999。
② 唐山市地方志编纂委员会：《唐山市志》，923 页，北京，方志出版社，1999。
③ 唐山市地方志编纂委员会：《唐山市志》，42 页，北京，方志出版社，1999。
④ 唐山市地方志编纂委员会：《唐山市志》，49～50 页，北京，方志出版社，1999。
⑤ 北京市房山区志编纂委员会：《北京市房山区志》，25 页，北京，北京出版社，1999。
⑥ 资料来源于开滦国家矿山公园博物馆。

府对于这里的环境问题治理还是延续了晚清时期的政策与思路，以环境管理为主，在山林保护、矿产资源保护、水利治理、公共环境卫生的治理中采取了更多的监督措施，还进一步深化了法治化建设的探索和实践。从1912年开始，中华民国政府就陆续出台和修订了《森林法》《矿业法》《水利法》等法案，并随后颁布了一系列配套的法律法规文件，对京津唐煤矿地区的环境保护起到了积极作用。环境治理方面虽然中华民国政府采取的措施不多，主要涉及环境污染治理和虫灾治理等方面，但是对于改善矿区生态环境状况、减少环境问题的不利影响有一定帮助。由于受到世界经济危机及日本侵华、国内时局不稳的影响，中华民国政府对于京津唐煤矿地区环境问题的治理受到干扰，抑或一些行政管理措施无法落实，抑或一些法案实施滞后，抑或一些配套文件形同一纸空文，导致这里的环境问题依然得不到有效解决。

一、国民政府对京津唐煤矿地区环境问题的管理政策

民国时期，京津唐煤矿地区的环境问题已经变得严重。中华民国政府延续了晚清时期对于煤矿地区问题治理的政策，但是采取了更多措施，如增强了国有园林的保护、重点水利工程的规划、公共卫生环境的治理等。

（一）山林保护

中华民国政府认识到了保护山林对于自然环境恢复的重要性。孙中山提出"防止水灾与旱灾害的根本方法，都是要造林，要造全国大规模的森林"[①]，指出环境问题与社会、国家发展的关联及其影响，认识到山林破坏等环境问题已经成为影响社会发展的一个重大问题。山林破坏比较严重的京津唐煤矿地区作为民国办矿兴国的工业重地，暴发出更多的自然生态灾害。要治理这里的环境问题，首先就要对这里的山林进行治理。

为了治理山林，恢复林区，1912—1947年，中华民国政府不仅颁布了《森林法》，而且颁布了《森林法施行细则》《林政纲领十一条》《林务专员规则》《林务研究所章程》《林业工会规则》《造林奖励条例》等系列法

---

① 中山市孙中山研究会：《孙中山研究文集》，314页，广州，广东人民出版社，1996。

律法规，初步形成了我国林政法律体系，在一定程度上保护了京津唐煤矿地区的山林环境。《林政纲领十一条》规定"林木国有，私人不得擅自砍伐，一经发现给予惩处；林务专员须定期巡查森林情况"，这一纲领对非法砍伐森林者有一定约束作用。

政府还通过完善林业管理机制和机构，加强了京津唐煤矿地区的山林保护。1912年，北洋政府设立农林部之后，林务人员超过100人，对于林务监管的力量明显增强，后来政府还采纳"中华森林会"的建议，在部分地区实施把由农矿部办公改为由林务部和林木试验场共同办公的措施，以促进林业的发展。

政府试图通过推进种植技术，鼓励林业研究，促进植树造林等措施，来增加京津唐煤矿地区的林地面积。1915年，政府设立植树节，允许社会群体关注和参与山林保护。1917年，总部设立在上海的"中华森林会"成立，该组织成员由当时进步知识分子、社会公益事业热心者构成。在他们的积极推动下，1921年，林木学术刊物《森林》创立。当时，国民也开始认识到京津唐等地区连续不断的灾害与林业破坏有直接关联。凌道扬在《中国今日之水灾》中提出"水灾旱灾厉，皆系无森林之果"。"毁林"造成的直隶乃至全国的自然灾害频发，触动着当时有识之士的心弦，也引起社会政要对于山林的关注。

为了造林，国民政府批准在西山建立我国最早的植物园及温室，又于1939年在重庆建立我国第一个林木试验室。1941—1942年，国民政府开展林业调查，调查了河北永定河、黄河中上游的森林情况，并于1946年春季在河北地区进行了林木试验区建设，种植杂交成功的河北白杨、毛杨等树种，鼓励矿商种植优良树种，以改善京津唐煤矿地区的林木种植困难的状况。此外，京津唐煤矿地区还引进并种植了法国梧桐、日本杉树、美国苹果树、日本苹果树等。

地方政府为了配合国民政府的林政措施，也出台了一些地方文件。例如，1929年颁布的《北平特别市森林保护条例》规定，无论公有林地还是私有林地，都必须经过市政府许可，才能斩伐，违反规定者将处5日以上1个月以下拘留。

　　国民政府还加强了对林业经营的管理，详细规定了荒山林地的地价、收益分配等，增加了林木的经费投入。例如，《农商部林务处暂行章程》第九条规定："各县为提供造林，应每年筹二百元以上之林务费。"①1932年，全国林业的总投入为 1688.701 万元，通过林业税务改革，建立了一个林业经费资助体系。比如，唐山、北京等地区的林业经费主要来自国家财政拨款、地方财政拨款、矿商捐款等。荒山造林、治理林区需要大量经费，政府把林地管理分为国有、公有和私有，鼓励个人、社会团体种树，矿区以矿为单位，农村以村为单位，进行造林区划分、植树及责任区管理。在京津唐煤矿地区运输沿线的公共水路、陆路种树的问题上，国民政府也考虑了其特殊性，拟定种树计划，在京汉铁路、京浦铁路沿线及南北大运河沿线种树。针对直隶地区，政府要求矿商在砍伐树木时，必须缴付赔偿金或种植同等数量树木以补偿，还颁布了《直隶劝办森林简明章程》，鼓励种树，且提倡选择容易成活的树种来种植。②

　　为了防止林地荒废以及强化森林国有性，政府加大了林区产权的管理力度和范畴。1931 年的《森林法》规定，停止发放国有林、绝对禁止发放公有林（包括市县的所有森林）；1945 年的《森林法》规定，必要时，政府有权利收回国有林和公有林；1948 年的《森林法施行细则》规定，森林所有权及所有权以外的森林权利，除了已经申报获得资格的公有林和私有林，其他林地都属于国有，并扩充了国有林、公有林的范畴，如把纪念林、风景林纳入公有林的保护范畴，加强对国有林等的监督。③

　　值得注意的是，这些林政的作用并没有达到政府设计之初预想的效果。民国时期，政府重视发展实业，实业救国是国家的根本国策。这使得许多林政实施受阻，山林得不到更好的保护。除京津唐煤矿地区的林地破坏严重外，清代保存下来的隶属于皇家的大片优质林地，如东陵

---

① 　陈嵘：《中国森林史料》，82 页，北京，中国林业出版社，1983。
② 　胡勇：《民国初年的林政论析》，载《北京林业大学学报（社会科学版）》，2003(4)。
③ 　胡勇：《民国初年的林政论析》，载《北京林业大学学报（社会科学版）》，2003(4)。

林、西陵林、皇家狩猎场、护河（永定河和滦河等沿岸）林、军垦林等也遭到了破坏。

民国时期，京津唐煤矿地区是人口聚集的地区，1925 年唐山就成为市级地区①，之后人口密度越来越大。例如，1928 年，河北人口总数为 26877501 人，唐山人口为 4543382 人，唐山是全省单个煤矿地区人口最多的地区。② 稠密的人口带来更大的环境供给压力。当时，为了养活人口，国民政府既要提倡大兴矿业，又要大力发展农业，解决温饱、振兴工业的政策要比林业政策更加受到人们的重视和支持。许多林业政策缺乏社会支持和社会实践性，不能很好地实施。在社会支持方面，人们表现出的环境保护意识和环境保护行动能力不足。虽然政府颁布了许多护林法案和措施，并进行了森林保护的宣传和教育，但是并未得到群众的积极响应。例如，1930 年 4 月，开滦煤矿在煤河两岸的大片土地上种植了大量洋槐，但是，当地人以洋槐林藏匿盗贼、占用土地为由，把西起煤河闸口、东至河头的槐树林全部砍光。③ 人们不像是林地的守护者，更像是林地的破坏者。

当时的林业政策具有理论性大而实践性小的特点。例如，民国时期的《森林法》在理论构建上明显比清末时期的《森林法》要全面、严厉，但在实际操作中难以执行。民国时期的《森林法》规定，要加大对森林的保护力度，多在荒地上种树。但是为了社会发展，国民政府却放开更多的荒地，反而加重了对林地的破坏。同时，那些相对贫瘠的荒地，沙漠化严重，为了植树造林成活率高，人们种植更多外来的耐旱树种，而这些树种却容易引入外来生物，导致生态环境被破坏，出现更大面积的林木虫病。再加上军阀割据、战争等其他原因，民国时期京津唐煤矿地区的造林速度赶不上毁林的速度，这种恶性循环一直延续到新中国成立初期。

---

① 闫永增：《唐山设市时间应该认定为 1925 年》，载《唐山学院学报》，2015(2)。
② 河北省地方志编纂委员会：《河北省志 第 12 卷 人口志》，21 页，石家庄，河北人民出版社，1991。
③ 丰南县志编纂委员会：《丰南县志》，10～11 页，北京，新华出版社，1990。

同时，由于国民政府财政困难，且力有未逮①，京津唐煤矿地区的工业生产对林地的破坏依然严重。这个时期，煤炭工业快速发展，森林遭到砍伐，再加上这里没有更多的地方财政经费的支持和林业政策方面的支持，所以林业问题一直难以解决。北洋政府时期，政府还会派官员定期到这里巡查，督促当地出台一些地方性政策来配套实施林业保护。②但是到南京政府执政之后，政府把更多的林业治理精力投放在非京津唐煤矿地区的重点林区上，强调政府对于林业的经营和管理。③日本侵华期间，河北沦陷，林业政策基本废弛。

（二）矿产资源保护

国民政府为了保护矿产资源环境，规范了注册办矿的各种流程，制定了当时相对先进的公司注册制。国民政府通过要求办矿人提供矿址图纸等来限制煤矿的规模，并指出了办矿应该避免造成的环境影响，规范了办矿管理制度。1930年的《矿业法》规定了国有煤矿与小矿业的区别，如第五十九条规定"交通不便地方经该省主管官署呈明农矿部核准为小矿业区域者"④，下发煤矿开采权，加大小煤窑的申办审批难度，遏制小煤窑的快速增长。⑤此外，《中华民国矿业条例》提出了采矿不当行为所要接受的环境惩罚的观点，如第九十四条规定"以诈欺取得矿业权而乱采矿者。处以三年以下之有期徒刑，或三千元以下之罚金"⑥。

国民政府更加重视对于煤矿资源的保护。1930年发布了关于矿业保护的训令，指出"煤炭是一个保护矿种"⑦。1939年颁布的《经济部管理煤炭办法大纲》提出，成立燃料管理处统一调控国家煤炭生产总量，拟定煤炭生产的年计划，以及督促煤炭生产改良技术的发展。与此同

① 胡勇：《民国初年的林政论析》，载《北京林业大学学报（社会科学版）》，2003(4)。
② 胡勇：《民国初年的林政论析》，载《北京林业大学学报（社会科学版）》，2003(4)。
③ 陈嵘：《中国森林史料》，137页，北京，中国林业出版社，1983。
④ 彭觥、汪贻水：《中国实用矿山地质学》下册，63页，北京，冶金工业出版社，2010。
⑤ 北京市档案馆：《经济部重申取缔私采煤质矿质的咨文》，档案号：J001-002-00531。
⑥ 彭觥、汪贻水：《中国实用矿山地质学》下册，58页，北京，冶金工业出版社，2010。
⑦ 北京市档案馆：《行政院公布矿业法的训令及北平市施行情况的函》，档案号：J001-002-00020。

时，国民政府还对矿区现存的优质自然资源，表现出了重点保护的倾向，不但强化了矿区生产出现危害和有损公益时应该停产的思想，而且《矿业法》第四十一条提出"矿业有害公益无法补救者"[①]。

国民政府通过矿业管理人员队伍建设来加强矿务监督管理。例如，国民政府通过招募海内外优秀矿业人才，促进矿产资源管理和监督的制度得到执行，这使得民国时期出现了一批杰出的矿业专业人才，涌现出丰硕的矿业学术成果，如《全国矿业要览》(丁文江、翁文灏)，《中国矿业调查记》(李建德)，《中国近代工业史资料》(汪敬虞)等。学者在这些成果中梳理了我国矿业概况，明晰了京津唐煤矿地区资源的地理分布、矿产存储量等问题，为新中国成立后对京津唐煤矿地区的矿产资源保护奠定了基础。同时，农商部公布的《矿场实习规则》规定，"实习以二年为限""每二年就各矿科毕业生招考一次，择优取录"[②]等培养人才和选聘人才的要求，为矿区吸引人才开辟了道路，使得这些人才愿意到京津唐煤矿地区实习、工作，从而增加了人才储备。这对于当地的环境问题治理起到了一些积极作用。

同时，国民政府还加强了"法治思想"的矿产资源保护。国民政府也认识到，要保护好矿产资源环境，需要有配套的法律体系。国民政府从矿产资源保护角度，颁布了《矿业法》。《矿业法》的颁布体现出国民政府对于矿产资源保护的态度是积极的，且《矿业法》对于规范煤矿生产、限制煤矿无序发展等起到了约束作用。特别是在对于列强的限制上，国民政府一方面延续了清政府的政策，积极争取把已经被列强占有的煤矿通过合法渠道收回到国人手中；另一方面通过颁布、修订矿业法来限制列强对于煤矿资源的染指。譬如，《矿业法》第六十一条规定："小矿业不得加入外国资本。"[③]1914 年，袁世凯签发北洋政府颁布的《矿务条例》缩小了单个矿区的面积，与清末颁布的《大清矿务章程》相比，矿区面积缩

---

① 彭觥、汪贻水：《中国实用矿山地质学》下册，62 页，北京，冶金工业出版社，2010。
② 《中华民国法规大全》第三册，3372 页，上海，商务印书馆，1936。
③ 彭觥、汪贻水：《中国实用矿山地质学》下册，63 页，北京，冶金工业出版社，2010。

小了 1/3。①《矿业法》也秉承了这一思想，并不断完善法律法规的内容，如通过规定中方出任董事长、法人必须持有半数及以上股份等②来限制列强插手、办矿。

总体来说，《矿业法》等法律法规在一定程度上规范了采矿行为，在一定范围内起到了保护资源环境的作用，详见表 3-18。

表 3-18　1914—1947 年资源环境保护措施情况表

序号	颁布时期	政府	环境保护类型	文件出处	资源环境的保护措施	环境保护的意义
1	1914 年	北洋政府	矿产	《中华民国矿业条例》第一章第一条	矿业的定义	规定了探矿、采矿及附属事业为矿业，限制矿商在矿区进行其他活动。
			矿产	《中华民国矿业条例》第一章第二条	引入矿业权（物权）	规定矿产资源国有，使得民国政府有依法保护矿产资源的权利。
			矿产	《中华民国矿业条例》第一章第四条	对外国人股权的限制	规定外国人的股份不能超过全股份的二分之一，限制列强对于煤矿的侵占。
			矿产	《中华民国矿业条例》第一章第八条	探采矿务的限制	规定未经农商总长或矿务监督署长核准，不能私自对矿区矿质进行勘探，遏制了列强以及不法矿商对于矿区勘探及开采的野心。
			矿产	《中华民国矿业条例》第二章第十四条	矿区界限	规定矿区以直线为标准定界，分为地中和地下，限制了列强及不法矿商对于矿区的无节制开采。
			矿产	《中华民国矿业条例》第三章第三十一条	提供矿区图纸	规定矿商须提供矿区图纸，加大政府的监管。

①　北京市档案馆：《行政院公布矿业法的训令及北平市施行情况的函》，档案号：J001-002-00020。

②　北京市档案馆：《行政院公布矿业法的训令及北平市施行情况的函》，档案号：J001-002-00020。

序号	颁布时期	政府	环境保护类型	文件出处	资源环境的保护措施	环境保护的意义
1	1914年	北洋政府	矿产	《中华民国矿业条例》第三章第四十六条	破坏资源环境的惩罚	矿业有害公益者、不按照计划采矿者等，取消采矿权。
			矿产	《中华民国矿业条例》第九章第九十四条	破坏资源环境的惩罚	乱采矿者，可处以三年以下有期徒刑，或三千元以下罚金，提出由采矿不当造成环境破坏的法律惩罚。
			矿产	《中华民国矿业条例》第四章第五十九、第六十条	采矿破坏土地的赔偿	规定采矿破坏的土地，矿商须向地主提供赔偿，并在采完之后归还地主，提出"资源破坏"的概念，并调和了因此产生的民事纠纷。
			水利资源保护	《中华民国矿业条例》第二章第十三条	矿区必须远离要紧水利	规定重要水利周边不能私自开矿，并且应该有一定距离，对于河流污染起到积极的预防作用。
			水利	《中华民国矿业条例》第二章第十八条	规定泄水及通气道	规定泄水、通气道为公有资源，不属于某个矿区，减少使用过程中因纠纷和管理不当对环境造成的污染。
			矿产	《中华民国矿业条例》第七章第八十四、第八十五条	矿业警察职责和权限	规定矿业警察由农商总长及矿务监督署长担任，对于危害公益者，有权令矿商采取预防方法和停止生产，有利于限制资源环境破坏行为。
			矿产	《中华民国矿业条例》第二章第十五条	矿区面积	规定矿区面积以方里及亩为单位来计算，且缩减单个矿区的面积，限制了单个矿区的过度扩张。
			矿产	《中华民国矿业条例》第二章第十六条	矿区面积	规定面积二百七十亩以上十方里以下及其他各矿以五十亩以上五方里以下为限，限制列强及不法矿商对于矿产无节制开采。

序号	颁布时期	政府	环境保护类型	文件出处	资源环境的保护措施	环境保护的意义
1	1914 年	北洋政府	矿产	《中华民国矿业条例》第三章第二十六条	探矿权年限	探矿权以二年为期，加入审批，限制矿商对于矿产的无限制勘探。
2	1923 年	北洋政府	矿产	《煤矿爆炸预防规则》	明火使用不当造成的煤气、粉尘的爆炸	煤坑的通风必须达到每班入坑的人数需要的空气送给量；煤坑的煤气不超过千分之五；要给干燥煤尘洒水，坑道蒙尘需要及时清理；派专人在每班上班前两小时内查看坑内的煤气、煤尘情况等。这些规则保护了矿区环境。
			矿产		炸药的使用规定	规定煤坑内禁止使用黑火药及其他慢性火药，减少矿区空气环境污染。
3	1930 年	南京政府	矿产	《矿业法》第一章总则	董事的规定	规定公司股份总额过半数应为中方所有，董事长必须由中方担任等，限制了列强对于矿产资源的侵略。
			水利	《矿业法》第二章第二十二条	矿区必须远离要紧的水利设施	规定重要水利周边不能私自开矿，并且应该有一定距离，对于河流污染预防有一定的作用。
			矿产	《矿业法》第三章	国营矿业的规定	规定国营矿业由农矿部管理，国营矿租期为 20 年，加大政府对于国营煤矿的管理，起到了资源保护的作用。
			矿产	《矿业法》第四章	小矿业的规定	规定小矿业，交通不便的可由省主管官署代为呈报农矿部审批，租期为 10 年，加大政府对于小煤矿的管理，起到了矿产资源保护的作用。

续表

序号	颁布时期	政府	环境保护类型	文件出处	资源环境的保护措施	环境保护的意义
4	1947 年		矿产	《矿业法》第九十二条	破坏资源环境的惩罚	乱采矿者，可处以三年以下有期徒刑，或三十万元以下罚金，提出了由采矿不当造成环境破坏的惩罚。

资料来源于彭觥、汪贻水：《中国实用矿山地质学》下册，54～66 页，北京，冶金工业出版社，2010；北京市档案馆：《行政院公布矿业法的训令及北平市施行情况的函》，档案号：J001-002-00020。

值得注意的是，对于京津唐煤矿地区，国民政府的矿产资源保护政策也像林业政策那样，存在政策理论与实践操作的衔接困难问题。

一是暴露出顶层设计、基层落实之间的矛盾，即制定法案机构之间、地方和地方执政政策机构之间的不统一的问题。就制定法案机构之间而言，民国时期，矿业的法律法规由北洋政府和南京国民政府颁布。北洋政府的工商部、农工部、农商部等，南京国民政府的农矿部、农工部、经济部、资源委员会等都参与了民国矿业法的制定。不同部门对于矿业的诠释存在差异：北洋政府倾向于我国矿产资源法制体系的建设，而南京国民政府则更侧重于我国矿产资源法制体系的完善。两届政府由不同的政治地域分布、不同的政治权利群体构成，使他们在制定的相关法律法规中对于京津唐煤矿地区的具体矿产资源保护存在差异。而地方和地方执政政策组织的差异，主要体现在矿区的管理上。一些办矿成功、利润好的地区，地方政府由于税收稳定，更为认真、耐心地执行南京国民政府制定的法律法规。土地贫瘠、煤矿资源复杂、办矿效益不稳定的地区，则难以贯彻。譬如，唐山地区土地肥沃，煤炭资源丰富，办矿效益好。该地煤矿更愿意配合地方政府，以赢得良好的企业形象，不仅执行南京国民政府的《矿业法》，而且制定了自己的矿务规章并执行。此外，即便是这样，由于缺乏政府连贯性的管理督促，也使这里的矿产资源保护的情况不是十分理想。

二是暴露出办矿利益斗争中对于矿产环境保护的不利影响。1924

年的调查显示，采煤业成为北洋政府敛财的一个重要渠道。① 为了筹集军饷，以袁世凯为首的军阀虽然表面上提出了国家矿产资源保护的思想，但只是做表面文章，在具体实践中，却开放更多的矿区来办矿挖煤，有时不仅是为了自己获利，更是为了讨好列强。比如，《矿业法》写明要开采煤矿的事项，在实际中却没有完全按要求写明该矿的具体生产项目，在管理中基本上是走形式，对于列强在采煤中的不当行为的干预比较少。同时，在袁世凯的操控下成立的滦州煤矿作为华北地区最大的单个煤矿，成为列强争夺的对象。抗日战争时期，南京国民政府不仅把中国一些重要金属矿资源通过协议签约给他国，而且对列强在京津唐疯狂采煤的行为采取放任政策。政府鼓励官吏、个人办矿，以获得最大的办矿利益，致使没有生产条件的小煤窑也迅速壮大起来。一时间，官矿问题、小煤矿问题等成为矿产资源保护中的棘手问题，制约着京津唐煤矿地区的矿产资源保护。

三是日本侵华战争期间，京津唐煤矿地区的矿政废弛。七七事变使京津唐煤矿地区的情况更加严峻，特别是在1942年发动太平战争以后，日本对京津唐煤矿地区实行军管。这使得民国时期出台的许多矿务法律法案形同虚设，不能起到实际的环境保护作用。②

四是暴露出振兴实业与矿产资源保护的矛盾。民国时期，虽然政府认识到了矿产资源保护的重要性，并开始加大矿产资源保护的力度。但是在实际中，这里对于矿产资源的开发力度越来越大，造成的矿产资源破坏也越来越严重。为了实现国家提出的实业发展计划，发展煤炭工业，山川、土地被广泛开发。例如，开滦煤矿、中英合办门头沟煤矿在民国时期煤矿面积不断增大，多次刷新历史最高产量。这些富矿的产量累计超过了以往历史时期，有些矿区甚至还出现了枯竭的煤矿。政府为了鼓励社会各界有实力的人办矿，进一步放开了原来对于办矿的限

① 于德源：《北京灾害史》，468页，北京，同心出版社，2008。
② 赵连：《开滦林西矿志》，15页，北京，新华出版社，2015。

制。① 为了节约办矿成本，开矿不再绕道、曲线开矿，而是直接迁坟办矿，如林西矿等矿区的面积都在扩大。"风水说"不再成为限制煤矿的理由。这些做法都造成了煤矿资源的严重破坏。

五是暴露出不同执政政府对于京津唐煤矿地区治理的不同态度。相比之下，民国初期，北洋政府统治直隶，对京津唐煤矿资源更加重视，制定的矿务条例都以京津唐煤矿地区为重点，在当时对限制列强的不当采矿行为起到一定的威慑作用。1928 年以后，北京失去首都的地位，河北地区作为支撑首都政治经济工业辐射区的功能下降，获得的支持减少。这也使当地政府对于煤矿资源保护的重视程度不如以前。这个时期《矿业法》所起到的环境管理及资源环境保护的作用并不理想，主要是矿产资源保护理论的探索期。

（三）水利建设

京津唐煤矿地区水环境问题的治理，是伴随着整个地区水利建设的近现代化进程展开的。民国时期，政府对京津唐地区水利的建设和保护起到了改善京津唐煤矿地区水环境的作用。民国时期的水利建设和保护分为两个主要方面，一方面是传统的水利治理，另一方面是水利改革。

在传统的水利治理方面，政府主要对京津唐地区的重点河流进行治理，建立引水灌溉水利工程。

按照时期来看，分为三个时间段。这里重点介绍前两个时间段第一个时间段是民国初期，这个时期政府对于京津唐煤矿地区河流的水利措施是保守的，维持着清末的治河做法，以维持河流河水通畅、清淤排洪为主。对永定河、潮白河、滦河、海河等的治理，只是开展了一些小工程，维持着清末的"大灾大治，小灾小治"的修修补补的水利政策思想。国民政府的态度不积极，也使得水利专家李仪祉在 1921 年疾呼治水兴邦，"水利之关于农，关于工，关于商，关于交通，无所在而不为要图"②。从客观上来看，由于水利建设具有系统性，需要消耗大量的人

---

① 纪乃旺：《〈中华民国矿业法〉及其当代价值》，载《经济研究导刊》，2011(28)。
② 李仪祉：《李仪祉水利论著选集》，639 页，北京，水利电力出版社，1988。

力、物力和财力，且一些灾害造成的社会影响还没有上升为重大社会问题，因此，政府并没有十分重视水利建设，这使得这个时期的水利技术改革和水利工程政策的推进比较缓慢。

第二个时间段是民国中期，这个时期自然灾害频发，京津唐煤矿地区的河病增多，并迅速恶化，诱发了多次水旱灾害。政府逐渐认识到水利建设关系民生，必须重视。首先，修建了一些水渠工程，以改善农田灌溉问题。譬如，北京地区，1924 年，永定河发生洪灾，修筑决口处约 1000 m；1925 年在宛平傅家台修建了长约 4000 m 的水渠，引永定河水灌溉；1926 年在石景山地区建成了总长约 19 km 的石卢灌溉区，干渠 3 条，使得受惠农田达到 9700 亩。[①] 其次，在水利规划、水利技术、水利建材等方面进行了探索，如在永定河、潮白河、温榆河、滦河、海河等京津唐重要水系上建立了水文站。从 1923 年开始，政府测量绘制了京津唐煤矿地区的支流河道地形图。例如，民国时期绘制的《永定河治本计划》详细记述了影响水利情况的数据，包括气温、湿度、气压、蒸发量、暴雨、洪水、径流量、泥沙、年降水量、月降水量等，为后来的水利工程建设提供了宝贵的资料。[②] 在维修海河入海口河堤，如卢沟桥永定河的拦河水坝时，运用了水泥、钢筋等新型材料，还拟定了治本的计划——修建水库。[③]

当时，政府主要通过出台系列法案来进行综合性治理。1930 年编制了属于水利法范畴的《河川法》，1937 年颁布了《修正整理江湖沿岸农田水利办法大纲》，1942 年正式颁布了《水利法》，1943 年出台了配套法案《水利法施行细则》《水权登记费征收办法》等。[④] 相比矿产资源保护、

---

① 北京市房山区志编纂委员会：《北京市房山区志》，154 页，北京，北京出版社，1999。

② 北京市档案馆：《永定河中上游工程处中游增固工程总平面和修缮卢沟桥滚坝海漫及铁桥工程、金门闸南岸上游到水渠工程》，档案号：J007-003-00635。

③ 北京市档案馆：《行政院水利委员会函送水利法规辑要》(1946 年 7 月)，档案号：J001-002-00319。

④ 北京市档案馆：《行政院水利委员会函送水利法规辑要》(1946 年 7 月)，档案号：J001-002-00319。

山林保护，国民政府对于水利的重视程度明显不足，这使得水利法治化建设的实践性不强。譬如，1942 年颁布的《水利法》提到"凡变更水道或开凿运河，应经中央主管机关之核准"，重点强调水权概念，解决水权事件引起的民事纠纷。而在水事违法的惩罚力度上却不如森林、矿产资源的违法行为的惩罚力度大。对损害河道周边防护堤，或在河底非法取沙、土、石的人，也主要是罚款，不像伐树那样可能被拘留。

这主要受当时社会发展时代局限性的影响，即近代工业国家的总体特征是工业依水而建，工业造成的河流污染对社会的影响不及社会发展的迫切性大。因为发展工业必须用水，或是生产用水，或是水利运输用水，所以工业一般修建在水利交通方便的沿线。这使得江河在近代成为工业的排污之地，日益污浊淤塞。清末民初，人们已经认识到工业污水的危害，特别是民国时期已经提出工业"污水""废渣"的概念。但是，北洋政府时期没有关于水利的法案，到民国中后期才陆续出台关于水利的法案。

因为水利工程有利可图，地方政府会为了治水获利而在一些部门下设水利管理分局，这给水利法案的落实带来更多的障碍。民国时期，水利法的主管机构是中央水利委员会，地方是市政府，地区是县政府。农田灌溉，天然水道，打井挖塘的主管部门是农林部。[①] 为了治理京津唐地区重点运河的水灾问题，1928 年，国民政府成立了河北南、北运河两个务局，各个河段又另设自己的河务分局。这使得在水利治理的实际操作中，水利工程拨款被层层剥削，法案不能很好地落实。1934 年，政府出台了《统一水利行政及事业办法纲要》，规定各流域不设水利总机关，一律由中央水利总机关接收后统筹支配，分别办理；1937 年，河北南、北运河两个河务局合并，改为南北运河河务局；1946 年，河北省水利厅设河工局，南北运河河务局改为南北运河工程队，隶属河工局，管理京津唐在内的河务。

---

① 北京市档案馆：《行政院水利委员会函送水利法规辑要》(1946 年 7 月)，档案号：J001-002-00319。

但是，由于水利交通运输功能的退化，民国时期的水利交通已经不像古代漕运时代那样能带来丰厚的经济效益。且这个时期河病频发，政府经费不足，使得贯彻水利政策和法案时遭遇到更多的客观困难。这都使得国民政府的水利治理效果不理想。[①]

（四）公共环境卫生治理

民国时期是我国公共环境卫生近现代化的发轫阶段。这个时期，政府加强了对京津唐煤矿地区的公共环境卫生问题的治理。京津唐煤矿地区开始模仿大城市，进行自来水、卫生事务所、卫生警察署等公共卫生机构的建设，目的是建立近代公共卫生体系，改善公共环境卫生。

清政府对于京津唐煤矿地区的公共环境卫生治理停留在尝试阶段，主要是探索如何在矿区建立自来水供水系统。清末，京津唐煤矿地区因采煤而破坏水源，使得这里以河水、井水为主的饮用水出现安全问题。天津于 1898 年成立自来水公司，开始向租界供水，在 1902 年向内外城供水；1908 年，北京成立自来水公司向内外城供水，至此，自来水成为京津唐煤矿地区人们向往的水源。1910 年，北京西山的天利煤矿等 30 家煤矿向清政府提出申请，希望政府向矿区通自来水。清政府派人实地勘察，估算后发现在这里铺设自来水水管的成本太高，只能以"距离干管甚远，安设道线工料所费不赀"[②]为由拒绝了矿商的申请。

民国初期，矿区饮用水污染和缺乏问题更加严重。1938 年，北平市卫生局对北平市饮用水井进行抽查，发现井深15 m以内的浅井，污染率为 55.6%[③]。国民政府发起了自来水运动，并大力发展自来水厂，希望民众意识到公共卫生对人口疾病与健康的重要性。1936 年，全国有 11 个城市使用自来水，人口稠密的京津唐煤矿地区是重点区域。

---

① 北京市档案馆：《行政院水利委员会函送水利法规辑要》(1946 年 7 月)，档案号：J001-002-00319。

② 北京市档案馆、北京市自来水公司、中国人民大学档案系文献编纂学教研室：《北京自来水公司档案史料(1908 年—1949 年)》，73 页，北京，北京燕山出版社，1986。

③ 北京市地方志编纂委员会：《北京志·市政卷·环境保护志》，45 页，北京，北京出版社，2004。

1937 年初实行的水厂官办，提升了水厂自来水的质量。^① 京津唐煤矿地区的不少居民社区都铺设了自来水管道，较远的地区也有水夫贩卖饮用水。同时，政府加强了自来水厂对于微生物的监测，要求自来水公司定期检测水质的浑浊度、浮游物、硬度、酸性、微生物种数等^②，并要求发展饮用水净化技术。^③

鉴于京津唐煤矿地区涌现出的大量贩水商户，国民政府也进行了规范和监管。民国时期，清洁的饮用水在矿区变得珍贵，贩卖饮用水逐渐成为商人的赚钱渠道。这些商户中有些是大型煤矿的子公司，有些是规模大一些的本地治水公司，这些公司以抽排煤井积水为由申请注册，但是实际运营的业务繁多，如采煤、售煤兼售卖营饮用水等。治水公司能用大功率水泵抽取到地下深水。这些水看上去水质清澈，且价格便宜，成为京津唐煤矿地区的一种饮用水。《矿场法》第二十三条规定，矿区必须"以清洁饮料供给矿工"^④，这比清末《开平矿务局矿区章程》规定提供的"茶水"更具有饮用水安全意识；第二十四条提出矿商应遵守"避免粉尘混入饮料之设备"^⑤的规定，定期对京津唐城乡河流的微生物菌种含量进行预防监控。矿区卫生警察会定期抽查京津唐煤矿地区的贩水点，对水质中微生物菌类超标的商户，予以通报，并责令其整改。

相比清末，尽管国民政府对于京津唐煤矿地区的饮用水问题采取了更多的治理措施，改善了饮用水条件，但是由于社会贫困，自来水实际普及率比不高。普通家庭没有能力饮用自来水。例如，北京地区自来水使用率为 5%，低于全国平均水平。^⑥ 这便出现了矿区大杂院虽然有公共自来水管，但是使用自来水、买水的住户不多的现象。大家更愿意自

---

① 贾鸽：《民国时期城市卫生方式的变迁——以饮水卫生为中心的考察》，载《人民论坛》2015(21)。

② 北京市档案馆、北京市自来水公司、中国人民大学档案系文献编纂学教研室：《北京自来水公司档案史料(1908 年—1949 年)》，175～176 页，北京，北京燕山出版社，1986。

③ 北京市档案馆、北京市自来水公司、中国人民大学档案系文献编纂学教研室：《北京自来水公司档案史料(1908 年—1949 年)》，187 页，北京，北京燕山出版社，1986。

④ 吴晓煜：《中国煤矿安全史话》，90 页，徐州，中国矿业大学出版社，2012。

⑤ 吴晓煜：《中国煤矿安全史话》，90 页，徐州，中国矿业大学出版社，2012。

⑥ 袁熹：《北京近百年生活变迁(1840—1949)》，175 页，北京，同心出版社，2007。

已到附近的河里或井里挑水。

水源短缺依然是京津唐煤矿地区的普遍问题。20 世纪 30 年代，京津唐煤矿地区的自来水也因为水源匮乏问题，面临经营困难。特别是日本侵占京津唐煤矿地区时期，控制了当地的水厂、治水公司，使这里的自来水经营变得混乱。例如，1938 年，北京市自来水厂因孙河干涸而面临歇业。又如，1945 年 7 月 25 日—7 月 27 日，日军在投降前夕大肆劫掠孙河水厂，并放火将其烧毁，导致北京自来水厂停产。[①] 民国晚期，京津唐煤矿地区的自来水公司供水系统普遍老化，也影响着供水。

国民政府对于京津唐煤矿地区公共环境卫生问题的治理是多方面的。例如，公共卫生环境的治理方面，《矿场法》第二十三条、第二十四条规定，矿区必须设置公共浴室及休息室，设置适当数量的厕所，食堂及盥洗室设于距离选炼场较远之处。[②] 这些措施都促进了矿区公共卫生条件的改善。京津唐煤矿地区及周边社区的排污设施、厕所、垃圾场得到了一些治理，环境有所改善。国民政府延续清末新政的做法，在各个地区分别设立卫生处。在排污治理方面，国民政府要求在每年农历二月淘沟清理淤泥，疏通排污渠，并填埋一些不重要的明沟，减少污水对环境的影响。

在粪便及城市垃圾等排污的治理方面，国民政府提倡修建更多的公厕。1937 年，北京城内外的公厕数量达到 627 处。[③] 1929—1930 年，政府先后颁布《公厕暂行条例》《粪夫管理规则》《粪厂暂行规则》等，规定公厕内部设施和条件以及粪夫的职责，并明令禁止在街道上随地大小便，社区居民必须按照规定缴纳卫生费，以保持社区公共环境卫生。

同时，政府要求各地矿区成立卫生管理机关。唐山市设立卫生处，对疾病和死亡等进行记录，并对环境卫生、妇幼卫生、厂矿卫生、食品卫生等进行管理。鉴于矿区"三不管"的问题，国民政府实行卫生责任

---

① 北京市档案馆、北京市自来水公司、中国人民大学档案系文献编纂学教研室：《北京自来水公司档案史料(1908 年—1949 年)》，12 页，北京，北京燕山出版社，1986。

② 吴晓煜：《中国煤矿安全史话》，90 页，徐州，中国矿业大学出版社，2012。

③ 于德源：《北京灾害史》，465 页，北京，同心出版社，2008。

制，责成矿商落实环境卫生措施。为此，开滦煤矿于 1940 年在医务部下设立卫生处，在赵各庄矿、林西矿、唐家庄矿等设立卫生与防疫督察岗，向大矿如唐山矿派驻督察员，由督察员专职管理街道、自来水点、食堂、牛奶房、面包房、公共浴等地的公共卫生。这都标志着京津唐煤矿地区的医疗和环境卫生的治理开始向一体化趋势发展。

然而，民国时期，京津唐煤矿地区的公共环境卫生并不好治理。以城市排污问题为例，这里老旧、简陋的排污渠道阻碍着新式排水渠道的建设，如门头沟永定镇、房山史家营镇、开平镇等历史古镇有大大小小的沟渠，且大部分为明沟。明清时期，人口不多，排污造成的环境影响不大，但民国时期，随着采煤排污和人口的增加，排污量也在增加，明沟污染环境的问题变大。《泰晤士报》的记者乔治·莫里森看到，街道上有人畜的大小便，人们的屋后常常就是蓄粪池。排水沟里的污水直接流向周边河流，在排水沟上搭上木板就是桥。排水沟里的泥浆翻滚不止，散发出熏人的恶臭。同时，京津唐煤矿环境破坏严重的地区沟渠流动性不好，每遇到大雨，污水倒灌到田间、街道、住宅场所的情况常有发生。

又如，传统的发粪种田的习惯使得粪便治理困难重重。民国时期涌现出大量粪厂。受利益驱动，这些粪厂成为治理公厕环境、处理粪便的阻挠者。粪厂雇用了大量粪夫，所晒粪便经常使得周边地区的环境里发出阵阵恶臭。京津唐煤矿地区大多人口密集，矿区也存在以上情况。

再如，环卫工人数量严重不足带来环境卫生落实不好的问题。随着排水、排污量的增加，京津唐煤矿地区及周边地区对于环卫工人的需求量增大。而由于京津唐煤矿地区的人口贫困，缴纳的卫生费偏低，因此京津唐煤矿地区的粪夫的配备量严重不足，进而影响了这里的公共卫生环境的治理。工人少和工作量繁重，使得这里的环卫质量下降。1934—1936 年，国民政府通过"全盘改革"，对京津唐煤矿地区实施清污体制改革，推动公共卫生体制建设，通过改建多处公共厕所，限制了地区粪厂数量，取缔了非法粪厂，重组各类粪厂，进行"官督商办"，并向这里配置了运送垃圾的汽车，积极推进着京津唐煤矿地区的公共环境卫生的改善。

但是，这种改善效果维持的时间并不长。1937 年，日本侵占河北以后，京津唐煤矿地区成为沦陷区，国民政府对公共环境卫生的治理措施基本失效。1945 年，日本战败，但政府的重视度和管理力度有限，这里的公共环境卫生状况没有得到很好地改善。

总体来看，虽然国民政府有对京津唐煤矿地区的环境进行管理的意识，但由于国民政府是有名的"弱政府"[1]，国家事务管理的执行能力并不强。此外，由于京津唐煤矿地区环境问题的管理是河北各地方政府的职责，中央政府的关注会随着北京由首都变为特别市，而由特别重视变成一般重视。民国初期，北洋政府对京津唐煤矿的环境比较重视，会给予这里政策税务的减免，加大对于这里环境的管理力度。而 1928 年，政权南移之后，北京变成北平特别市，不再是首都，京津唐等作为首都资源环境支撑地的功能作用减弱，也就变得不那么受到重视，缺乏政策支持，管理政策执行的效果也变得不如从前，如《行政院公布矿业法的训令及北平市施行情况的函》提到，《矿业法》的训令时间是 1930 年 6 月，而在北京落实的时间却是 1932 年。[2] 1937 年，河北沦陷之后，京津唐煤矿地区的环境管理更是陷入了瘫痪的状态。抗日战争胜利之后，这里受到经济发展等原因的影响，以及受到环境问题变得复杂、管理难度加大等的影响，导致相关法规政策落实的效果并不理想。

二、国民政府对京津唐煤矿地区环境问题的治理政策

相比晚清政府，国民政府在加强管理的同时，加强了对京津唐煤矿地区环境问题的治理。

（一）环境污染的治理

民国时期，京津唐煤矿地区的环境污染问题的危害增大，人们开始有了一些粗浅的关于环境污染治理的意识。

---

[1] 龚会莲、胡胜强：《近代工业增长与北洋政府——弱政府与工业增长关系的近代样本》，载《西安电子科技大学学报（社会科学版）》，2008(2)。
[2] 北京市档案馆：《行政院公布矿业法的训令及北平市施行情况的函》，档案号：J001-002-00020。

这个时期，国民政府加大了对矿区环境污染与保护的治理。民国时期的《矿业法》规定，紧要水利附近不能采矿，防止环境污染。在实际中，政府要求开滦煤矿把煤矿生产中产生的废水用火车运到荒野之地进行排放，并要求煤矿把为矿工提供洁净的饮用水，将此作为矿业工人的一个福利，写入矿务管理条例加以督促实施。为此，开滦煤矿开办了自来水厂，有净水池一座。[①]

国民政府还提出了煤粉、煤尘等空气污染可能带来的煤矿灾害。比如，《矿业法》指出，瓦斯引起爆炸发生大火灾，要减少这种环境影响；还提出政府参与矿区空气污染的防控思想，并明文规定一些实施细则。《矿场法》指出：有条件的大中型煤矿除了主井用于生产，原则上要配备副井排风设备；要求煤矿矿区安装排风设备，降低煤矿生产工作区的粉尘污染，保障井下生产区空气中氧气的输送量；禁止肺结核等传染病病人下井干活，并向矿工普及卫生知识。[②] 这些措施在一定程度上改善了部分矿区的环境污染问题。

但是，客观上，为了发展煤矿，政府对于煤矿企业生产经营的管理是粗放式的，所采取的环境污染治理措施并不多。国民政府对于煤炭工业的废弃物排放限制没有明文规定，对于一些能造成严重污染的污染物，如煤坑水、洗煤水、煤渣、煤尘等污染物也没有制定统一排放标准。这种不严格、不严谨的做法使得地方政府及煤矿企业不能很好地落实煤矿环境污染防治政策，从而导致这里产生了更多的环境污染问题。

当时的多数煤矿经营者没有"煤矿能造成严重水污染"的观念，当地民众也没有太多关于环境保护和环境健康的意识，甚至认为煤矿的废弃物，如煤渣、煤矿废水等与粪池发酵的农家肥料一样，虽然乌黑、浑浊、恶臭但是富含营养，乐意把煤矿排出的废水直接用来浇菜、种地、养殖家禽等。有些干旱地区还会通过用明矾净水法，将废水沉淀水后作为人们的饮用水。

---

① 闻言：《严管出高效——唐山市古冶区自来水公司改革侧记》，载《经济论坛》，2000(23)。
② 吴晓煜：《中国煤矿安全史话》，91页，徐州，中国矿业大学出版社，2012。

国民政府对于京津唐煤矿地区的环境污染治理也存在敷衍了事的态度。即便一些煤矿地区的水污染问题已经相当严重，1914年的《矿业条例》还是删掉了"矿商不得擅自更改江河河道，造成下游失利"等对水环境保护有利的措施。民国时期对于水资源破坏和水污染的治理措施少而笼统，只在《矿业法细则》中提到应该在矿业施工计划书上列出排水及搬运的方法、井下积水处理方法、坑水及废水的处理方法，却没有制定具体的污水处理标准。

（二）虫害的治理

民国时期，随着林地、绿地减少，京津唐煤矿地区开始大量出现虫灾。为了减少虫灾对农业、林业的影响，民国时期开始进行虫灾的防治。1928年，国民政府成立国立中央研究院，并于1929年在北京成立学术研究机构等，加大对蝗虫等虫灾防治的研究力度，引进国外杀灭蝗虫的药械技术。1937年，我国借鉴国外化学合成技术[①]，生产出自己研发的灭蝗农药。该农药考虑到杀虫剂的环境污染问题，选取了皂角液、菊粉等天然物质提炼化学成分。该农药被国民政府推广到蝗虫灾情严重的林西矿镇郊外、西山郊外等地区，在农林专家的指导下，京津唐煤矿地区的虫灾得到一定控制。政府也开始鼓励在农耕和植树中使用化肥，进口了磷肥（日本聚宝号）、田川肥田料（日本东昌公司）、氮肥田粉（美国诚信号）、氮肥田粉（德国礼和洋行）、氮肥田粉（英国诚信号）、氮肥（加拿大慎昌洋行）等。[②] 这些措施一定程度上抑制了病虫害的发生，对环境治理起到了积极作用。

归结来看，民国时期，国民政府对于京津唐煤矿地区环境治理的主要成就是在自然资源环境保护、矿产资源环境保护的法治化建设中进行了初探。国民政府颁布了《森林法》《水利法》《矿业法》等，推动了京津唐煤矿地区环境管理法治化建设的进程。例如，关于矿主对废弃地具有的

---

① 王思明、周尧：《中国近代昆虫学史（1840—1949）》，167页，西安，陕西科学技术出版社，1995。

② 北京市档案馆：《农矿部农产物检验所检查改良蚕种及检验病虫害暂行办法》（1930年12月），档案号：J001-002-00012。

环境保护责任和义务，《矿业法》第八十八条规定，土地之使用完竣矿业权者应恢复其土地之原状交还土地所有人，如因不能恢复原状致有损失时，应给予土地所有人以相当之偿金。① 这一法令的通过，旨在促进土地的植被覆盖率的提升。

民国时期，政府很少通过关闭煤矿来治理煤矿，虽然《矿业法》第九十六条规定，采矿工程被认为有危险或有害公益时应令矿业权者设法预防或停止工作。② 但是，煤矿一般不会因为产生环境问题而长期封闭、停产。同时，由于京津唐煤矿造成的环境污染和煤矿工业城镇的城市公共环境污染都在增加，国民政府确实遇到许多污染治理方面的困难。环境治理需要有充足的财政资金作为后盾，并且需要放弃一些经济收入，才能推行下去，拮据的财政状况也影响了政府治理环境的决心和魄力，从而导致这个时期环境治理的措施流于形式，效果甚微。

在京津唐煤矿地区矿山林政法治化建设方面，国民政府取得了一些成果。国民政府出台了一些法案来限制频繁开矿、私自进行地质勘探、乱挖乱采等一系列对山体、土壤等造成的破坏行为，防止水土流失。③ 1931 年，出台了《整理全国地质调查办法》等条例。1938 年公布的《土石采取规则》第七条规定"有矿业法第二十二条之情事时不得采取土石"，第十二条规定"所采土石中含有重要化石或重要石头经地质调查机关认为必须保留时得随时禁止采取"，第十三条规定"采取数量、销场情形、贩卖数量等详细列表呈报县市政府转呈省主管矿业行政官署"，第十四条规定"凡公有地经核准采取土石者不得使用于他种事业"，第十六条规定"认为危险或有害公益时"县市政府得命其暂行停工或撤销其核准案等。④

---

① 彭觥、汪贻水：《中国实用矿山地质学》下册，64 页，北京，冶金工业出版社，2010。
② 北京市档案馆：《行政院公布矿业法的训令及北平市施行情况的函》，档案号：J001-002-00020。
③ 北京市档案馆：《行政院公布矿业法的训令及北平市施行情况的函》，档案号：J001-002-00020。
④ 吴其煜：《农工商业法规汇辑》，307 页，天津，百城书局，1935。

但是对国民政府在京津唐煤矿地区环境的治理中取得的成就，不能高估。因为在南京政府成立后，北平的重要性降低，京津唐煤矿的环境管理和治理问题也随之变成普通州县的政务问题。国民政府对其管理和治理的力度减小，许多环境管理规定和环境治理的法律成为一纸空文，无法落实。此外，随着京津唐煤矿地区的发展，煤矿群增容，许多煤矿相邻而建，环境问题容易牵一发而动全身。由此，国民政府对京津唐煤矿地区的管理和治理效果就明显下降。加上民国时期战争不断，政府投入京津唐煤矿地区的环境管理和治理的精力极其有限。在这种情况下，国民政府对京津唐煤矿地区的环境问题的管理和治理逐渐成为空谈，当地环境问题日趋严重。

第四章　新中国成立后京津唐煤矿地区的煤矿工业发展与环境问题的产生、影响及治理

新中国成立后，京津唐煤矿地区的煤矿工业创造了一个又一个的奇迹，引领着全国煤矿工业的发展，成为我国煤矿工业发展的风向标。[①]这种高速发展也不可避免地对环境产生影响，带来诸多环境问题。从一开始，我国政府就高度重视京津唐煤矿地区环境问题的治理工作，出台和逐步完善相关法律法规，并探索出一条适合京津唐煤矿地区环境治理的道路。

第一节　新中国成立后京津唐煤矿地区的煤矿工业发展与环境问题的产生

新中国成立后，京津唐煤矿地区的煤炭工业取得了突飞猛进的发展，实现了煤炭工业的现代化。但与此同时，也产生了很多环境问题。

一、新中国成立后京津唐煤矿地区的煤矿工业发展

新中国成立后，京津唐煤矿地区煤炭生产的工业化水平飞速提升，而且其他工业也在飞速发展，出现了现代化的工业群，如钢铁冶炼厂、发电厂、水泥厂、矸石发电厂、陶冶厂、化工厂、电机制造厂、五金制

[①]　丁长清：《从开滦看旧中国煤矿业中的竞争和垄断》，载《近代史研究》，1987(2)。

造厂、建材制造厂、机械装备制造厂等。到 20 世纪 90 年代末，这里已经建设成为煤—电—材一体化的成熟的工业基地。有新闻报道指出，京津唐煤矿地区的装备制造业，是"河北工业经济增长的第一拉动力"①。促成京津唐煤矿地区工业高速发展的原因很多，其中一个是这里煤炭工业技术的进步为工业发展提供了原料保障。新中国成立后，京津唐煤矿地区煤炭工业的进步主要表现在以下几个方面。

第一，更加重视把科学技术应用于煤炭工业的发展中。这个时期地理学、化学、物理学等学科都取得了更加显著的进展，尤其是与矿业发展相关的学科得到了大力发展。例如，地理学发展了地理信息科学、地球科学与测绘工程、遥感与地理信息系统等子学科，物理学发展了地球物理学、地球物理勘探学、量子力学等。这使得煤矿的地质勘探更加精细、准确，矿业开发能力更强。这个时期跨学科结合的科学技术进步也广泛应用于煤炭工业现代化发展中，这使得煤矿建设和生产环节的工程设计更加科学，也使得煤炭的加工更加多元化，煤化工的产品数量增多、品质更高，煤炭的生产技术更加先进。

第二，进一步普及和发展了工程开拓巷道采煤技术。巷道技术从传统的柱式采煤技术向倾斜长壁采煤技术、走向长壁采煤技术等发展。②柱式采煤技术包括巷柱式采煤技术和房柱式采煤技术，其优点是采煤工作面小，采煤效率高，采煤工艺简单，生产成本低，开采质量高。但是，它的缺点也很鲜明。这种采煤技术对于煤矿环境要求很高，需要在开采前期做大量的勘探准备。譬如，倾斜长壁采煤法对于煤矿环境的要求不高，可以不用煤柱支撑，在回采过程中能方便地使用爆破技术、开拓技术采煤，而传统的柱式采煤技术需要每隔 $10\sim20$ m 设置 1 个煤柱进行支撑。又如，长壁采煤技术克服了传统的柱式采煤技术运用中对于采煤工作环境的高要求，能让生产更加安全，并提高回采效率。正因为

① 《装备制造业成为全省工业经济增长第一拉动力》，载《河北日报》，2018-11-29。
② 《中国煤炭志》编纂委员会：《中国煤炭志·河北卷》，205 页，北京，煤炭工业出版社，1997。

如此，开滦煤矿在 20 世纪 50 年代初掀起了老煤矿巷道开拓技术的革新浪潮，煤炭开采中能进一步加大水平高度空间和采煤走向长度的空间，有利于回采。20 世纪 50 年代之后，开滦煤矿等京津唐煤矿的水平段高和采区走向长度不断加大[①]，巷道开拓深度得到不同程度的增加。此外，这里还实现了旱采向旱采、水采、水旱混合采的多元化采煤技术的发展。例如，开滦煤矿于 1957 年建立了国内第一个采用冻结法开凿的立井，采煤技术领先全国。[②]

第三，采煤机械化生产水平提高。以开滦煤矿为例，1951 年开始使用电钻，1957 年使用 01-30 型风钻及带气腿的风钻，并用电力完全替代人力，提高了生产效率。[③] 20 世纪 70 年代后期，低频风钻更新为气腿中心供水的高频风钻，提升了打孔的速度，并在赵各庄煤矿、林西煤矿等使用了苏联的蟹爪式装煤机进行创装卸。1975 年，开滦煤矿的装卸机械化达到 31.49％。[④] 同时，这里开始应用挖掘机进行井下生产。1985 年，采用德国双臂液压钻车技术，使得凿岩速度提升了一倍多，进一步改善了人员作业环境和减少了人工劳力。1990 年，京津唐煤矿全面实现了凿岩、装卸运输和煤炭生产的机械化。

第四，提升了矿井的工业建材使用率。新中国成立后，随着现代工业建材材料技术的发展，这里的煤井普遍在井下开始使用钢架、钢丝胶带、强力胶带等来加固矿井和促进煤炭生产。1964 年，开滦煤矿作为全国试点开始试用锚喷支护。[⑤] 1975 年，开滦矿赵各庄煤矿把井下 4～7 水平的暗斜井与地面联通，安装了 1.2 米的钢丝，使得井下煤炭运输能

---

① 《中国煤炭志》编纂委员会：《中国煤炭志·河北卷》，195 页，北京，煤炭工业出版社，1997。

② 《中国煤炭工业志》编纂委员会：《中国煤炭工业志·中国煤炭工业大事记（1949—2010）》，16 页，北京，煤炭工业出版社，2018。

③ 《中国煤炭志》编纂委员会：《中国煤炭志·河北卷》，198 页，北京，煤炭工业出版社，1997。

④ 《中国煤炭志》编纂委员会：《中国煤炭志·河北卷》，199 页，北京，煤炭工业出版社，1997。

⑤ 《中国煤炭志》编纂委员会：《中国煤炭志·河北卷》，202 页，北京，煤炭工业出版社，1997。

力提升到 862 t。① 水泥和钢筋材料基本上代替了枕木成为煤井井身，使得这里的煤矿生产水平迈上了一个新台阶。

第五，煤炭工业的规模化发展。20 世纪 50 年代，京津唐煤矿地区快速恢复了生产。20 世纪六七十年代，京津唐煤矿地区开始加快发展煤炭工业。20 世纪 80 年代以后，这里开始进行全区统筹规划的煤矿开发。一些有煤矿的地区在新中国成立前属于非矿区地区，如昌平、海淀、怀柔、顺义、延庆、大兴、通县、三河、固安、廊坊、乐亭、迁安、遵化、丰南、滦南、迁西等。虽然这些地区中的部分煤矿开采时间不长，如京西近郊煤矿地区的开采犹如昙花一现，但是其煤炭工业发展，还是成为京津唐煤矿地区规模化发展的一段历程。这说明不仅资源丰富的煤矿地区出现了煤矿群，如唐山矿区、北京西山矿区、秦皇岛抚宁矿区等，而且北京近郊等历史老城也出现了煤矿群。1949 年，唐山的煤矿总数不到 10 座。1974 年，唐山的地方煤矿增加到 39 座。②

伴随着煤炭工业的规模化发展，京津唐煤矿地区煤炭生产能力得到了全面提升，出煤量增长迅速，取得了历史以来的好成绩。开滦煤矿 1949 年的年产量为 663×10^4 t，1989 年增加到了 1796.2409×10^4 t，2008 年又增加到 3285.8666×10^4 t。③ 除了开滦矿，这里的其他煤矿的生产能力也有不同程度的提升。不仅大中型煤矿的年产量有不同程度的提升，而且小型煤矿的生产能力也得到了发展，这里的小型煤矿的生产能力从新中国成立前的每年十来万吨提升到了每年几十万吨。到 1974 年，唐山地方煤矿的煤炭生产能力增加到每年 120.6×10^4 t。④ 新中国成立后，这里煤矿的生产能力得到了大幅提升。

例如，1949 年以来，北京西山煤矿地区出现了一批新的煤矿群。

---

① 《中国煤炭志》编纂委员会：《中国煤炭志·河北卷》，122 页，北京，煤炭工业出版社，1997。

② 唐山市地方志编纂委员会：《唐山市志》，956 页，北京，方志出版社，1999。

③ 开滦(集团)有限责任公司档案馆：《开滦煤矿志(1989—2008)》，395 页，北京，新华出版社，2011。

④ 唐山市地方志编纂委员会：《唐山市志》，956 页，北京，方志出版社，1999。

1949 年上半年，北京地方煤矿有 411 座。[①] 新中国成立后，这里煤矿数量剧增。20 世纪 50—70 年代，这里的煤矿得到快速发展，煤矿增加到 600 多家。20 世纪 80 年代，这里的煤矿发展提速，区内大中型煤矿数量增至 800 多。20 世纪 90 年代，这里形成了庞大的煤矿群，煤矿数量稳定在 800 多家[②]，保持着稳定的生产规模。1995 年公布的《北京市矿产存量表》显示，门头沟的煤田有国有煤矿企业的煤井和勘探区 39 处，矿点 3 处，大型煤矿 2 处，中型煤矿 18 处。[③] 房山煤矿地区的国有煤矿企业有 8 座、大型煤矿 2 座、中型煤矿 2 座。1990 年，仅北京的地方煤矿达到 391 座。[④]

这里的煤矿不仅数量增多，而且产煤量也在增大。例如，门头沟煤矿地区，新中国成立前单个大中型煤矿最高的年产量为 52×10^4 t，而新中国成立后门头沟煤矿地区的煤炭年产量提升到 $500 \times 10^4 \sim 800 \times 10^4$ t，木城涧煤矿的年产量为 108.4×10^4 t，门头沟煤矿的年产量为 84.4×10^4 t，大台煤矿的年产量为 71.2×10^4 t，杨家坨煤矿的年产量为 41×10^4 t 等。而房山煤矿地区总体的煤炭年产量提升到 $300 \times 10^4 \sim 600 \times 10^4$ t，这里的大型煤矿的平均年产量在 $490 \times 10^4 \sim 650 \times 10^4$ t，中型煤矿的平均年产量在 $150 \times 10^4 \sim 350 \times 10^4$ t，比如 1995 年，大安山煤矿年产量为 200×10^4 t。[⑤] 截至 1997 年，北京西山煤矿地区的年产量提升达到 1395.5×10^4 t。[⑥] 这里的小煤矿的年产量也在提高，20 世纪 50—70 年代，单个小煤矿的年产量提升到 16.6×10^4 t，到 20 世纪 80

---

① 北京市地方志编纂委员会：《北京志·地质矿产水利气象卷·地质矿产志》，328 页，北京，北京出版社，2001。

② 《中国煤炭志》编纂委员会：《中国煤炭志·大事记(1991～2000 年)》一，316 页，北京，煤炭工业出版社，2003。

③ 北京市地方志编纂委员会：《北京志·地质矿产水利气象卷·地质矿产志》，88 页，北京，北京出版社，2001。

④ 北京市地质矿产勘查开发局、北京市地质研究所：《北京地质灾害》，95 页，北京，中国大地出版社，2008。

⑤ 《中国煤炭志》编纂委员会：《中国煤炭志·大事记(1991～2000 年)》一，330 页，北京，煤炭工业出版社，2003。

⑥ 《中国煤炭志》编纂委员会：《中国煤炭志·大事记(1991～2000 年)》一，318 页，北京，煤炭工业出版社，2003。

年代，又提升到了 $46.13×10^4$ t。生产力的提升使得这里的煤炭生产创造了煤炭工业化发展的辉煌，累计生产的原煤达到 $2.3×10^8$ t。[①]

煤矿出煤量的增多，煤炭工业经济的迅猛增长，使得门头沟、房山、唐山等都成了全国重点的煤矿工业城镇。例如，20 世纪 70 年代以后，门头沟和房山就被称为北京的重点产煤乡。1990 年，北京矿务局被列为全国 500 强企业。2021 年，开滦煤矿在全国 500 强企业评选中位列 248 名、中国煤炭企业 50 强中排名第 12 位。[②]

二、新中国成立后京津唐煤矿地区环境问题的产生

伴随着煤炭工业现代化的高速发展，京津唐煤矿地区的环境不可避免地受到影响。冒着滚滚浓烟的烟囱和轰隆作响的发电厂，以及轰鸣的机车和机械装备一方面展现了社会生产的迅速发展，另一方面也带来了一定的环境问题。

（一）煤矿资源匮乏

新中国成立之后，京津唐煤矿地区比较突出的环境问题是煤矿资源被破坏及煤矿资源匮乏。煤矿工业生产本身就是一个破坏煤矿岩层结构和消耗煤矿资源的过程。随着这里煤矿工业生产力的提升，该问题日益严峻。20 世纪 50—80 年代，煤矿资源匮乏现象已经出现；20 世纪 90 年代以后，匮乏现象变得比较普遍。例如，门头沟煤矿位于北京西部门头沟地区的优质无烟煤煤田地区，20 世纪 90 年代末，出现了严重的煤矿资源枯竭现象。该煤矿可采存量仅为设计存量的 9%，大大低于国家可采储量 20% 为枯竭煤井的标准，于 2000 年 7 月停止生产，同年 10 月经国家批准关闭，退出煤炭工业生产的历史舞台。[③]

开滦煤矿的资源减少情况也非常明显。例如，20 世纪 80 年代以后的林西矿，尽管开采技术在进步，但其产量仍在下降。1984 年的产量

---

① 北京市地方志编纂委员会：《北京志·地质矿产水利气象卷·地质矿产志》，328 页，北京，北京出版社，2001。

② 资料来源于开滦国家矿山公园博物馆。

③ 张强、何敬海、尹香举：《以稳定为中心 以维护为重点 搞好破产企业职工安置——关于门头沟煤矿关闭破产中维护职工权益的调查》，载《工会博览》，2001(20)。

为 300×10^4 t，1986 年下降为 208×10^4 t。[①] 除了开滦煤矿，其他煤矿也出现了因煤矿资源枯竭而导致产量下降的现象。譬如，1989 年，门头沟大台煤矿产量为 7.6×10^4 t，试采京木线铁路火车隧洞三槽木煤柱，以扩充煤源。[②] 后来，尽管做了很多努力，该矿出煤量依然没有增加太多，当年新增的煤炭产量只有 1.79×10^4 t。[③]

又如，20 世纪 90 年代伊始，林西矿就因煤源只剩"边角余煤"而导致经营利润减小，亏损严重，于 2003 年申请破产。1991 年，唐家庄矿因为煤炭资源枯竭而不具备开采能力，20 世纪末被迫关停。[④] 2017 年，开滦荆各庄矿因为煤炭资源枯竭申请破产停业。[⑤] 这使得煤田较多、煤种丰富的开滦煤矿成为我国最大的资源衰竭型煤矿之一。[⑥] 唐山从资源型发展城市变成资源枯竭型城市，被列入 2009 年全国公布的 44 个资源枯竭城市名单。[⑦] 进入 21 世纪，京津唐煤矿地区的煤矿资源枯竭情况更为严重。

值得注意的是，这种煤矿资源枯竭情况在 1949 年以后发展煤炭工业的进程中就已经出现。1949 年以后，京津唐煤矿地区虽然开发了许多新煤田，增加了优质煤源，但是由于工业对于无烟煤、焦煤、精煤等优质煤炭消耗量的剧增，这里的优质原煤的年产量逐年减少。这种优质煤源的短缺实际上也是煤炭资源枯竭的征兆之一。

事实上，1949 年以后，京津唐煤矿地区很快就进入了煤炭工业的

[①]　赵连：《开滦林西矿志》，805、809 页，北京，新华出版社，2015。

[②]　《煤炭志》编委会：《北京工业志·煤炭志》，209 页，北京，中国科学技术出版社，2000。

[③]　《中国煤炭志》编纂委员会：《中国煤炭志·大事记（1991～2000 年）》一，282 页，北京，煤炭工业出版社，2003。

[④]　刘抚英、栗德祥：《唐山市古冶区工业废弃地活化与再生策略研究》，载《建筑学报》，2006(8)。

[⑤]　毛雅军、郑立生、张会双：《资源枯竭国有煤矿的转型重生——以开滦集团荆矿公司为例》，载《企业管理》，2022(2)。

[⑥]　河北省地方志编纂委员会：《河北省志 第 7 卷 地质矿产志》，207 页，石家庄，河北人民出版社，1991。

[⑦]　资料来源于《唐山须面对资源枯竭危机 城市转型迫在眉睫》，新华网唐山频道，2009-11-09。

高速发展时期，煤田被大量开采。而大量开采煤矿，必然导致煤矿资源减少。[①] 例如，为了保持采煤量，开滦煤矿井下巷道的长度整体呈增加的趋势，仅个别年份是减小的：1989 年 5805.5 m、1990 年 7215.5 m、1991 年 5841.9 m、1992 年 7663.2 m、1993 年 8891.5 m、1994 年 9423.3 m、1995 年 9881 m、1996 年 10467.2 m、1997 年 10911.2 m、1998 年 12564.6 m、1999 年 9404.3 m、2000 年 9537.8 m、2001 年 8756.2 m、2002 年 10172.5 m、2003 年 13215 m、2004 年 14139 m、2005 年 17081 m、2006 年 14460 m、2007 年 13507 m、2008 年 11419 m。[②] 此外，煤矿打孔、爆破煤层、勘探煤矿的工作区也越来越深入岩层。在工作区的延伸中，1989 年和 1990 年还出现了"高出石门量"情况，矿区出现了矿产资源破坏的极端情况。

又如，京西煤矿地区也在煤炭开采利用的过程中延长了深层矿区的工作区。门头沟大台煤矿于 1994 年将煤井的采煤水平面延伸到 +200 m。[③] 门头沟木城涧煤矿地区于 1997 年在维修井下箕斗斜坡时，为了打通井下运输巷道，把各个煤炭采煤点联通起来，从斜坡上部 700 m 向上延伸了 +700 m，连通了 +250 m、+570 m、+450 m、+706 m 等 4 个水平面。[④] 之后，又对箕斗斜坡进行建设，改造 +760 m 到 +250 m 的水平工作面[⑤]。1999 年，在将军台新开 300 m 的煤井，以贯通井下巷道。[⑥] 房山长沟峪煤矿地区于 1996 年，扩宽了井下 +150 m

---

① 王秋红、赵鑫、刘勇生：《煤炭资源开发负外部性成本定量研究》，载《煤炭工程》，2017(6)。
② 开滦(集团)有限责任公司档案馆：《开滦煤矿志(1989—2008)》，370 页，北京，新华出版社，2011。
③ 《中国煤炭志》编纂委员会：《中国煤炭志·大事记(1991~2000 年)》一，298 页，北京，煤炭工业出版社，2003。
④ 《中国煤炭志》编纂委员会：《中国煤炭志·大事记(1991~2000 年)》一，316 页，北京，煤炭工业出版社，2003。
⑤ 《中国煤炭志》编纂委员会：《中国煤炭志·大事记(1991~2000 年)》一，327 页，北京，煤炭工业出版社，2003。
⑥ 《中国煤炭志》编纂委员会：《中国煤炭志·大事记(1991~2000 年)》一，328 页，北京，煤炭工业出版社，2003。

水平面新采区的岩巷[1]，此后又延伸了井下－250 m水平和－310 m水平的轿车房巷道深度[2]。北京矿务局还对房山、门头沟、三河等地区的煤矿进行整体规划和建设，以全面增加矿区的开拓深度。例如，大台煤矿把巷道从－210 m延伸到－310 m，使得采煤工作面达到了地下4550 m；杨坨煤矿把巷道从－280 m延伸到－360 m，以便能延伸到地下3878 m；长沟峪煤矿把巷道从－140 m延伸到－230 m，也能延伸到地下2315 m等。[3] 这些开拓巷道和工作面的延伸，使得矿区煤矿资源锐减。

采煤技术的革新不但没有减轻采煤对于环境的破坏，反而加大了对环境破坏的程度。无论何种采煤技术，无论人们的采煤态度变得如何谨慎，煤炭开发利用的过程都不可避免地给矿产资源环境带来无法复原的破坏。且不说爆破煤层对于周边岩层的破坏，就说人们把煤岩石从岩石中取走的举动，就是一个严重破坏岩层结构的行为。一般煤岩层被取走，会回填煤矸石、渣土等，但由于物质构造差异，这些做法都无法使回填物与自然天成的岩层相贴合。岩层之间的承重力会改变，岩石相互挤压运动，直接导致更多岩层在这个过程中发生碎片化。

回采技术的发展加大了煤矿工业生产对于京津唐煤矿地区矿产资源环境的破坏。回采是对废弃煤矿的资源进行再利用，从资源节约角度上来看是能促进地区经济发展的。因此，我国政府在新中国成立以后的很长时间内都鼓励提高回采率，煤矿回采率可达到64%[4]，河北地区的煤矿回采率为74%[5]。而京津唐煤矿地区的回采率超过全国平均水平，譬如，开滦煤矿在1989—2008年的回采率在77.03%～84.44%[6]、门头

① 《中国煤炭志》编纂委员会：《中国煤炭志·大事记(1991～2000年)》一，307页，北京，煤炭工业出版社，2003。

② 《中国煤炭志》编纂委员会：《中国煤炭志·大事记(1991～2000年)》一，336页，北京，煤炭工业出版社，2003。

③ 《中国煤炭志》编纂委员会：《中国煤炭志·大事记(1991～2000年)》一，317页，北京，煤炭工业出版社，2003。

④ 石语：《节约能源，从提高煤炭回采率抓起》，载《国土资源》，2007(7)。

⑤ 资料来源于《2008～2015年河北省矿产资源总体规划》，河北省自然资源厅网，2015-07-07。

⑥ 开滦(集团)有限责任公司档案馆：《开滦煤矿志(1989—2008)》，384页，北京，新华出版社，2011。

沟煤矿在 1989—1996 年的回采率在 51％～93％[①]。但是，从矿产资源保护角度来看，这是一个加速老矿区矿产环境破坏的做法。20 世纪末，政府也认识到了提高回采率带来的环境影响，开始回调政策，修订了 1994 年颁布的《矿产资源补偿费征收管理规定》，新增根据矿山的回采率来征收矿山补偿费的条款，提出回采越高的煤矿，需要缴纳的环境补偿税越高。2019 年颁布的《中华人民共和国资源税法》提出对"从衰竭期矿山开采的矿产品，减征百分之三十的资源税"。国务院对有利于促进资源节约集约利用、保护环境等情形可以规定免征或减征资源税。但是，即使政府不鼓励煤矿提高回采率，这里的煤矿客观上也需要提高回采率，因为随着时间的推移，煤矿出煤量增多，煤矿出现的贫化率问题就会需要煤矿通过提高回采率来应对煤源短缺的问题。

遥感采煤技术等高端采煤科技的开发和利用更是加大了采煤对京津唐煤矿地区煤矿矿产资源环境的破坏。遥感采煤技术可以通过先进的无人驾驶飞行器技术、遥测遥控技术、遥感传感器技术、通信技术和定位技术等来获取探煤信息，也可以通过人工智能遥感机来实现井下的无人开采。这种技术能够促进煤矿工业生产的自动化、智能化、低成本化等，是 21 世纪初我国煤矿工业技术发展的一个方向，但同时也进一步扩大了自然煤矿地区被开发和利用的范围，缩短了煤矿被开采的时间、空间的距离。例如，无人遥感机能克服传统人工地质勘探无法全面勘探塌陷区的弊端，缩短探矿时间，提高了煤矿对于这些地方的开发利用效率，但事实上使具有开采价值的煤矿矿山无法逃脱被开采的宿命。[②]

（二）森林锐减

京津唐煤矿地区煤矿的发展，需要占用大量建矿土地和使用大量木材，因此，新中国成立后虽然更加注重植树等林政，但是依然产生了森林锐减问题。据统计，新中国成立前，唐山市的树木种类仅有 47 科、

① 《中国煤炭志》编纂委员会：《中国煤炭志·大事记（1991～2000 年）》一，309 页，北京，煤炭工业出版社，2003。
② 侯恩科、首召贵、徐友宁等：《无人机遥感技术在采煤地面塌陷监测中的应用》，载《煤田地质与勘探》，2017(6)。

67 属、133 种，果树为 8 科、12 属、22 种，森林只有 50.4×10^4 亩，森林覆盖率为 2.7%。[①] 除了唐山，京津唐煤矿地区其他地方的情况也不理想，如北京西山煤矿地区的森林覆盖率为 9%。

1949—2018 年，京津唐煤矿地区的森林覆盖率出现了增长，但是其增长是迂回缓慢、曲折艰难的。20 世纪五六十年代，京津唐煤矿地区的植树造林曾进入快速增长期，70 年代中期不仅造林出现停滞，而且出现了毁林的情况。唐山作为京津唐煤矿地区的主要开发区，山林环境破坏问题比较突出，唐山矿区的林地恢复面积一直低于其他矿区。据 1986 年的统计，唐山市活立木蓄积量 324×10^4 m³，森林覆盖率为 11.2%。[②] 唐山煤矿地区的森林覆盖率还要低于唐山市的森林覆盖率水平，譬如，开平区的森林覆盖率 3.4%、新区 3.4%、东矿区 6.11%、丰南 2.44%、丰润 6.14%、玉田 3.36%、滦县 5.47%、滦南 2.59%、乐亭 5%，等等。[③] 20 世纪 90 年代开始，京津唐煤矿地区的森林覆盖率才普遍提高。21 世纪初，门头沟地区的森林覆盖率达到了"35.50%"[④]，唐山达到了"39%"[⑤]。

经过长期的植树造林，21 世纪初京津唐煤矿地区的林地普遍增多，但是森林环境整体健康状况不容乐观。这里的林区大多由煤矿废渣、废土填平的复垦地构成，土壤贫瘠、干燥，生态环境普遍不好，且种植大量外来耐旱树种又使得这里的林区出现树种单一、树种弱龄化等问题，林地不能以成片的高大的成年乔木构成森林主体，维护成本高。

20 世纪 90 年代以前，京津唐煤矿地区火灾不断，其森林破坏率是世界森林破坏率的 8 倍。[⑥] 京津唐煤矿地区山林火灾的发生大多与环境

① 唐山市地方志编纂委员会：《唐山市志》，203 页，北京，方志出版社，1999。
② 唐山市地方志编纂委员会：《唐山市志》，1629 页，北京，方志出版社，1999。
③ 唐山市农业区划委员会办公室：《唐山市农业资源区划志》，66 页，北京，中国大地出版社，2004。
④ 《京西明珠 绿色门头沟》，载《绿化与生活》，2011(6)。
⑤ 资料来源于《自然资源》，唐山市人民政府网，2022-07-23。
⑥ 谷建才、陈智卿：《华北土石山区典型区域主要类型森林健康分析与评价》，75～76 页，北京，中国林业出版社，2012。

遭到破坏而出现了恶劣生态环境有密切关系：由于大量开采煤矿，京津唐煤矿地区出现了许多裸露的矿山、矿坑及废弃煤矿地区，因此一旦京津唐煤矿地区出现干旱，这些地方就容易发生火灾。特别是进入枯水期时（即 11 月到翌年 5 月期间），西北风盛行、降水量稀少、气候干燥，矿区就成为山林火灾多发之地。

进入 21 世纪后，情况也未好转。虽然京津唐煤矿区的许多煤矿已经停产，但是由于生态环境破坏严重，难以在短期内恢复，生态环境糟糕，该地区及周边地区依然经常发生火灾。其中，矿区附近的山区更容易发生火灾。比如，北京西山煤矿地区，20 世纪 50—90 年代多次发生火灾。仅 1993 年，房山地区就连续发生火灾 19 起。[1] 门头沟，煤矿遍布的九龙山多次发生山林火灾。2000 年 4 月，九龙山因北京矿务局化工厂发生事故而受到波及，发生山林火灾。2011 年 5 月，九龙山发生了特大火灾，大火吞噬了 15 亩山林。[2] 除了九龙山，其他矿山及周边地区也容易发生火灾。2000 年 7 月，门头沟大台煤矿附近发生山林火灾，火势凶猛蔓延，导致上万株树木被烧毁，火灾面积达到 30 亩。[3] 2015 年 4 月，门头沟潭柘寺非煤矿地区发生火灾。[4] 2017 年 11 月，房山非煤矿地区的大石河发生火灾。[5]

又如，廊坊煤矿地区，地属平原煤矿地区，遇上干旱，火灾频发。比如，2017 年 5 月廊坊三河北部山区发生火灾，过境火灾面积达到 500 亩，连带廊坊周边地区也受到影响。

造成山林环境破坏的原因很多，其中比较重要的有以下几点。

第一，开荒建矿的生产方式造成了山林环境的严重破坏。随着矿区面积的普遍增长，无论是采矿还是占地建设，都是与"树"争地，矿区的

① 北京市房山区志编纂委员会：《北京市房山区志》，455 页，北京，北京出版社，1999。

② 《北京门头沟山火吞噬 15 亩山林 村民自发上山灭火》，载《北京晚报》，2011-05-03。

③ 《中国煤炭志》编纂委员会：《中国煤炭志·大事记（1991～2000 年）》，332、333 页，北京，煤炭工业出版社，2002。

④ 《北京门头沟山区深夜发生森林火灾》，载《法制晚报》，2015-04-16。

⑤ 《北京房山琉璃河一库房着火 火势已被控制》，载《北京青年报》，2019-05-06。

林地总是经历"被砍伐、再造林、再砍伐"的命运。例如，门头沟大台大队在 1959 年 11 月为了建矿，开山面积达到 90 多亩，当年伐木也达到 2 万多棵，不仅使 31 亩土地变成了石渣地，而且使余下的 59 亩的 2/3 的林地遭受到严重破坏。斋堂大队为了新开三家店后山孙家沟的 5 个煤坑，毁坏了 1000 多棵黄栌树，毁坏林地面积约 50 亩，其中 30％土地变成了石渣地。[①] 门头沟公社为了在曹家沟等地新开 5 个煤坑，毁掉了 1 万棵左右的臭椿幼树，毁坏林地面积约 40 亩，使森林环境遭到严重破坏。之所以说这种破坏比较严重，主要是因为人们为了挖掘埋藏在土壤、岩石下的煤矿资源，会清除矿区的野草和苔藓植被等浅层植被层和枯枝、落叶能形成的有机物质层。这两层对于森林生态环境起到涵养、净化作用，能促进树木的生长。而当这两层被清除之后，森林地面表层失去了保护，容易受到缺水以及日照、沙尘等影响，林区生态环境变更加不好。

第二，煤炭工业生产方式中对于坑木消耗量的增大带来的结果是进一步加大了对林区砍伐力度。用坑木作为煤井下的矿井主体支撑是京津唐煤矿地区至少到 20 世纪 80 年代末的一个主要的生产环节构成，这里的林木是矿区坑木原材料的主要来源之一，这也使得随着坑木消耗量的增大，林区树木遭到更多的砍伐。1949 年，为了确保京津唐煤矿地区开滦煤矿的年产量达到 $334.52×10^4$ t，就用掉了 2 亿元的坑木。[②] 之后，伴随着京津唐煤矿地区煤炭产量的提升和坑木需求的增大，这里的木材需求量也继续增加。这使得京津唐煤矿地区的树木遭到了更加严重的砍伐。例如，1959 年，门头沟煤矿地区出现集中砍伐林木的毁林事件，当年本地砍伐新种植林区树木 2876144 根，其中坑木林为 27047 根。[③] 抚宁在 20 世纪 60 年代初就实行了"死封山""半封山""轮封山"的

---

① 北京门头沟档案馆：《关于去冬新春林木砍伐情况的调查报告》，档案号：J36-1-47，12 页。

② 河北省唐山市政协文史资料委员会：《唐山百年纪事——唐山文史资料精选》第一卷，701 页，北京，中国文史出版社，2002。

③ 北京门头沟档案馆：《关于去冬新春林木砍伐情况的调查报告》，档案号：J36-1-47，12 页。

育林措施，1981 年却出现 8715 亩松林惨遭"剃光头"的严重毁林事件。煤炭生产能力越大的煤矿地区，山林砍伐的情况越严重。[1] 1984 年，开平区的森林覆盖率甚至降到了 3.4%。[2] 且这里的树种单一，以木材林、经济林为主。木材林、经济林会定期被砍伐。这种"边种边砍"的植树措施也使得这里的山林即便经过了多年的植树造林也依然无法改变林区树木稀疏的情况。

第三，交通运输业发展过程中伐木修路、更换枕木带来的森林破坏。新中国成立后，京津唐煤矿地区交通运输业进入以陆路为主的现代水陆混合运输的高速发展时代，其中汽车运输的发展最为显著。为了运输更多的煤炭，京津唐煤矿地区对于陆路交通运输工具和运输干线的需求增加，使得更多的道路被开发成水泥、柏油的现代公路。例如，北京西山煤矿地区多数在山区，在新中国成立初期，其运煤道路不是土路，就是土石混杂的山路，20 世纪 90 年代，这里的现代公路大大增加。门头沟有 98.5% 地域为山区[3]，2007 年公路密度为 49 km/100 km^2，2010 年公路密度为 79 km/100 km^2。又如唐山煤矿地区的现代公路建设从 20 世纪 80 年代就保持着高速增长，并使得整个唐山市在 20 世纪 90 年代的现代公路里程达到 5140 km，公路密度达到 38 km/100 km^2，并改造了 3 条国道、9 条省道，建设了 100 多条乡村公路。[4] 四通八达的交通道路的修建和使用显然影响着森林环境。一是绝大多数煤矿属于燕山山脉和太行山脉及山前的平原、丘陵地带，修建从煤矿到主干路的公路，会毁坏林地环境。例如，门头沟、房山等山区煤矿的森林附近修建大面积的公路，对于森林环境的破坏是显而易见的。二是在修建这些运煤干线时，为了节约省事，也会开山伐林来确保运煤干线的建设，加大了对森林环境的破坏。三是现代公路覆盖上水泥、柏油等路面后，不能与林

---

① 孙杰、王耀文、李德成：《封山育林绿抚宁》，载《河北林业》，2002(4)。

② 唐山市农业区划委员会办公室：《唐山市农业资源区划志》，66 页，北京，中国大地出版社，2004。

③ 王成：《北京市门头沟区山区公路生态建设的探讨》，载《公路》，2007(7)。

④ 王雅昆：《面向 21 世纪 构建唐山"大交通"》，载《世界经济与政治》，1996(6)。

地一起发挥调剂水圈、生物圈的作用。同时，公路上跑起汽车以后，尾气污染、汽车噪声污染加重了煤炭交通运输对森林环境的污染。

铁路也是这里主要的陆路运输工具之一，而伐木来修建铁路、维护铁路运行等对于京津唐煤矿地区森林环境的不利影响也是一直存在的。因为铁路有运输量大、运程相对安全、运费相对较低的优势，且这里的许多铁路在新中国成立以前就基本上建设起来了，所以铁路的延续发展也是顺其自然的。例如，唐山煤矿地区原有多条铁路线，这里围绕着原有铁路的主干线又发展起许多铁路干线，以方便煤炭对于周边工业群、城镇群的供给。延长铁路就需要修建铁路、维护铁路，这会消耗大量的枕木、碎石等建材。人们就近取材，又会使得矿山周边的山林成为这些建材的原料地，在劈山修路、伐木取材、开山取石过程中破坏山林。

第四，京津唐煤矿地区在工业化过程中会使矿厂和城镇社区与山林更加接近，增加了森林安全的隐患，更多的林区变成高火险区域。例如，煤矿更多地使用电力机械设备来提升生产力，也使得这里更容易发生火灾，进而导致林地毁坏。1992年5月，大台煤矿井下支架短路，引发特大火灾。[1] 又如，京津唐煤矿地区的城镇建筑物距离林区过近，使得森林周边的可燃物面积增大，变成山林火险等级较高的区域。京西古道的周边客栈、古道民俗村的山林都是一级火险区，十分容易发生森林火灾。21世纪初期，仅京西煤矿地区的森林险情就有40多起，多处山林被毁。

（三）水患

在没有足够的环境保护措施的条件下，开采煤矿容易导致水患。京津唐煤矿地区绝大多数的煤矿的涌水量均大于华北型煤田的正常涌水量1000.0 m³/h[2]，容易发生煤矿水患。在富矿区，开发煤矿越多的地方，出煤量越大，涌水量也越大。例如，开滦林西矿的涌水量，1940年为

---

① 《中国煤炭志》编纂委员会：《中国煤炭志·大事记（1991～2000年）》一，285页，北京，煤炭工业出版社，2003。

② 孙文洁、王亚伟、李学奎等：《华北型煤田矿井水文地质类型与水害事故分析》，载《煤炭工程》，2015（6）。

1762.2 m^3/h，1955 年为 2272.8 m^3/h，1975 年为 1827.6 m^3/h，1985 年为 2369.4 m^3/h。又如，开滦赵各庄矿在 1975 年涌水量达到 2082.6 m^3/h，而在民国时期这里是新矿，1930 年才开始出现涌水，涌水量为 466.2 m^3/h。[1] 随着煤炭工业现代化发展，开滦煤矿的挖掘、开拓范围都在向矿山深处延伸，对于煤矿地区地质岩层环境、地下水文环境的破坏增大，详见表 4-1。

表 4-1　新中国成立以后开滦煤矿矿井涌水水量表

序号	煤矿名称	开采最深水平/m	巷道总长度/m	总涌水量/($m^3 \cdot min^{-1}$)
1	赵各庄矿	−1002	9050	25.81
2	林西矿	−713	8200	40.92
3	唐山矿	−708	7800	24.32
4	马家沟矿	−803	7690	6.17
5	吕家坨矿	−600	6300	15.03
6	唐家庄矿	−500	7500	65.78
7	范各庄矿	−490	7000	39.25
8	荆各庄矿	−375	6000	34.10

资料来源于河北省地方志编纂委员会：《河北省志 第 28 卷 煤炭工业志》，52 页，石家庄，河北人民出版社，1995。

又如，1959 年 12 月 8 日，门头沟煤矿西山矿区在爆破煤层时，不慎炸透附近的小窑积水塘，诱发水患。据统计，此次涌水持续了 31 h，高速的、持续强度的涌水冲击着地下岩层，加速了采煤岩层已经形成的裂缝的扩大。这次水患之后，这里的环境遭到了破坏，煤矿也多日不能恢复生产。[2] 1977 年，门头沟煤矿涌水量激增，发生大水患。1985 年，房山长沟峪史家煤矿因为涌水量激增发生水患。1991 年 6 月，门头沟

---

① 唐山市地方志编纂委员会：《唐山市志》，836～837 页，北京，方志出版社，1999。
② 《中国煤炭志》编纂委员会：《中国煤炭志·北京卷》，254 页，北京，煤炭工业出版社，1999。

斋堂地区多个煤矿发生涌水，导致 19 个煤井冒顶，并连带房山地区班各庄的 3 个煤井被淹。[1] 1994 年 8 月，房山长沟峪煤矿因为下雨出现涌水，煤坑和矿内多个物件被淹，经济损失达到 300 万元，出现大水患。[2] 1994 年 9 月，门头沟王平南涧煤矿因为下雨发生水患。[3] 1996 年 8 月，房山长沟峪煤矿和门头沟木城涧煤矿同时发生水患。[4] 究其原因，是这里的煤矿过于密集，发展过快。

21 世纪初期，京津唐煤矿地区煤炭工业化发展减速，但是矿区生态环境发生异化，还是容易发生水患。例如，2010 年 6 月 13 日，房山长沟峪煤矿井下 140 m 水平北石门区出现涌水，积水没有及时排出，后来演变成大水患。这里容易受到降水的影响，出现季节性水患。

京津唐煤矿地区煤炭工业现代化对煤矿水患的影响，主要是煤矿机械化开发利用造成的矿区环境的破坏。新中国成立后，京津唐煤矿地区除了天津煤矿地区没有被大规模开发，其他地区的大多数煤矿都被开发了，这也使得这里会随着煤矿面积进一步扩大，在采煤中造成更多的地质地理环境破坏，从而更容易出现大面积涌水导致的水患。这里的煤层分为隔水煤层、无隔水层岩层、泉域水源地、弱含水区。采煤时容易因为破坏上述复杂的地质构造，使得煤矿环境遭遇多重复杂因素的不利影响。在采隔水煤层时，顶板砂岩层环境遭到破坏，会出现顶板砂岩水，发生顶板水患；采到无隔水层岩层时，由于煤层顶板基岩厚度小于水裂缝通道的发育高度，且直接与覆盖在上面的水环境接触，容易造成水文环境的破坏而诱发底板水患。[5]

————————

　　① 《中国煤炭志》编纂委员会：《中国煤炭志·大事记(1991～2000 年)》一，279 页，北京，煤炭工业出版社，2003。

　　② 《中国煤炭志》编纂委员会：《中国煤炭志·大事记(1991～2000 年)》一，297、298 页，北京，煤炭工业出版社，2003。

　　③ 《中国煤炭志》编纂委员会：《中国煤炭志·大事记(1991～2000 年)》一，303 页，北京，煤炭工业出版社，2003。

　　④ 《中国煤炭志》编纂委员会：《中国煤炭志·大事记(1991～2000 年)》一，308 页，北京，煤炭工业出版社，2003。

　　⑤ 缪协兴、王安、孙亚军等：《干旱半干旱矿区水资源保护性采煤基础与应用研究》，载《岩石力学与工程学报》，2009(2)。

已有资料表明，20世纪60年代初期至80年代末，随着京津唐煤矿地区煤炭工业的快速发展，这里出现了更多的新煤矿区。这个过程中的开窑取煤、办矿挖煤以及不断增大煤矿的开拓深度、采矿工作面、煤井数量等做法都是促成煤井发生水患的重要影响因素。1960年，开滦煤矿新建吕家坨矿区时，破坏了煤井的煤矿岩层结构，混砂涌入井内冲积层，发生涌水，涌水导致了水患。1970年，开滦煤矿新建荆各庄矿区时，也因为破坏井内岩层结构，发生涌水，涌水量达到3800 m³/h，出现水患。1974年，开滦煤矿进行新矿区——林南仓矿区的施工时，破坏了煤矿区的岩层结构，挖到地下184 m时，出现涌水，井筒被淹；1978年该矿正式采煤后又多次发生涌水水患，该矿的主井、副井因此被淹。[1] 1977年，钱家营矿区新建东风煤井时，施工破坏了煤井的岩层结构，挖到26 m处，造成突水淹井，淹没了该煤井并迫使煤矿停工多日；1979年，该煤矿采取新工艺施工，开凿到地下212 m时，大量泥水涌入井筒，涌水量达到600 t/h，煤井被淹。[2] 1984年6月，唐山古冶煤矿地区的范各庄煤矿、吕家坨煤矿连续发生了罕见的特大矿井涌水导致的水患。当时除了以上两个大煤矿发生特大水患，其他一些煤矿也发生了大水患，如赵各庄矿、林西矿、唐家庄矿等都发生了大水患，并迫使开滦煤矿全线停产多月。[3] 这个时期，随着京津唐煤矿地区煤炭工业化进程的加快，水患的影响更加复杂，也使得这里的水患不仅危险风险等级上升，而且影响范围也在扩大，一个矿区的灾害能演变成为一个地区的大型灾害。

此外，京津唐煤矿地区不断提高老煤矿的回采率。许多老煤矿区由于自身已经千疮百孔，且随着煤炭工业回采出现更多的采空区，容易在雨季附近河流发水时，或者矿区地下水文环境遭到破坏后出现水流紊乱

---

① 唐山市地方志编纂委员会：《唐山市志》，853页，北京，方志出版社，1999。
② 唐山市地方志编纂委员会：《唐山市志》，853～854页，北京，方志出版社，1999。
③ 河北省唐山市政协文史资料委员会：《唐山百年纪事——唐山文史资料精选》第一卷，704页，北京，中国文史出版社，2002。

时，水位暴涨，井内涌水，进而引发老窑水患。[1] 为了大力发展煤炭工业，节约煤矿资源，京津唐煤矿也全面回采了容易出现涌水的老煤窑。而开发这些老煤窑就需要超过以往时期的开拓深度，炸开更多的岩层，破坏更多的地下水水源，使得地下水文环境遭到更为严重的破坏，出现非正常的水流速度，导致井下的坑水水流速度过快，直接导致煤矿水患的频繁发生。例如，开滦煤矿地区的 11 个煤井及京西煤矿的多个老煤井等被大尺度地开发出来，也使得老煤窑因涌水造成的水患现象更为普遍。唐山矿 1948 年涌水量为 22.83 m^3/min，1975 年涌水量为 29.75 m^3/min，1985 年涌水量为 23.97 m^3/min。[2] 该矿也多次因此被迫停产。尽管如此，为了提高开滦煤矿的年产量，新中国成立后这里一直是国家开发的重点煤井，这里会在停产之后很快恢复生产，保持着高速发展的同时，任由采煤破坏矿区环境。当这些地质环境遭到破坏之后，地下水容易因此失去稳定性，出现更严重的涌水，诱发更大规模的水患灾害。这事实上就是煤矿高速发展煤炭工业现代化中无节制采煤导致的煤矿地区地质环境破坏而诱发的煤矿水患。

（四）水文环境破坏

水文环境破坏依然是京津唐煤矿地区的主要环境问题之一，且煤矿工业化的发展加剧了对水文环境的破坏。京津唐煤矿地区采煤方式有旱采、水采、混合采等，其中运用的最多的方式是旱采，这也使得这里的煤矿大量抽排矿区涌水积攒下来的积水，以达到顺利采煤的目的。而这又会使得地区地下水对于河流的补给大量减少。例如，1912—1920 年，唐山、林西、马家沟、赵各庄、唐家庄 5 个矿的平均涌水量为 32.96 m^3/min；1951—1962 年，5 个矿的平均涌水量为 91.81 m^3/min；1964—1985 年，加上范各庄、吕家坨、荆各庄、林南仓 4 个矿，9 个矿的平均涌水量为 246.92 m^3/min。[3] 矿区不断应用先进的水泵来排水，

---

①　高致宏、林平、梁爽：《煤矿水患预测的有效手段》，载《煤炭技术》，2003(9)。

②　唐山市地方志编纂委员会：《唐山市志》，837 页，北京，方志出版社，1999。

③　河北省地方志编纂委员会：《河北省志 第28卷 煤炭工业志》，185 页，石家庄，河北人民出版社，1995。

这一方面方便了采煤，另一方面却导致了煤矿区地下水资源的严重流失。水资源的流失加速了还乡河、石榴河等京津唐煤矿区河流的水资源补给的不足，加重了旱情，使河流变得干涸。这实际上就是煤炭工业开发中矿区地下水文环境被破坏而出现的水流紊乱问题。矿区地下水水流紊乱之后，周边的河流得不到充分补给，就无法把河水带到远方既定的地区，而失去充沛的河水补给，周边环境就变得更加没有生机。

煤炭工业开采还会造成山林环境的破坏，加重地区干旱。山林环境是控制、涵养水源最好的生态环境，破坏山林环境会导致降水量的锐减。北京、房山等京西煤田所在地，曾是北京山区降水补给的重要地段。随着时间的推移，该地的降水量呈下降趋势。河北的降水量总体也在下降，详见表 4-2。

表 4-2　20 世纪 50 年代至 80 年代河北地区 11 个站降水量

单位：mm

年代	20 世纪 50 年代	20 世纪 60 年代	20 世纪 70 年代	20 世纪 80 年代
降水量	623	585	574	464

资料来源于河北省地方志编纂委员会：《河北省志 第 8 卷 气象志》，8 页，北京，方志出版社，1996。

1956—1968 年，滦河流域平原地区的降水量由 658.6 mm 降到 333.8 mm。[1] 同时，山区的降水量也比同期附近的平原地区要少。按照常理来说，山区对于城市的水源补给要大于平原，但是这里经常出现山区不如平原的情况。例如，门头沟平原的降水量为 626.5 mm，山区为 472.9 mm，且降水季节性变化大，冬季降水量仅占全年降水量的 2%。[2] 房山煤矿地区的冬季降水量仅占全年降水量的 1.6%，山区的降水年际平均绝对变率低于平原地带。[3] 这都使得这些地方的降水不能充

---

① 唐山市地方志编纂委员会：《唐山市志》，177 页，北京，方志出版社，1999。
② 北京市门头沟区地方志编纂委员会：《北京市门头沟区志》，67 页，北京，北京出版社，2006。
③ 北京市房山区志编纂委员会：《北京市房山区志》，73 页，北京，北京出版社，1999。

分补给附近河流的径流，使得河流水文环境发生蜕化，变得更加干旱。特别是在枯水期，从矿区流出的河流常出现断流，河流水文环境更加糟糕。

此外，山林环境的破坏也会造成水土流失，加重河流水文环境的破坏。例如，永定河含沙量最大值为 48.6 kg/m³，而滦河及沿海诸河含沙量最大值能达到 70.3 kg/m³。这些河流挟带大量泥沙，对所流经的地区的侵蚀也变得严重。滦河的平均侵蚀模数为 1000 t/(km²·a)，永定河为 1190 t/(km²·a)。而滦河多年平均入海沙量为 2010×10⁴ t，其中唐山段为 29.1×10⁴ t。① 水土流失和土壤侵蚀会使得河流浑浊。由于永定河、滦河也属于海河水系，所以这些河流的泥沙也会顺势而下，使得海河出海口渤海湾的内陆河生态环境恶化。

采煤对于周边河流水文环境的破坏不容忽视。例如，新中国成立初期，还乡河、石榴河、沙河等多条河流的水量减少，加大了周边河流的供水压力。20 世纪 60 年代，这里选取了水资源充足的陡河建立水库来补给水源。但是，陡河水库对于陡河的过度开发和利用使得该河水量锐减：1971 年为 0.407×10⁸ m³，1980 年为 0.061×10⁸ m³。② 由于陡河不能完全供应唐山城镇生活和农田灌溉的用水，这里又开始通过开发滦河，引滦入唐，以解决唐山的用水困难。③

又如，永定河流经北京西山煤矿地区的许多矿区，是这里的母亲河。20 世纪 50 年代末，人们通过修建官厅水库来缓解永定河的水源不足问题。但是，随着永定河的来水量持续减少，官厅水库的存水量也在减少：20 世纪 60 年代为 13×10⁸ m³，20 世纪 70 年代为 8×10⁸ m³，20 世纪 80 年代为 5×10⁸ m³，20 世纪 90 年代为 4×10⁸ m³。④ 由于来水量

① 河北省地方志编纂委员会：《河北省志 第 20 卷 水利志》，42、43 页，石家庄，河北人民出版社，1995。
② 唐山市地方志编纂委员会：《唐山市志》，172 页，北京，方志出版社，1999。
③ 河北省地方志编纂委员会：《河北省志 第 20 卷 水利志》，324 页，石家庄，河北人民出版社，1995。
④ 王彦辉、于澎涛、郭浩等：《北京官厅库区森林植被生态用水及其恢复》，4 页，北京，中国林业出版社，2009。

不足，20 世纪 70 年代以后，永定河多次出现干旱。1973 年，由于连续三年干旱，永定河出现断流，其支流也受到影响。[①] 21 世纪初叶[②]，永定河污染更加严重，支流断流情况更加频繁。永定河的自然补给水量变得甚至还不如潮白河、北运河等，没有了大河的气势，详见表 4-3。

表 4-3　2000 年北京地区地表水流域和水资源统计表

项目	永定河		潮白河		蓟运河		大清河		北运河	
	山区	平原	山区	平原	山区	平原	山区	平原	山区	平原
面积/km^2	2450	650	4612	988	637	673	1515	585	980	3320
入境水量/10^8 m^3	1.48		2.51		0.23		2.89		—	
出境水量/10^8 m^3	0		0.21		1.46		2.72		6.06	

资料来源于北京市地质矿产勘查开发局、北京市地质研究所：《北京地质灾害》，16 页，北京，中国大地出版社，2008。

部分支流或者流经京西煤矿地区的河流的情况也与永定河的情况基本相似。譬如，南涧沟紧邻门头沟王平煤矿，是门头沟地区永定河的一级支流，主河 5.99 km，流域面积 14.86 km^2，其本地补给水源是山中花儿沟的山泉。随着这里大型煤矿——王平煤矿的建成和发展以及永定河水量的减少，花儿沟的泉眼水量减少，河水变得浑浊。20 世纪 90 初，由于永定河干旱、花儿沟的泉眼变小，这里常年干涸的河道变成了旱地。21 世纪初，政府把附近的水塘修复成湿地，进行生态涵养。2019 年年初，花儿沟泉源恢复出水，但是只是一股小拇指般大小的泉水，水量很少。

又如，大石河被誉为房山的母亲河，发源于房山区霞云岭乡堂上村西北二黑林山，属拒马河支流，主要支流为周口店河。21 世纪初，该河的年均缺水量为 1.2×10^8 m^3。[③]

---

① 北京市地方志编纂委员会：《北京志·地质矿产水利气象卷·地质矿产志》，358 页，北京，北京出版社，2001。

② 《北京五大水系全遭污染——官厅水库已不能作饮用水》，载《安徽工人日报》，2013-03-12。

③ 刘同光、李枫：《大石河水资源优化配置研究》，载《北京水利》，2004(6)。

（五）矿区环境污染

随着煤炭工业的现代化发展，"三废"排放与污染现象增多，京津唐煤矿地区出现了更加严重的环境污染问题。

1. 水污染

20世纪50年代，林西煤矿曾出现滚滚黑煤泥水流到农田的环境污染事件。[①] 20世纪80年代，唐山本地河石榴河因中下游被污染而不能作为饮用水源。陡河沿岸包括煤矿企业在内的200余家企业将污水排入陡河，河水遭到严重污染，使得这里"鱼虾绝迹蛙不叫，河水浊臭无花草，污水横流"[②]。1985年，河北省水灾站的检测结果显示，滦河没有一级水，以三级及以上级水为主，其中二级水为134 km，三级水425 km，三级以上水466.7 km，主要污染物是化学需氧量（COD）。[③] 调查发现，陡河综合污染指数达到3.3，要比当地洋河（2.3）、邱庄河（2）大，详见表4-4。

表4-4　1985年唐山地区河流水质情况

河流名称	纳污城市	河段名称	水质级别	综合污染指数	主要污染物
陡河	唐山市	唐山市区	3	4.12	酚
陡河	唐山市	唐山市郊区段	>3	5.2	COD、酚
陡河	丰南县	丰南	3	3.38	
引滦渠	遵化县	人工渠	2	3.08	
引滦渠	遵化县	小草河	2	2.03	
沙河	迁安县	东矿区	2	1.99	

资料来源于河北省地方志编纂委员会：《河北省志 第20卷 水利志》，62～63页，石家庄，河北人民出版社，1995。

[①] 《中国煤炭志》编纂委员会：《中国煤炭志·河北卷》，317页，北京，煤炭工业出版社，1997。

[②] 唐山市地方志编纂委员会：《唐山市志》，641页，北京，方志出版社，1999；唐山市开平区地方志编纂委员会：《唐山市开平区志（1987—2008）》，45页，北京，方志出版社，2016。

[③] 河北省地方志编纂委员会：《河北省志 第20卷 水利志》，61页，石家庄，河北人民出版社，1995。

又如，20 世纪 70 年代，北京西山煤矿地区出现地下水污染。[①] 此后，永定河污染情况也日趋严重。官厅水库及上游地区水污染程度加重。[②] 从 20 世纪 70 年代开始，永定河就成为重点监测的河流，永定河矿区河段的雁翅、落坡岭、下苇甸、清水、斋堂等，大清河矿区河段的张坊和漫水河等被规划为监测站点。20 世纪 80 年代，永定河下游受到污染，河水中砷偏高，氢离子浓度指数也较高。1980 年，对门头沟下苇甸、三家店的永定河水抽查发现亚硝酸盐含量超标。[③] 20 世纪 90 年代，永定河的水污染问题持续升级，上游缺水、下游断流等问题加速了河流水污染，官厅水库于 1997 年退出北京饮用水水源地。这里没有一、二级水，以三级及以上级水为主，三级水为 82 km，三级以上水为 249 km。[④]

进入 21 世纪，随着关停京津唐煤矿政策的逐步落实，京津唐煤矿地区的河流污染有所好转，但是，一些重点河流仍然存在被污染的情况。譬如，永定河门头沟境内的Ⅲ类水质河流长度占河流总长度的 15%，门头沟永定河雁翅站全年为Ⅲ类水。[⑤] 2007 年的调查显示，门头沟地区自备井的合格率只有 75.36%[⑥]，低于北京市区水平。2015 年，我们对门头沟煤矿地区水质进行的调查发现，王平煤矿附近的南涧沟湿地水的总硬度为 587 纳，大于Ⅴ类水 550 纳，水质存在污染风险。同时期，房山大石河依然是污染比较严重的河流。[⑦]

2. 空气污染

京津唐煤矿地区的空气污染持续升级。1956 年，唐山市卫生防疫检测发现有 27 个企业粉尘浓度超过国家标准。其中，开滦煤矿是粉尘污

① 北京市地方志编纂委员会：《北京志·地质矿产水利气象卷·水利志》，207 页，北京，北京出版社，2000。
② 北京市永定河管理处：《永定河水旱灾害》，159～160 页，北京，中国水利水电出版社，2002。
③ 北京市门头沟区地方志编纂委员会：《北京市门头沟区志》，72 页，北京，北京出版社，2006。
④ 河北省地方志编纂委员会：《河北省志 第 20 卷 水利志》，621 页，石家庄，河北人民出版社，1995。
⑤ 安长生：《门头沟区地表水水质现状评价及趋势分析》，载《环境工程》，2010(4)。
⑥ 赵艳菊、毕容：《北京市门头沟区农村生活饮用水水质卫生状况》，载《首都公共卫生》，2008(1)。
⑦ 刘同光、李枫：《大石河水资源优化配置研究》，载《北京水利》，2004(6)。

染的重点企业,工人硅肺患病率为 24.1‰。[①] 这里煤炭生产能力强、出煤多的地区,都是粉尘污染严重的地区。1969 年,林西矿北门西侧的煤矸石堆发生爆炸导致火灾,火灾中冒出来的热气流污染了空气。[②] 1980 年,唐山的工业废气污染物总排放量为 74.7×10^4 t,降尘量为 141.3 t/km²,空气悬浮微粒含量为 1.44 mg/m³,空气出现严重污染。1986 年,唐山的工业废气污染物总排放量降到 64.1×10^4 t,降尘量降到 46.97 t/km²,空气悬浮微粒含量降到 0.88 mg/m³[③],空气污染情况有所改善,但是污染问题仍然存在。20 世纪 90 年代至 21 世纪初,这里的空气污染日趋严重。2013 年,唐山成为全国十大污染城市之一。[④] 2016 年的监测发现,古冶的空气质量指数超过 200 的重度污染天气达到了 19 次,详见表 4-5。

　　门头沟煤矿地区也是京津唐煤矿地区中容易出现空气污染的地区,即使到了 20 世纪 90 年代末,煤炭工业发展减速之后,这里的空气污染依然存在。[⑤] 这些地区出现雾霾天气的频率和污染程度都保持在一个较高的水平,仅 2016 年,门头沟煤矿地区的空气质量指数超过 200 的重度污染天气达到了 11 次,详见表 4-5。

表 4-5　2016 年京津唐煤矿地区典型性雾霾天气情况统计表

日期	门头沟					蓟县					古冶区				
	空气质量	相对湿度	气温	天气情况	风力	空气质量	相对湿度	气温	天气情况	风力	空气质量	相对湿度	气温	天气情况	风力情况
2016年1月1日	367		−1～9℃	严重污染	无风	313	60%	−5～5℃	严重污染	西南风微风	314		−6～6℃	重度污染	西南风微风

---

①　唐山市地方志编纂委员会:《唐山市志》,3122 页,北京,方志出版社,1999。

②　赵连:《开滦林西矿志》,792 页,北京,新华出版社,2015。

③　唐山市地方志编纂委员会:《唐山市志》,640 页,北京,方志出版社,1999。

④　《环境保护部发布 2013 年 12 月份重点区域和 74 个城市空气质量状况——74 个城市平均超标天数比例为 70.9%》,载《中国环境报》,2014-01-27。

⑤　北京市门头沟区地方志编纂委员会:《北京市门头沟区志》,513 页,北京,北京出版社,2006。

日期	门头沟					蓟县					古冶区				
	空气质量	相对湿度	气温	天气情况	风力	空气质量	相对湿度	气温	天气情况	风力	空气质量	相对湿度	气温	天气情况	风力情况
2016年1月9日	158		2~7°C	中度污染	西南风微风	336	75%	−8~1°C	严重污染	西南风微风	336		−12~3°C	严重污染	西南风微风
2016年2月8日	136		0~12°C	轻度污染	西北风微风	230	60%	3~13°C	重度污染	西北风微风	217		−6~9°C	重度污染	西南风3~4级
2016年2月12日	199	65%	4~13°C	中度污染	西北风微风	215	80%	−11~1°C	重度污染	东北风微风	205		−1~8°C	重度污染	东北风微风
2016年3月3日	319		6~20°C	严重污染	北风微风	340	75%	5~15°C	严重污染	南风微风	317		4~17°C	严重污染	东风微风
2016年3月16日	297		7~19°C	重度污染	南风微风	255	65%	6~15°C	重度污染	西南风微风	242		4~18°C	重度污染	西南风3~4级
2016年3月18日	263		7~21°C	重度污染	西北风微风	244	60%	6~18°C	重度污染	北风微风	225		3~20°C	重度污染	东北风微风
2016年4月13日	174		10~27°C	中度污染	北风3~4级	256	65%	8~20°C	重度污染	西南风3~4级	231		7~25°C	重度污染	西南风3~4级
2016年4月22日	79		9~24°C	良	西北风微风	185	65%	10~21°C	中度污染	西北风微风	187		6~24°C	中度污染	西南风3~4级

日期	门头沟					蓟县					古冶区				
	空气质量	相对湿度	气温	天气情况	风力	空气质量	相对湿度	气温	天气情况	风力	空气质量	相对湿度	气温	天气情况	风力情况
2016年5月1日	252		20~36℃	重度污染	西南风微风	160	75%	21~31℃	中度污染	南风微风	140		16~32℃	轻度污染	西南风3~4级
2016年6月30日	95		22~31℃	良	无风	162	80%	21~25℃	中度污染	南方1~2级	203		21~30℃	重度污染	西南风1~2级
2016年7月5日	93		17~33℃	良	东南风1~2级	104		19~30℃	轻度污染	东南风1~2级	123		19~31℃	轻度污染	东南风1~2级
2016年8月10日	104		23~32℃	轻度污染	南风1~2级	107		25~33℃	轻度污染	西南风1~2级	96		25~32℃	良	西南风1~2级
2016年9月16日	180	80%	19~29℃	中度污染	无风	174		19~29℃	中度污染	东南风1~2级	162		18~29℃	中度污染	东南风1~2级
2016年9月24日	178	80%	20~30℃	中度污染	无风	176	55%	18~29℃	中度污染	西南风3~4级	160		18~29℃	中度污染	西南风3~4级
2016年10月19日	298	65%	14~21℃	重度污染	无风	237	65%	12~24℃	重度污染	西南风1~2级	228		12~23℃	重度污染	西南风1~2级
2016年11月4日	318		5~16℃	严重污染	无风	317	75%	7~17℃	严重污染	西南风1~2级	308		5~16℃	严重污染	西南风1~2级

日期	门头沟					蓟县					古冶区				
	空气质量	相对湿度	气温	天气情况	风力	空气质量	相对湿度	气温	天气情况	风力	空气质量	相对湿度	气温	天气情况	风力情况
2016年11月11日	104		1~11℃	轻度污染	无风	256	65%	-1~10℃	重度污染	东南方1~2级	224		0~11℃	重度污染	东风1~2级
2016年11月16日	115	55%	1~11℃	轻度污染	微风小于3级	209	65%	2~10℃	重度污染	南风1~2级	117	76%	2~11℃	轻度污染	东北风1级
2016年11月18日	234	74%	8~11℃	重度污染	微风小于3级	415	80%	4~9℃	严重污染	南风1~2级	326	91%	7~13℃	严重污染	南风1~2级
2016年11月19日	187		3~13℃	中度污染	北风3~4级	227	50%	1~13℃	重度污染	东北风3~4级	226		-1~13℃	重度污染	东北风3~4级
2016年11月25日	148	53%	-4~5℃	轻度污染	无风	239	63%	-4~5℃	重度污染	西南风1~2级	218	68%	-1~13℃	重度污染	西南风1~2级
2016年11月27日	79	60%	-5~7℃	良	北风3~4级	137	60%	-1~9℃	中度污染	西北风	150		-6~7℃	轻度污染	东北风3~4级
2016年12月3日	110	52%	-3~10℃	轻度污染	微风	289	52%	1~9℃	重度污染	西南风3~4级	228		-5~7℃	重度污染	西北风
2016年12月20日	397		-2~8℃	严重污染	南风1~2级	406		-1~1℃	严重污染	东南风1~2级	420		0~2℃	严重污染	东南风1~2级

续表

日期	门头沟					蓟县					古冶区				
	空气质量	相对湿度	气温	天气情况	风力	空气质量	相对湿度	气温	天气情况	风力	空气质量	相对湿度	气温	天气情况	风力情况
2016年12月21日	468		−3～4℃	严重污染	北风1～2级	425		−4～1℃	严重污染	西南风3～4级	445		−3～1℃	严重污染	东北风1～2级
2016年12月31日	328		−5～4℃	严重污染	南风1～2级	369		−5～4℃	严重污染	西南风1～2级	336		−6～4℃	严重污染	西南风1～2级

资料来源于国家气象局气象档案馆:《2016 年全国雾霾天气报告》,2016 年 12 月。

进入 21 世纪,京津唐煤矿地区依然容易出现雾霾。2016 年 11 月至 2017 年 1 月,我们对京津唐煤矿地区的空气质量进行的监测发现,出现雾霾天气的次数分别为北京 50 次、唐山 56 次、秦皇岛 33 次,这说明北京、唐山等有大中型煤矿的城市更容易出现雾霾。具体到煤矿地区,门头沟 49 次,房山 50 次,滦县 61 次。截至 2016 年,滦县的煤矿开发能力最强,其次是房山,最后是门头沟。这也说明煤矿开发利用旺盛的地区,雾霾更加严重。2016 年 11 月和 12 月京津唐煤矿地区雾霾天气统计见表 4-6。

表 4-6　2016 年 11 月和 12 月京津唐煤矿地区雾霾天统计表

地域	11 月(30 天)	12 月(31 天)
唐山	20 次(重度:5;严重:2;中度:5;轻度:8)	20 次(重度:3;严重:6;中度:2;轻度:9)
门头沟	16 次(重度:4;严重:2;中度:2;轻度:8)	18 次(重度:6;严重:3;中度:6;轻度:3)
房山	17 次(重度:3;严重:2;中度:3;轻度:9)	18 次(重度:6;严重:3;中度:6;轻度:3)

地域	11月（30天）	12月（31天）
丰台	17次（重度：7；严重：1；中度：2；轻度：7）	19次（重度：4；严重：7；中度：5；轻度：3）
滦县	20次（重度：6；严重：2；中度：5；轻度：7）	23次（重度：4；严重：7；中度：5；轻度：7）
廊坊	20次（重度：3；严重：0；中度：3；轻度：11）	21次（重度：5；严重：8；中度：3；轻度：5）
秦皇岛	9次（重度：1；严重：0；中度：4；轻度：4）	13次（重度：6；严重：0；中度：5；轻度：2）

资料来源于国家气象局气象档案馆：《2016年全国雾霾天气报告》，2016年12月。

3. 土壤污染

1980年，对唐山地区的企业进行的职业中毒状况普查显示，全市有223个厂矿企业的铅、苯、汞、有机磷、三硝基甲苯5种毒物的浓度普遍超标，其中开滦煤矿有些毒物超标达到10倍多。[①] 从土壤里也检出了铜、锌、铅、砷、汞等多种重金属，详见表4-7。

表4-7　新中国成立以后唐山城市土壤重金属潜在生态危害指数

		铜	锌	铅	砷	汞
潜在生态危害指数	最小值	14.80	37.40	18.00	4.76	0.03
	最大值	38.30	129.10	42.50	9.02	0.15
	平均值	20.97	63.38	25.08	6.79	0.065

资料来源于崔邢涛、栾文楼、牛彦斌等：《唐山城市土壤重金属污染及潜在生态危害评价》，载《中国地质》，2011(5)。

又如，1985年对于京西煤矿地区进行的调查发现，房山琉璃河、周口店等地区存在重度污染，面积达到 3.7×10^4 亩，中度污染的土地达到 1×10^4 亩。2016年，我们在门头沟大台煤矿地区、木城涧煤矿地区的复垦地土壤中检出铅、铬等重金属，详见图4-1。参照土壤环境质

---

① 唐山市地方志编纂委员会：《唐山市志》，3148～3149页，北京，方志出版社，1999。

量标准，门头沟煤矿复垦地土壤中铅含量最高为 56.2 mg/kg，为二级标准。铬含量为 45.6 mg/kg，为一级自然标准。镉含量最低为0.16 mg/kg，为一级自然标准。这里的复垦地土壤里存在重金属污染风险。

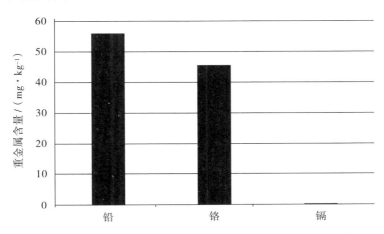

图 4-1　2016 年北京门头沟煤矿复垦地土壤重金属含量测定表

（资料来源：由北京联合大学应用文理学院食品科学系师生于 2016 年到实地采样，送谱尼实验室检测后获得）

4. 噪声污染

随着时间的推移，京津唐煤矿地区的噪声污染由矿区生产噪声为主的污染转变为由交通噪声、工程建设噪声、城市生活噪声等混合的污染。多种多样的噪声危害也开始造成环境事件。例如，20 世纪 70 年代，唐山开滦煤矿某矿厂汽锤噪声影响附近居民休息，引起群众不满。[①] 这里的噪声污染日趋严重，对人们的正常生活造成了不利影响。许多矿井内的生产环节都产生了噪声污染，噪声强度依次是风锤 [117/dB（A）]、罐笼运输 [107/dB（A）]、打眼 [112.5/dB（A）]、电钻 [92～96/dB（A）]、压风机等 [90～99/dB（A）]、出煤 [86.4/dB（A）]、

---

① 《中国煤炭志》编纂委员会：《中国煤炭志·河北卷》，318 页，北京，煤炭工业出版社，1997。

上下井[80.6/dB(A)]等。①

交通噪声污染主要是大型货车、货运火车等，它们的噪声分贝都大于普通汽车。这些噪声污染降低着城市生活品质，损害着人体健康，日益成为社会公害。而 20 世纪 90 年代以后，随着煤炭交通运输业的发展，交通噪声污染问题变得更加突出。煤矿集中生产的矿区、运煤公路主干道、铁路交通主干道等的噪声污染大多都超过了国家标准。连接唐山煤矿地区的各条交通干道都是唐山噪声污染较为严重的地方。20 世纪 90 年代末，调查发现当地的噪声分贝依次是中心区 10%、东矿区 9.6%、开平 4.1%、新区 3.2%。门头沟、房山、三河等交通主干道的噪声污染也高于市区噪声的平均值，成为地区噪声污染的重灾区。其他小矿区，如秦皇岛抚宁柳江盆地煤矿地区的噪声污染要小一些，但也是当地长期存在的一种环境污染。

煤炭工业现代化过程中产生环境污染的原因主要有以下几个方面。

一是煤矿工业生产中产生的一次污染物（primary pollutant），也称原发性污染物。以京津唐煤矿地区为能源辐射区的煤矿工业群成为主要污染源。当时多数京津唐煤矿都处在发展期，煤矿排污能力普遍较强，煤矿的"三废"污染着这里的环境。

例如，煤炭工业污水排放量增大导致的环境污染。京津唐煤矿地区的煤炭工业高速发展，带来了较大范围的排放污染。矿井中自然涌水造成的污水、洗煤技术和煤化工技术造成的污水等都增多了，河流被迫接纳这些污水并带着这些污水顺流而下，污染中下游的河水和土壤。这些污水中含有煤渣、煤尘等固体废弃物，而这些固体废弃物含有复杂的化学物质，如二氧化硫、氧化氮等，以及一些重金属，如汞、铅、铜、铬、镉等，使得这里存在工业污染和重金属污染的风险。据 1987 年 7 月的调查，仅北京矿区的煤矿污水排放总量就达到 1533.35×10^4 t，外排污水总量达到 539.03×10^4 t。这些煤矿污水的去向首先是永定河

---

① 刘卫东、多彩虹、崔玉芳等：《某煤矿井下噪声危害现状调查》，载《职业卫生与病伤》，2008(6)。

（540.68×10^4 t），其次是大石河（355.69×10^4 t），附近的许多河水也被部分污染，如天堂河（5.18×10^4 t）。1990 年，再次对这里进行调查时发现，矿区污水排放量为 1260.01×10^4 t，外排污水总量为 508.18×10^4 t。[①] 唐山煤矿地区外排的矿坑水为每年 5003.78×10^4 t，洗煤水为每年 42.37×10^4 t，堆浸废水为每年 1148.97×10^4 t，选矿废水为每年 386.44×10^4 t，详见表 4-8，这里的排污量明显增大，也加重着这里的环境污染。

表 4-8　新中国成立以后唐山市矿山废水排放统计表

单位：10^4 t

分类	年产出量	年排放量	年处理量	年循环利用量
矿坑水	5003.78	4568.27	1842.86	1010.63
洗煤水	42.37	43.09	28.73	35.69
堆浸废水	1148.97	153.21	89.44	59.07
选矿废水	386.44	124.01	100.87	279.33

资料来源于陈瑶、田宝柱、李昌存等：《唐山市矿山环境地质问题分析及其分布特征》，载《河北理工大学学报（自然科学版）》，2011(4)。

又如，煤炭工业固体废弃物排放增大导致的环境污染。煤炭生产是一个产生大量固体废弃物的过程。煤矿废渣类的固体废弃物有煤渣、煤灰、废矿渣、煤矸石等。这些废弃物很多都是环境污染物，随着环境污染物的增加，会增大环境污染的风险。例如，京津唐煤矿区地区的煤矸石总量激增，这些地区发生的煤矸石污染风险也在增大。我国煤矸石排放量为煤炭开采量的 10％～25％。[②] 据统计，全国煤矿区历年累计堆放的煤矸石约 45×10^8 t，大型的煤矸石山有 1600 多座，所占面积约 1.5×10^4 hm^2。[③] 其中，河北地区的煤矸石约 1.2×10^8 t，煤矸石山 50 座，占地面积约 54 hm^2。[④] 北京西山煤矿地区：门头沟煤矿、王平煤矿、大台

① 《中国煤炭志》编纂委员会：《中国煤炭志·北京卷》，263 页，北京，煤炭工业出版社，1999。

② 吴莹、胡振华：《浅谈煤矸石的危害及综合利用》，载《亚热带水土保持》，2011(1)。

③ 于丽梅、赵迎春：《煤矸石及综合利用》，载《煤炭技术》，2008(11)。

④ 《河北到"十二五"末所有国有煤炭企业将全面消化矸石山》，载《煤炭学报》，2008(8)。

煤矿、木城涧煤矿、长沟峪史家煤矿等都有煤矸石山，相比之下，老煤矿地区的数量更多。比如，王平煤矿在王平镇有 16 处煤矸石堆，主要堆放在沟谷地区，压占面积约为 265879.03 m²。[①] 又如，开滦煤矿有 28 处煤矸石堆，堆积量达到 3210×10⁴ t，占地 4461 亩，平均每排放 7000 t 煤矸石就要占 1 亩地。[②] 开滦煤矿每年排放煤矸石约 500×10⁴ t，只回收约 30%，其余的都闲置堆放，因此形成了许多矸石山和多个矸石场，占地辽阔。煤矸石表面光洁、坚硬，由其堆放而成的煤矸石山，没有土壤层，这使得煤矸石山上寸草不生，且这些矸石堆会日久风化，尘埃飞扬，通过释放二氧化硫、一氧化碳和硫化氢等有害气体污染环境。此外，矸石堆放会污染土壤，严重时还会造成空气污染。[③]

这里的其他固体废弃物，如废渣、煤灰等也能成为土壤污染的传播媒介，这些污染物随风扩散，会造成更大面积的土壤污染，使得附近的非煤矿地区也开始出现煤矿地区的土壤污染问题。此外，煤矿生产中排放的固体废弃物会造成土壤污染，这不仅在煤矿生产时期造成不良的环境影响，而且会在停产后相当长的时间内持续造成不良的环境影响。比如，煤矿地区复垦地的重金属含量超标一般要花 50～100 年的时间才能恢复正常。

二是煤矿工业生产中产生的二次污染物（secondary pollutant），也称为次生污染物。这个污染过程主要是生产中排放的一次污染物在物理因素、化学因素、生物因素的作用下发生变化，或与自然环境中的其他物质发生化学反应之后形成的物理、化学性状与一次污染物不同的新污染物。例如，唐山[④]、北京[⑤]、廊坊[⑥]等京津唐煤矿地区成为国内主要的

---

① 郝玉芬：《山区型采煤废弃地生态修复及其生态服务研究》，博士学位论文，中国矿业大学，2011。

② 河北省地方志编纂委员会：《河北省志 第 38 卷 土地志》，230 页，北京，方志出版社，1997。

③ 唐山市地方志编纂委员会：《唐山市志》，649 页，北京，方志出版社，1999。

④ 付爱民、王晓云：《河北唐山市区酸雨的研究》，载《桂林工学院学报》，2002(2)。

⑤ 蒲维维、张小玲、徐敬等：《北京地区酸雨特征及影响因素》，载《应用气象学报》，2010(4)。

⑥ 王健为、李艳宾、邢会英：《"十五"期间廊坊市区降水污染特征分析》，载《廊坊师范学院学报》，2007(6)。

酸雨区。调查发现，形成酸雨区的一个主要原因就是这里煤炭工业群生产排放的污染物和人们生活中向大气中排放的酸性物质，污染了当地环境，促使当地降下酸雨。酸雨降落会带来二次污染，造成土壤环境污染、水环境污染等，也使当地植被生长受到影响，导致一些大叶植物苗小、叶黄、生长萎缩，扩大污染的影响。

此外，煤炭是一种矿物，含有硫化物、铬、镉、汞、铅、铜等重金属，本身也会与土壤发生化学反应，造成环境污染。京津唐煤矿地区随着煤炭、煤渣、煤灰等更多地被堆放到地面，土壤被污染的情况也在增加。例如，1994 年竣工的门头沟大台煤矿煤仓扩建工程的土地面积达到 856 m^2。[①] 1997 年，木城涧煤矿投资 90 万元，修建可以存煤 4×10^4 t的煤炭大棚，建筑面积为1300 m^2。[②] 这些煤仓、煤炭大棚的投入使用实际上加大了煤矿"三废"的环境污染。例如，"三废"排放中形成的粉尘污染是雾霾天气形成的重要条件之一。

雾霾一度是京津唐煤矿地区的一个空气污染现象。之所以说京津唐煤矿地区煤炭工业现代化发展是这里的一个污染因素，首先是因为京津唐煤矿周边地区出现林立的烟囱冒着浓烟，排放着废气，是京津唐煤矿地区粉尘污染的一个源头。20 世纪 70 年代末，雾霾天气只是煤矿及以燃煤为能源的煤炭工业群的主要污染。开采煤炭的整个生产过程是一个制造粉尘污染物的过程，剥离土壤挖掘煤井、爆破岩石和煤层、加工单位体积达标的煤块、选煤、加工煤废弃物等过程无不制造粉尘，产生更多固体粉尘物。加之燃煤发电、煤炭运输中汽车运输中的尾气排放等都使得地区的 PM2.5（PM2.5 是直径小于等于 2.5 μm，大于 0.1 μm 的颗粒物，含有大量的有毒、有害物质，且在空气中停留时间长、输送距离远）含量更高，污染空气。

---

① 《中国煤炭志》编纂委员会：《中国煤炭志·大事记(1991～2000 年)》一，304 页，北京，煤炭工业出版社，2003。

② 《中国煤炭志》编纂委员会：《中国煤炭志·大事记(1991～2000 年)》一，315 页，北京，煤炭工业出版社，2003。

其次是因为在京津唐煤矿地区，煤炭工业现代化程度较高的唐山的雾霾比较严重。1979 年，我国对矿区空气质量实施的监测发现，唐山是空气中二氧化硫等污染物含量较高的地区。唐山市大气中的二氧化硫，1979 年为 0.108 mg/m³，1984 年为 0.078 mg/m³，1986 年0.098 mg/m³。唐山工业区空气中的氮氧化物、一氧化碳、总氧化剂等含量，也是地区较高水平，且从 20 世纪 80 年代呈现上升趋势。[1] 1984—1985 年唐山市防疫站的《唐山市区大气污染状况及对儿童健康影响的调查报告》指出，该地区的大气污染物主要是总悬浮微粒物，冬季平均浓度超标。[2] 1986 年，唐山南郊出现了煤粉形成的"人造沙漠"。[3] 据 20 世纪 90 年代的测算，唐山年均排放煤矸石约 464×10⁴ t、粉煤灰约 100×10⁴ t。当地以煤为能源的工业群形成了 2862×10⁴ t 废渣，废渣山 14 座、灰场 7 座等。北京矿务局水泥厂年产水泥量能达到 65784 t。[4] 1996 年，三河煤矿生产的粉灰达到 9436 t。[5] 此外，京津唐煤矿地区周边还建立起来许多煤矸石堆发电厂，以北京地区为例，最大的北京矿务局机电厂，1996 年的发电量为 6759.8×10⁴ kW·h[6]，同时还有像门头沟王平村煤矸石厂等小型发电厂，这些发电厂都向华北电网输送电量。但是，这些新兴的衍生产业又成为新的污染源。

（六）绿地减少

矿区的绿地减少是京津唐煤矿地区的一个环境问题。绿地是净化空气、水体和土壤的自然资源，随着京津唐煤矿地区工业化发展的进程不断加快，煤矿工业用地的面积持续增加，工业群、商业圈、城市人口群占地面积激增，绿地锐减也成为这里的一个环境问题。以唐山市为例，

---

[1] 唐山市地方志编纂委员会：《唐山市志》，643 页，北京，方志出版社，1999。

[2] 河北省地方志编纂委员会：《河北省志 第77卷 科学技术志》，536 页，北京，中华书局，1993。

[3] 唐山市地方志编纂委员会：《唐山市志》，648 页，北京，方志出版社，1999。

[4] 《中国煤炭志》编纂委员会：《中国煤炭志·大事记(1991~2000 年)》一，300 页，北京，煤炭工业出版社，2003。

[5] 《中国煤炭志》编纂委员会：《中国煤炭志·大事记(1991~2000 年)》一，311 页，北京，煤炭工业出版社，2003。

[6] 《中国煤炭志》编纂委员会：《中国煤炭志·大事记(1991~2000 年)》一，311 页，北京，煤炭工业出版社，2003。

开滦煤矿在新中国成立前有唐山矿、马家沟矿、林西矿、赵各庄矿，新中国成立后则扩建了唐家矿、范各庄矿、林南仓矿、吕家坨矿、荆各庄矿、钱家营矿，成为由 10 个大矿构成的巨型煤矿。在开滦煤矿收编唐山地区其他煤田的过程中，矿区总面积由 1005 亩达到了 1335 亩，几乎涵盖了唐山地区所有的煤田。矿区面积的增加致使绿地面积减少。[1] 又如，北京西山煤田也陆续新开了多个煤矿，占地建矿的面积增大。21世纪初，这种工业发展侵占绿地的进程才放缓。例如，门头沟工矿业占地面积一直在增加。企业增多，使得经营性土地占地面积也猛增。1992年，位于永定镇的工业区规划面积为 4 km^2。[2] 门头沟的工矿用地面积不断增大，详见表4-9。20 世纪 90 年代，这里入驻企业达到 1152 家，其中"三资"企业 55 家，征地建厂的企业有 24 家[3]，以煤炭、石料为原料的公司占半数。这使得不仅北京西山煤田区几乎全部被开发出来，而且这里的许多绿地也被破坏。

表 4-9　1984—2010 年北京门头沟区煤炭工矿用地面积和比例统计表

年份	1984 年	1992 年	1999 年	2010 年
面积/hm²	619.0	752.5	1327.0	1779.4
比例/%	0.43	0.52	0.92	1.23

资料来源于朱泰峰：《华北山区土地利用/覆被变化及其水资源效应——以北京市门头沟区为例》，博士学位论文，中国农业大学，2014。

新建的煤矿地区占地面积也在迅速增大，例如，三河煤矿从 1979 年正式投产，矿区面积逐渐增加到 1087.4 亩。[4] 煤矿开发造成的绿地锐减情况不断发生。

———————————

① 河北省唐山市政协文史资料委员会：《唐山百年纪事——唐山文史资料精选》第一卷，107 页，北京，中国文史出版社，2002。

② 北京市门头沟区地方志编纂委员会：《北京市门头沟区志》，336 页，北京，北京出版社，2006。

③ 北京市门头沟区地方志编纂委员会：《北京市门头沟区志》，336 页，北京，北京出版社，2006。

④ 《中国煤炭志》编纂委员会：《中国煤炭志·大事记(1991～2000 年)》一，293 页，北京，煤炭工业出版社，2003。

不仅煤矿开发会侵占绿地，而且发展其他衍生工业也会侵占绿地。煤炭工业的发展也催生其他衍生工业的发展，煤炭、煤渣、煤矸石等煤炭工业的废弃物，作为一些衍生工业的原料吸引了许多工矿企业来这里办厂。这里有水泥化工厂、橡胶化工厂、砖厂、石膏厂、五金制造厂等。1970 年，在门头沟增产路 154 号建立了门头沟区五金工具厂，占地面积 1.5×10^4 m^2。1978 年，在妙峰山乡担礼村，新建妙峰山乡化工厂，占地面积 2000 m^2。[1] 这里的农副饲料工业也得到发展，生产化肥、饲料等。1977 年，唐坊粮站建起了唐山地区第一家饲料加工厂，将煤矿尾矿等加工成饲养猪、鸡的混合饲料。随着这些工厂的发展，工业厂区建筑用房也在增加。

为了搞活煤炭工业经济，京津唐也开始进行商业区建设。例如，1976 年，唐山的商业、供销系统等网点达到 976 个，这使得唐山仅商业建筑面积就有 33.94×10^4 m^2。地震重建以后，1986 年商业建筑面积增加到 76.72×10^4 m^2。相比餐饮及服务业占地的增幅，大宗商业的建筑面积的增幅较大，1986 年唐山的仓库建筑面积为 13.68×10^4 m^2，相当于 1976 年地震前的 4 倍。[2] 又如，门头沟形成了以三家店、城子、琉璃渠、圈门、东辛房、西辛房等为中心的商业圈。[3] 商业圈的发展和兴起，也使得这里更多的土地被占用，加速着绿地面积的减少。

除了商业圈，京津唐煤矿地区的建设用地也在增加，为了满足发展需求，煤矿扩大矿区办公区、矿工家属社区等，提升煤矿的社会服务功能，包括把原来的林地、荒地开发成车间、煤仓、食堂、广场、矿工宿舍、学校等。日益增多的建筑也增大了对于石灰、水泥、木材等的需求量，加速了当地非煤矿自然资源的破坏，使得矿区的生态环境急速

---

[1] 北京市门头沟区地方志编纂委员会：《北京市门头沟区志》，350、358 页，北京，北京出版社，2006。

[2] 唐山市地方志编纂委员会：《唐山市志》，529 页，北京，方志出版社，1999。

[3] 中国人民政治协商会议北京市门头沟区委员会、文史资料研究委员会：《门头沟文史》第二辑，182 页，中国人民政治协商会议北京市门头沟区委员会、文史资料研究委员会，1993。

恶化。

（七）瓦斯灾害

京津唐煤矿地区的瓦斯灾害较为频繁。例如，北京西山煤矿地区的高风险的瓦斯煤井富集，其中门头沟斋堂、清水、军响地区探明的高瓦斯井有 70 余座。[①] 20 世纪 80 年代至 21 世纪初期是京津唐煤矿地区煤炭工业的迅速发展期，生产事故引发的瓦斯火灾激增，详见表 4-10。据调查，1980—2000 年我国发生了 1000 多起事故，其中重大瓦斯爆炸事故 480 起（死亡 1 人以上或造成重大经济损失）。其中，京津唐煤矿地区爆发的瓦斯灾害所占比例较大。例如，唐山矿区在 1968—1985 年有 13 家煤矿发生了 43 次瓦斯灾害[②]，其中林南仓煤矿从 1985 年投产至 2001 年发生自燃事故 8 次，火灾事故 20 余次。[③] 瓦斯灾害造成的社会影响也比较大，常常伴有人员伤亡。

表 4-10　1961—2007 年京津唐煤矿地区典型性瓦斯灾害情况统计表

煤矿地区	发生时间	地址	煤矿	死伤人数
唐山	1961 年 11 月 21 日	赵各庄	赵各庄矿	死亡 34 人，轻伤 1 人
	1970 年 8 月 12 日	赵各庄	赵各庄矿	死亡 19 人，重伤 2 人
	2002 年 4 月 25 日	唐山东矿区	林西矿	伤亡 11 人
	2005 年 12 月 7 日	唐山开平矿区	刘官屯煤矿	死亡 54 人
门头沟	1974 年 5 月 20 日	门头沟斋堂	井窝煤矿	死亡 10 人
	1977 年 6 月 5 日	门头沟斋堂	火村煤窑	死亡 30 人
	2001 年 4 月 18 日	门头沟斋堂	非法煤矿	死亡 7 人

---

① 《门头沟区乡镇煤矿瓦斯爆炸重大事故隐患治理取得明显成效》，载《劳动保护》，2001(1)。
② 孙立中：《唐山地方煤矿煤层自燃发火及防灭火措施简介》，载《河北煤炭》，1987(2)。
③ 潘德祥、王玉怀、马尚权等：《林南仓矿 11 煤层采空区温度变化规律研究》，载《煤炭工程》，2006(9)。

续表

煤矿地区	发生时间	地址	煤矿	死伤人数
门头沟	2001 年 6 月 22 日	门头沟斋堂	非法煤矿	死亡 11 人
	2004 年 6 月 19 日	门头沟清水乡	西兴隆煤矿	死亡 1 人
	2004 年 8 月 1 日	门头沟斋堂	非法煤矿	受伤 3 人
	2007 年 4 月 3 日	门头沟王平	木城涧煤矿	死亡 1 人，受伤 2 人
房山	2004 年 6 月 12 日	长沟峪	长沟峪煤矿	死亡 1 人

资料来源于滕威：《2001～2004 年间全国煤矿爆破事故简要》，载《煤矿爆破》，2005(1)；《唐山市国土资源志》编纂委员会：《唐山市国土资源志》，25～26 页，北京，中国文史出版社，2013；赵连：《开滦林西矿志》，716～717 页，北京，新华出版社，2015；《中国煤炭志》编委会：《中国煤炭志·北京卷》，47、49 页，北京，煤炭工业出版社，1999；《北京门头沟瓦斯爆炸事故 11 名领导受处分》，中国新闻网，2001-06-21；《北京昊华公司连续 4 次发生矿难致 13 人死亡受通报》，中国新闻网，2004-07-02。

瓦斯灾害的不断发生有以下三个主要原因。

一是这里都是瓦斯煤井，许多深藏地下的煤层属于瓦斯煤层，容易随着煤矿开采的深入，发生瓦斯灾害。例如，唐山地区，瓦斯火灾主要发生区是 9～12 层的煤矿开采作业区。赵各庄矿西区、马家矿东西区、邢各庄煤矿、钱家营矿等新煤矿随着煤层挖掘深度增加，都由低瓦斯灾害的煤矿变成了高瓦斯灾害的煤矿。譬如，邢各庄煤矿主要开采煤层为 9 层，这里发生了 70 余次瓦斯灾害。[1] 钱家营矿的回采煤层为 5～12 层，其中 9、12 层为瓦斯灾害多发区，该矿经历了随着煤炭回采能力的提升，由低瓦斯灾害煤井向高瓦斯灾害煤井发展的过程。又如，20 世纪 90 年代，唐家庄矿、林南仓矿等老矿越挖越深，成为瓦斯活动活跃、瓦斯灾害频发的煤井。唐家庄矿于 1912—1991 年共开采了 11 层煤矿，没有发生过瓦斯灾害，1997 年开采 12 层煤矿时发生瓦斯爆炸，造成了

---

[1] 郭立稳、王海燕、张复盛：《荆各庄矿煤层自然发火规律的试验研究》，载《煤矿安全》，2001(1)。

严重的人员伤亡和井下物资损失。[①] 林南仓煤矿在开采 11 层煤时，多次发生瓦斯火灾。[②] 瓦斯灾害爆发时，如果周边环境有易燃物，就容易由小灾变大灾。调查显示，北京、唐山等煤矿地区的甲烷、乙烷、一氧化碳、硫化物等含量都较高，这也是这里瓦斯灾害容易诱发瓦斯大火灾的原因。

二是煤矿的工业现代化发展，不可避免地增加了明火火种与煤井中瓦斯接触的机会，促进了瓦斯灾害的发生。随着煤矿向深层煤矿地区的推进，煤矿作业进入富含瓦斯、沼气等煤层区，人员、机械等与煤矿的近距离接触增大，这增大了煤矿内发生火灾的风险。人员违规带入的明火，人员误操作不慎导致机械短路出现的明火，机械老化、线路老化导致的火灾等都容易使这里发生瓦斯灾害。因为煤井空间中充满易燃气体，其本身就是一个随时可能爆炸的炸弹，只要有一点不慎，就容易出现火灾，发生险情。

三是一些不正规的小煤矿为了提升出煤量，不顾生产的安全，在生产条件简陋的煤矿地区不分昼夜地生产，且缺乏安全防护意识及管理知识等，使得瓦斯灾害经常发生。1968—1985 年，唐山发生了瓦斯灾害 43 次，其中不少发生在小煤矿。[③]

（八）塌陷、山崩、滑坡、裂缝

塌陷、山崩、滑坡、裂缝等灾害也是京津唐煤矿地区的环境问题。京津唐煤矿地区前所未有的煤矿挖掘力度和深度对煤矿岩层结构造成更多的破坏，加大了对塌陷、山崩、滑坡和裂缝等灾害的影响。以唐山开滦矿区为例，据 1987 年的统计，全矿区塌陷面积达到 13×10^4 亩，积水面积 1.4×10^4 亩，积水深度 $3 \sim 7$ m，大批土地在塌陷后产生积水，地面出现裂缝。截至 20 世纪 90 年代，唐山有 126 处地质塌陷区，塌陷

---

① 蔡康旭、秦华礼、刘宝东等：《唐家庄矿 12 煤层及其直接顶自燃机理研究》，载《煤炭科学技术》，2000(11)。

② 潘德祥、王玉怀、马尚权等：《林南仓矿 11 煤层采空区温度变化规律研究》，载《煤炭工程》，2006(9)。

③ 孙立中：《唐山地方煤矿煤层自燃发火及防灭火措施简介》，载《河北煤炭》，1987(2)。

区面积达到 2.46×10^4 hm²。唐山的塌陷区分为煤矿塌陷区、岩溶塌陷区等。古冶、开平、丰南、玉田、路南、路北等煤矿地区是这里的主要塌陷区。例如，开滦煤矿形成了 2.46×10^4 hm² 的塌陷区，其绝产地 4750 hm²，形成塌陷水坑 53 个，积水面积 2480 hm²。[①] 塌陷区还伴有地表下沉情况，唐山煤矿地区形成了 2.08×10^4 hm² 的沉降区。[②] 唐山煤矿地面塌陷 126 处，其中，小型 86 处，中型 28 处，大型 11 处，巨型 1 处。[③] 唐山的塌陷区导致了废弃村面积达到 800 hm²，塌陷村有 94 个。[④]

又如，北京西山煤矿地区也经常发生塌陷。截至 20 世纪 90 年代，北京全市崩塌 3860 处，其中门头沟崩塌 526 处，房山崩塌 1565 处，详见表 4-11。[⑤] 房山大石河流域霞云岭至蒲洼沿线以南、门头沟清水河流域安家庄至雁翅两侧、门头沟清水河北侧的灵山至东西龙门涧等都是容易发生崩塌的危险地带。[⑥]

表 4-11　20 世纪 90 年代北京市崩塌情况统计表

单位：处

	门头沟	房山	昌平	密云	延庆	怀柔	平谷	海淀	石景山	全市
崩塌总数	526	1565	573	468	244	279	178	26	1	3860

资料来源于北京市地质矿产勘查开发局、北京市地质研究所：《北京地质灾害》，180 页，北京，中国大地出版社，2008。

21 世纪初的调查发现北京西山煤矿地区面积较大，门头沟、房山、

---

① 张伟、张文新、蔡安宁等：《煤炭城市采煤塌陷地整治与城市发展的关系——以唐山市为例》，载《中国土地科学》，2013(12)。

② 杜青松、武法东、张志光：《煤矿类矿山公园地质灾害防治与地质环境保护对策探讨——以唐山开滦为例》，《资源与产业》，2011(4)。

③ 赵亮、赵德刚：《唐山市地质灾害现状及防治对策探析》，载《地下水》，2017(2)。

④ 张伟、张文新、蔡安宁等：《煤炭城市采煤塌陷地整治与城市发展的关系——以唐山市为例》，载《中国土地科学》，2013(12)。

⑤ 北京市地质矿产勘查开发局、北京市地质研究所：《北京地质灾害》，180 页，北京，中国大地出版社，2008。

⑥ 北京市地质矿产勘查开发局、北京市地质研究所：《北京地质灾害》，179 页，北京，中国大地出版社，2008。

丰台都有煤矿采空区，是塌陷高风险区域，详见表 4-12。

表 4-12　新中国成立以后北京西山煤矿区主要采空塌陷区分布情况统计表

区域	煤矿名称	塌陷坑/个	地裂缝/条	不均匀沉降/处	山体滑塌/处
门头沟区	门城矿	11	12	6	0
	大台煤矿	198	88	0	0
	木城涧煤矿	204	74	2	17
	杨家坨煤矿	3	14	4	0
	王平煤矿	22	4	0	0
房山区	房山矿	24	8	0	0
	长沟峪煤矿	14	2	0	0
	大安山煤矿	32	0	0	3
丰台区	京西矿务局	2	1	0	0

资料来源于北京市地质矿产勘查开发局、北京市地质研究所：《北京地质灾害》，104 页，北京，中国大地出版社，2008。

老煤矿地区，像门头沟、房山，塌陷坑都较多。门头沟的煤矿塌陷区按照强弱依次为清水（51.74×10^4 m²）、大台（49.51×10^4 m²）、潭柘寺（40.67×10^4 m²）、斋堂（28.81×10^4 m²）、军庄（13.46×10^4 m²）、北岭（12.87×10^4 m²）、军响（12.57×10^4 m²）、色树坟（10.57×10^4 m²）等。[1] 这里还有古代形成的古穴煤矿塌陷区。例如，门头沟门城镇煤矿地区有古塌陷坑 209 个。[2] 采矿塌陷区分为浅部采空区和深部采空区。浅部采空区主要分布在小煤矿，东起大峪，西到梁桥，呈现东西分布，面积约为 4.6 km²，采空区深度多集中在 20～100 m。深部采矿区主要分布在国有煤矿、乡镇煤矿中，如大台煤矿等。1970—2000 年，门城矿山的采矿塌陷数量为 43 处，详见表 4-13。这也表明京津唐煤矿地区

---

[1]　纪玉杰：《北京西山煤炭采空区地面塌陷危险性分析》，载《北京地质》，2003(3)。

[2]　北京市地质矿产勘查开发局、北京市地质研究所：《北京地质灾害》，104 页，北京，中国大地出版社，2008。

的采空层成为存在安全隐患的地区。

表 4-13　1970—2000 年门城镇地区部分采矿塌陷统计表

单位：处

年代	塌陷数量
1971—1980 年	4
1981—1990 年	19
1991—2000 年	20

资料来源于北京市地质矿产勘查开发局、北京市地质研究所：《北京地质灾害》，111 页，北京，中国大地出版社，2008。

　　房山煤矿地区有大量塌陷土地。这里的塌陷区主要是岩溶塌陷区、煤矿塌陷区，分布在史家营（163.30×10⁴ m²）、周口店（77.10×10⁴ m²）、南窑（52.73×10⁴ m²）、大安山（31.84×10⁴ m²）、霞云岭（18.18×10⁴ m²）等。[①]

　　1959—2013 年，京津唐煤矿地区多次发生塌陷事故，详见表 4-14。塌陷区总体面积有所增长，塌陷的不利影响在增大。

表 4-14　1959—2013 年京津唐煤矿地区重大塌陷地质灾害统计表

地区	煤矿名称	发生时间	社会影响
门头沟	斋堂南沟煤矿区	2006 年 12 月 25 日	封困 2 名矿工
	青龙涧村黑煤矿	2004 年	3 名矿工遇难
	木城涧煤矿	2005 年	1 名矿工遇难
房山	大安山乡煤矿	2004 年	封困 10 名矿工
唐山	唐山矿	1959 年 10 月 27 日	伴有瓦斯等毒气中毒，造成 80 余人死伤
	唐山矿	1964 年 6 月 7 日	造成 5 人死亡，1 人受伤
	开平区刘官屯煤矿	2005 年 12 月 6 日	伴有瓦斯事故，造成 108 人死亡，29 人受伤
	古冶区新华煤矿	2008 年 8 月 29 日	造成 9 人死亡

资料来源于《北京门头沟 2 名盗采者被困废弃小煤矿身亡》，载《京华时报》，

[①]　纪玉杰：《北京西山煤炭采空区地面塌陷危险性分析》，载《北京地质》，2003(3)。

2006-12-28；《唐山市国土资源志》编纂委员会：《唐山市国土资源志》，24、25 页，北京，中国文史出版社，2013；陈治治：《五起特别重大生产安全事故基本情况》，载《中国纪检监察报》，2007-05-11；《唐山停产煤矿爆炸 9 人被困 4 名施救人员下落不明》，载《生活日报》，2008-09-07；《北京市发生今年首起煤矿事故 一名工人不幸丧生》，载《北京青年报》，2005-05-28；《北京大安山矿难 10 名遇险矿工无一生还》，新华网，2004-06-11。

　　随着京津唐煤矿地区塌陷区的增多，这里也发生了更多的山崩、滑坡、裂缝等地质灾害。譬如，唐山地区的塌陷区分为严重、中度、轻度等类型，北部等新中国成立前的老矿山区属于严重塌陷区，丰润等新中国成立后才着重开发的新煤矿属于中度塌陷区。[①] 又如，北京采空区主要分布在西山地区，2000 年以前的调查发现，煤矿采空区面积为 651.88×10^4 m²，分布在门头沟、房山等区的 15 个乡镇，这些有老矿区发生山崩、滑坡、裂缝的风险更高。[②]

　　京津唐煤矿地区的塌陷、山崩、滑坡、裂缝等地质灾害分为土质型和基岩型。研究表明，这里的土质型地质灾害相对更多，且多发生于 7—8 月丰水期。地质灾害种类多，也使得多种灾害容易叠加，从而危害加重。例如，门头沟、房山等煤矿山暴发地质灾害时，山塌地陷，山崩坡滑，后果严重。

　　归纳起来，煤炭工业对矿山及周边自然环境的破坏促使塌陷、山崩、滑坡、裂缝等灾害频繁发生。煤炭工业的现代化生产也是一个环境破坏的过程。据推测，每开采 1×10^4 t 煤炭，就可能造成 1.6 km² 的土地塌陷。[③] 放炮炸石、排水取煤等采煤技术会造成自然环境破坏和矿产资源环境破坏。自然环境破坏之后，水土流失严重，更多的土地发生

---

　　① 王明格、李建录、李昌存：《唐山平原区主要地质灾害综合评价》，载《资源与产业》，2007(5)。

　　② 北京市地质矿产调查开发局、北京市地质研究所：《北京地质灾害》，96 页，北京，中国大地出版社，2008。

　　③ 殷作如、邓智毅、董荣泉：《开滦矿区采煤塌陷地生态环境综合治理途径》，载《矿山测量》，2003(3)。

塌陷。采矿会使煤矿岩石层、表层岩层碎片化。岩石变成碎石、粉末之后与地表的黏土混杂在一起，浸泡雨水之后容易变软，使得岩石层坚固性下降。同时，大量挖取煤矿石会形成许多采空洞，改变这里的地质结构。这些因素集合起来就容易使煤矿山发生地质灾害。

资料也表明，随着京津唐煤炭工业现代化发展的提速，塌陷、山崩、滑坡、裂缝等地质灾害的不利影响日趋严重。1979 年，这里煤矿的这些地质灾害问题还不是一个区域问题，主要发生在老矿区。20 世纪 80 年代至 21 世纪初叶，这些地质灾害成为绝大多数京津唐煤矿地区的共性问题。煤炭工业现代化发展程度越快，开发利用程度越高的矿区，越容易发生地质灾害。从煤矿塌陷区总量来看，唐山开滦煤矿地区、北京门头沟和房山的煤矿地区、秦皇岛抚宁柳江盆地煤矿地区的塌陷区较多，情况复杂。廊坊三河煤矿地区是新中国成立后才开发的新煤矿，开发时间不长，塌陷情况要少一些，造成的不利影响也少一些。例如，房山区史家营村在 20 世纪 90 年代发生塌陷 9 次，损坏了 70 余间房屋；2006 年，发生塌陷 10 次，损坏了 73 间房屋，导致村落需要整体搬迁和安置。而在廊坊三河煤矿地区，这种情况就少得多。

（九）泥石流

泥石流作为京津唐地区的一个环境问题也时有发生。北京西山煤矿地区的地质环境由于受到严重的破坏，大灾带小灾，灾害诱因复杂，发生泥石流灾害的频率也增大，详见表 4-15。资料表明，新中国成立后这里的泥石流发生次数变多。在 1950 年、1958 年、1959 年、1977 年、1980 年、1995 年、1998 年、1999 年、2006 年、2007 年等年份，门头沟煤矿地区、房山煤矿地区等都发生过泥石流灾害。[①]

---

① 北京市地质矿产勘查开发局、北京市地质研究所：《北京地质灾害》，28 页，北京，中国大地出版社，2008。

表 4-15 近现代北京地区泥石流活动间隙期情况表

发生时期	清末时期		民国时期			新中国时期						
发生年份	1886年	1909年	1922年	1929年	1939年	1950年	1959年	1969年	1972年	1976年	1989年	1991年
间歇期（年）	19	23	13	7	10	11	9	10	3	4	13	2

资料来源于北京市地质矿产勘查开发局、北京市地质研究所:《北京地质灾害》,28 页,北京,中国大地出版社,2008。

唐山的泥石流灾害也比较严重。唐山市的采空塌陷地区,如古冶、开平、路北、路南、丰润及玉田林南仓等矿区都是泥石流高发区,分布面积达到 377.5 km²[①]。20 世纪 90 年代以后,这里的泥石流进入了活跃期。[②]

矿渣型泥石流主要分布在北京西山山区(门头沟和房山)、三河段甲岭南山区、唐山北部山区、抚宁柳江盆地石门寨山区等。这些地区原本就是自然泥石流发生地,这使得当这里发生泥石流时危害增大,详见表 4-16。

表 4-16 1950—2017 年京津唐煤矿地区泥石流灾害及社会影响统计表

地区	发生时间	泥石流地区	社会影响
门头沟	1950 年	门头沟清水河流域	死亡 95 人,受伤 22 人,冲毁房屋 649 间,冲毁耕地 1.05×10^4 亩
	1958 年	门头沟清水河流域	出现 194 处泥石流
	1980 年	门头沟沿河城乡大东宫村	造成 30 亩土地被毁
	1998 年	门头沟上苇甸村等	毁坏房屋 4 间,部分土地受到影响
	2012 年	门头沟秋坡村等	村民被迫整体搬迁
	2017 年	门头沟斋堂	11 人失联,多人受伤

---

① 《唐山市国土资源志》编纂委员会:《唐山市国土资源志》,332 页,北京,中国文史出版社,2013。

② 田宝柱、谭靖、李昌存:《唐山市北部地区地质灾害现状和时空分布特征》,载《资源环境与工程》,2008(4)。

地区	发生时间	泥石流地区	社会影响
房山	1950 年	房山史家营、北窖村等	冲毁农田 200 亩，死亡 6 人
	1956 年	房山多条河流及房山霞云岭地区石板台村等	毁坏房屋 3 间，1 人死亡
	1973 年	大石河沿岸及房山霞云岭公社北直河村	塌房 3 间，2 人死亡
	1975 年	房山霞云岭公社下石堡村	毁坏农田 200 亩
	1977 年	房山霞云岭、十渡	毁坏部分农田，冲毁房屋 3 间，死亡 2 人，受伤 5 人
	1988 年	房山长操、东关上等村	毁坏房屋 8 间
	1989 年	房山霞云岭乡石板台村	毁坏房屋 3 间
	2006 年	房山史家营	死亡 1 人
	2012 年	房山周口店等地	毁坏房屋 97 间，毁坏道路14650 m，人员伤亡若干
唐山	1975 年	迁西龙辛庄	死亡 1 人
	1976 年	唐山、迁安、迁西	死伤 3～12 人
	1978 年	迁西下营乡	死伤 17～14 人
	1995 年	遵化小厂乡	损坏房屋 50 间
	2001 年	迁安马兰庄	冲毁道路 4000 m

资料来源于北京市门头沟区地方志编纂委员会：《北京市门头沟区志》，87～88页，北京，北京出版社，2006；曹立雪、刘雁冰：《北京市门头沟区泥石流地灾防治研究》，载《价值工程》，2016(8)；北京市房山区志编纂委员会：《北京市房山区志》，102 页，北京，北京出版社，1999；黄来源、韩建超、季为等：《房山周口店车厂北沟泥石流特征及防治》，载《城市地质》，2016(2)；北京市地质矿产勘查开发局、北京市地质研究所：《北京地质灾害》，40 页，北京，中国大地出版社，2008。

煤炭工业现代化发展引起泥石流的原因，主要有以下几个方面。

一是煤炭工业现代化开采，使这里出现了更多的废弃矿山、矿渣等环境，这些环境是泥石流形成的条件。矿渣不合理堆放是矿山泥石流形成的主要原因。[①] 因为随着煤炭工业现代化采煤技术的发展，高科技的机器、高效力的炸药能容易地使煤矿山岩层碎片化，形成许多矿渣型泥石流，增大采矿对矿山的危害，风化、剥蚀加重，使采矿过程发生山崩、滑坡、塌陷等地质灾害。加之煤矿地区山高沟深、地势陡峭，容易促成泥石流的发生。如果这里的煤矿山没有经历煤炭工业现代化发展，也不会出现这么频繁而严重的泥石流。例如，唐山迁西矿区等形成了多条矿渣流，被政府划定为泥石流多发区[②]，但在古代，这里并不是泥石流多发区。

二是煤炭工业化高速发展，产生了更多的煤矸石，煤矸石堆积成山，也是泥石流生成的形成条件。煤矸石堆属于人工堆积的矿石山，堆积的石块、石渣会自然向下滑动、掉落，特别是雨后滑动速度更快，成为推动泥石流向下游移动的动能。例如，门头沟王平煤矿所在山区，为永定河支流，古代这里山水资源条件好，不是泥石流发生地。而后，门头沟建立起大型煤矿——王平煤矿，大力发展煤炭工业，日积月累攒下了 16 处煤矸石堆，王平镇有东王平村、西王平村、南涧村、南港村 4 个村成为门头沟政府划定的区级防汛重点村。又如，门头沟全区形成弃渣 $1500 \times 10^4 \ m^3$，加剧了泥石流灾害的发生。[③]

三是随着煤炭工业对于山水环境的破坏，煤矿周边河流更容易发生泥石流。随着山水环境被破坏，河流变得干旱，抗洪能力下降，在丰水季来临，暴雨之后，河流容易挟带泥沙顺势而下，促使泥、沙、石淤积，加速河滩泥石流的形成，发生更多的泥石流灾害。例如，唐山有 213 处泥石流隐患点，其中不少是在当地河流中下游流域。[④] 又如，永

① 林琅、赵东民、黄颖：《矿山泥石流灾害及预防措施》，载《生态经济（学术版）》，2011(1)。
② 田宝柱、谭靖、李昌存：《唐山市北部地区地质灾害现状和时空分布特征》，载《资源环境与工程》，2008(4)。
③ 郝玉芬：《山区型采煤废弃地生态修复及其生态服务研究》，博士学位论文，中国矿业大学，2011。
④ 赵亮、赵德刚：《唐山市地质灾害现状及防治对策探析》，载《地下水》，2017(2)。

定河发生过多次小规模的泥石流，仅 1950 年发生过一次大规模泥石流。而潮白河从 20 世纪 50 年代至 90 年代发生了 8 次大范围严重泥石流灾害。[①] 采矿导致的水土流失、泥沙增多是发生泥石流灾害的重要因素。

（十）地震

在京津唐煤矿地区煤炭工业现代化引起的灾害中，地震破坏性尤大。地震按成因不同可分为三类：天然地震、诱发地震和人工地震。其中，天然地震又包括构造地震、火山地震和塌陷地震。从地理条件来看，京津唐煤矿地区只有少数煤矿地区分布在地震带上，如唐山古冶矿区、房山煤矿地区等，而门头沟煤矿地区、抚宁煤矿地区等并不在地震带上。但是，随着煤炭工业现代化的发展，该地区地质结构受到破坏，京津唐煤矿地区成为地震多发区。

新中国成立以前，由于京津唐地区许多煤矿不分布在地震带上，因此京津唐煤矿地区的地震并不多见，只有几个有老煤矿区会发生一些地震。为此，1914 年公布的《中华民国矿业条例》规定了矿区界限，只能在矿界中开采。[②] 以减少扩大采矿范围对山体的破坏影响及其带来的地震的影响。而新中国成立以后，京津唐煤矿地区因采矿面积增大、爆破岩层而使矿区的人工地震增多。

20 世纪 80 年代以后，塌陷地震和人工地震成为京津唐煤矿地区地震的主要特征。这里以小型地震为主，详见表4-17，古冶、丰南、滦县、迁安等唐山煤矿地区是发生地震较多的地区，其次是北京和秦皇岛，门头沟、房山、抚宁等地区也经常发生小型地震。相比之下，廊坊煤矿地区的地震较少。总体来看，煤矿密集的地区、老矿区都是京津唐煤矿地区的小型地震活跃地区。

---

① 北京市地质矿产勘查开发局、北京市地质研究所：《北京地质灾害》，32 页，北京，中国大地出版社，2008。

② 彭觥、汪贻水：《中国实用矿山地质学》下册，54 页，北京，冶金工业出版社，2010。

表 4-17　1947—2019 年京津唐煤矿地区地震情况统计表

地区	地震地点	发生时间	挖掘深度/m	地震强度/级
门头沟	门头沟煤矿	1947 年 5 月	200	4.2
	城子煤矿	1961 年 1 月	300～370	3.4
	大台煤矿	1961 年 1 月	460	微震
	木城涧煤矿	1970 年 1 月	300～370	微震
	门头沟区	2016 年 11 月 16 日		2.6
	门头沟区	2017 年 5 月 23 日		2.6
	门头沟区	2017 年 9 月 10 日		2.1
房山	房山煤矿	1958 年 12 月	520	3.0
	房山西北地震	1964 年 3 月		4.0
	房山区	1966 年 2 月 20 日		4.0
	房山区长沟峪煤矿	1970 年 1 月	420	微震
	房山区	1976 年 7 月 28 日		7.0
	门头沟、房山交界	2013 年 11 月 15 日		2.2
	房山矿区	2016 年 4 月 19 日		2.7
	房山矿区	2016 年 11 月 3 日		2.0
	房山区	2017 年 8 月 28 日		2.8
唐山	唐山矿	1964 年 6 月	560	微震
	唐山、丰南、滦南、迁安等矿区	1968 年 7 月 18 日		7.4
	乐亭、滦南、丰南等	1969 年 7 月		7.4
	唐山矿	1970 年 5 月	560	微震
	唐山、丰南多个矿区	1976 年 7 月	320～590	7.8
	滦县与古冶交界区	2013 年 8 月 3 日		2.8
	开平与古冶交界区	2013 年 10 月 27 日		2.1
	滦县	2014 年 12 月 29 日		2.9
	滦县	2015 年 11 月 15 日		3.0
	丰南区	2015 年 11 月 28 日		3.4

地区	地震地点	发生时间	挖掘深度/m	地震强度/级
唐山	丰南区	2015 年 12 月 6 日		2.8
	乐亭区、丰南区	2016 年 3 月 14 日		2.8
	开平区	2016 年 5 月 16 日		2.9
	开平区	2016 年 8 月 21 日		3.1
	开平区	2016 年 8 月 22 日		2.8
	古冶区	2016 年 9 月 10 日		4.0
	古冶区	2016 年 9 月 21 日		2.6
	古冶区	2016 年 10 月 29 日		2.2
	滦县	2017 年 3 月 6 日		2.2
	丰南区	2017 年 3 月 16 日		2.1
	丰南区	2017 年 7 月 4 日		2.2
	乐亭区	2017 年 7 月 4 日		2.5
	古冶区	2017 年 7 月 30 日		2.1
	开平区	2017 年 8 月 23 日		2.0
	古冶区	2017 年 9 月 19 日		2.1
	路北区	2017 年 10 月 15 日		2.4
	开平区	2017 年 10 月 27 日		2.6
	开平区	2018 年 1 月 6 日		2.0
	滦县	2018 年 4 月 28 日		2.3
	古冶区	2018 年 6 月 13 日		2.0
	古冶区	2018 年 8 月 5 日		3.3
	迁安区	2018 年 12 月 6 日		2.1
	迁安区	2019 年 3 月 9 日		2.5
	滦县	2019 年 3 月 2 日		2.6
	滦县	2019 年 4 月 24 日		2.1

　　资料来源于中国地震局网；李铁、蔡美峰、张少泉等：《我国的采矿诱发地震》，载《东北地震研究》，2005（3）；丰南县志编纂委员会：《丰南县志》，28、32页，北京，新华出版社，1990。

京津唐煤矿地区地震多发，主要有以下原因。一是煤矿区采空层、塌陷区增多。二是废弃矿山、煤坑增多，导致这里形成更多的不稳定地带。京津唐煤矿地区存在大量废弃煤矿、老煤矿，20世纪90年代以前大多闲置，21世纪初基本上采用复垦技术进行了回填。虽然表面上看，回填之后与煤矿石等面积相同，但是在抗震、承压方面远不如原来自然形成的岩石坚固，从而容易发生地震。三是煤矿机械化规模生产能力的提升加大了对岩层的破坏。随着高科技采煤技术的发展，煤层越挖越深，对于岩石构造的破坏也越来越突出，致使煤矿地区周边岩石产生更多裂缝，变得容易松动、滑落。[①]

（十一）沙尘暴及其他风灾

京津唐煤矿地区本来就容易发生沙尘暴灾害，而煤炭工业化的迅速发展使该地区沙尘暴及其他风灾日趋严重。北京西山煤矿地区与北京西北部是北京的沙尘暴入口。这里一旦发生沙尘暴，很快就会刮入北京。由于混合更多煤矿地区的煤渣粉尘、表层沙土微粒等，刮到北京的沙尘暴含尘量更高，有时也能诱发北京城区暴发更多的沙尘暴灾害天气。1951—1959年，北京共发生沙尘暴46次，沙尘天达到620天。[②] 这里的大风灾害也不少，1963年、1984年，门头沟都出现大风天气，最大风力达12级。[③]

除了北京之外，廊坊、唐山、秦皇岛等地区即使在丰水季多雨时节，也容易发生沙尘暴。由于干旱、荒漠化、河流干旱等问题，沙尘暴更多地发生在城镇的入风口、河流中下游沿岸、下游平原等，如三河永定河下游河道、唐山古冶矿区及河流下游地区、唐山陡河河道、秦皇岛抚宁大石河下游河道等。

20世纪90年代，随着煤矿减产及政府环境治理措施的奏效，沙尘

---

① 贾德义、李新元：《唐山矿深部开采冲击地压发生的综合治理》，载《中国煤炭》，2000(7)。

② 尹晓惠、时少英、张明英等：《北京沙尘天气的变化特征及其沙尘源地分析》，载《高原气象》，2007(5)。

③ 北京市科学技术协会：《首都圈自然灾害与减灾对策》，234、236页，北京，气象出版社，1992。

暴等风灾的情况有所好转，但是依然存在。例如，1999 年 4 月，京西
煤矿地区多次暴发沙尘暴。据 2000 年的统计，京津唐煤矿地区的沙地、
旱地等地区发生沙尘暴的概率较大，其中沿河地区是重灾区。[①] 2000 年
3 月，京西煤矿地区发生了铺天盖地的伴有 8 级大风的沙尘暴，部分地
区能见度不足 100 m；同年 4 月，这里连续发生了 7 次尘暴。2002 年 3
月，京西煤矿地区和北京城发生过 2 次沙尘暴，持续笼罩时间长达
100 h。2006 年 4 月，京西煤矿地区和北京城发生沙尘暴，降尘量达到
33×10^4 t；2015 年，京西煤矿地区与北京城发生了 6 次沙尘暴，其中
一次 PM10 浓度超过 1000 $\mu g/m^3$。[②]

　　此外，这里也更加容易发生大风灾害。譬如，房山、门头沟等京西
煤矿地区多次发生风灾。房山在 1951 年、1952 年、1953 年等年份发生
过大风灾害天气。[③] 门头沟在 1950、1981、1984、1986 等年份发生过
6～12 级的大风灾害天气。其中，1984 年刮起的 11 级大风，风速为
29 m/s，大风对妙峰山、军庄、永定等煤矿地区的影响较大；而 1986
年全境刮起的大风有 12 级，最大风速达到 40 m/s，导致多家煤矿厂房
脊梁和屋顶被掀落、天线被刮断。[④] 再如，唐山在 20 世纪下半叶经历
了多次风灾。大风成灾以北部山区等地较为严重，这些地方大多开采煤
矿。唐山经历了 10 余次台风灾害，其中 5 次危害较大，时间均在 7—8
月份。1972 年，唐山地区受台风影响，沿海海面风力 10 级以上，并诱
发大海啸及海水倒灌。[⑤] 唐山在 1967 年和 1977 年均发生了龙卷风灾害，
还在 1972 年和 1974 年经历了热干风灾害。[⑥]

　　煤炭工业现代化发展是京津唐煤矿地区沙尘暴及其他风灾变得严重

① 张增祥、周全斌、刘斌等：《中国北方沙尘灾害特点及其下垫面状况的遥感监测》，载《遥感学报》，2001(5)。
② 赵婷婷、李泽伟：《北京遭 13 年来最强沙尘暴袭击》，载《北京青年报》，2015-04-16。
③ 北京市房山区志编纂委员会：《北京市房山区志》，75 页，北京，北京出版社，1999。
④ 北京市门头沟区地方志编纂委员会：《北京市门头沟区志》，90～91 页，北京，北京出版社，2006。
⑤ 唐山市地方志编纂委员会：《唐山市志》，234 页，北京，方志出版社，1999。
⑥ 唐山市地方志编纂委员会：《唐山市志》，235 页，北京，方志出版社，1999。

的主要原因。随着京津唐煤矿地区煤矿不断开发，更多的森林被砍伐，更多的水源丰富之地变成了干涸之地，更多土地出现荒漠化，生态环境恶化。这里的许多浅层土壤植物、灌木植被、乔木植被等出现大量死亡，而植被死亡之后旱地、沙地增多，生态环境调剂水圈、生态圈的能力降低，土壤更加裸露，也因此更容易出现沙尘暴或风灾。

（十二）公共环境卫生问题

公共环境卫生问题依然是矿区的一个环境问题。在煤炭工业现代进程中，由于环保工作不到位，京津唐煤矿地区的公共环境卫生问题变得更加突出。新中国成立初期，京津唐煤矿地区的道路尘土飞扬、垃圾满地、污水横流；这里接近生活区和工业区的河流河水浑浊、散发着阵阵恶臭；这里的公共厕所飞舞着成群的苍蝇和蚊子，溢满粪便的厕所散发熏人的臭味；这里的人群中流行着多种传染疾病。①

20世纪50年代以后，这里通过开展爱国卫生运动，荒山植树，整治河道环境，建设水利工程等治理措施，公共环境卫生问题稍有改善。② 但是，公厕问题、垃圾问题、排污渠问题、河流污染问题等还是没有得到根本治理，反复发生。21世纪初，京津唐煤矿地区许多方面的公共环境卫生有了显著的改善，但是公共环境卫生还是存在不少问题。例如，垃圾露天堆放污染环境，露天焚烧污染环境，矿区"三废"污染环境、环境污染导致癌症发病率高等，详见表4-18。

表4-18 21世纪京津唐煤矿地区典型性公共环境卫生问题统计表

城市	发生时间	地址	社会影响
唐山	2017年	古冶区大市场附近	卫生脏乱差，路边露天垃圾乱堆放
	2016年	玉田县、丰润区、路北区	焚烧露天焚烧秸秆、垃圾问题，对大气环境造成了不良影响

① 北京市地方志编纂委员会：《北京志·卫生卷·卫生志》，233页，北京，北京出版社，2003。
② 秦皇岛市地方志编纂委员会：《秦皇岛市志》第一卷，52页，天津，天津人民出版社，1994。

续表

城市	发生时间	地址	社会影响
唐山	2016 年	遵化冯各庄附近	垃圾堆积，气味重
	2013 年	玉田县附近	附近环境恶劣，附近多名村民得癌症，出现癌症村
北京	2017—2019 年	门头沟永定河沿岸	堆放了约 2×10^4 t垃圾，污染环境；堆放了大量建筑垃圾
	2017 年	大兴	向废矿中排污水，导致土壤、地下水源污染

资料来源于《古冶区大市场环境卫生较差 旧小区垃圾露天堆放》，载《唐山劳动日报》，2017-04-20；《市美丽乡村办暗访检查 丰润区焚烧垃圾火点多》，载《唐山晚报》，2016-01-11；《水源保护区清走 4200 车垃圾》，载《检察日报》，2019-10-18；《北京环保警察"亮剑"：渗坑排废水 洗衣厂老板被拘》，载《中国经济导报》，2017-03-31。

影响京津唐煤矿地区公共环境卫生的原因，主要有下面三个方面。

一是京津唐煤矿地区煤炭工业排污系统超负荷排污，导致公共环境卫生质量下降。京津唐煤矿地区的污水以煤矿废水为主，煤矿废水污染着河域环境，影响着饮用水安全。[①] 例如唐山的陡河，在 20 世纪七八十年代的监测中，化学需氧量、砷、硫化物、锌等有毒有害物质一直在增加，化学需氧量从 5.53 mg/L 增加到 6.63 mg/L，砷从 0.001 mg/L 增加到 0.002 mg/L，硫化物从 0.07 mg/L 增加到 0.20 mg/L，锌从 0.009 mg/L 增加到 0.012 mg/L。唐山开滦煤矿地区的其他河流污染也十分严重。例如，在 20 世纪 80 年代的监测中，石榴河六价铬的最高超标值是国家标准的 6.5 倍，存在公共环境卫生污染风险。[②]

二是工业排污破坏公共环境排污系统，导致居民生活的社区环境卫生质量下降。新中国成立后的很长时间内，京津唐煤矿地区矿区的污水排水渠与居民社区生活用水的排水渠是混用的。随着这里煤矿排污水量

① 吕秋艳、王志越、刘玉珍：《2008～2009 年北京市门头沟区生活饮用水微生物污染状况》，载《首都公共卫生》，2011(5)。
② 唐山市地方志编纂委员会：《唐山市志》，644 页，北京，方志出版社，1999。

的增多，附近居民社区、窄巷的排污系统超负荷，污水外溢，污染环境。同时煤炭工业的快速发展吸引了更多人员来这里就业，激增的人口压力，使得许多排污系统老化问题更加凸显。除了唐山在 1976 年地震之后进行了系统、合理、规范的工矿区、生活区、农业区统分结合的综合排污系统规划和建设之外，其他地区的煤矿区基本上都是在原来的排污系统上进行扩建和增容。这使得排污管道经常堵塞、爆溢，不能把污水引导到远方指定的排污井或排污池，污水就地流淌。

除了污水排放紊乱问题之外，固体垃圾堆放也是严重的环境问题。工矿区固体垃圾、生活固体垃圾、农业固体垃圾等垃圾混杂堆放，使得这里的垃圾总量超过其他地区，加之这里的塌陷地区需要大量固体物质填埋，也吸引来了更多的外地垃圾，使得京津唐煤矿地区塌陷区周边建立起了大量垃圾处理场。例如，21 世纪初，唐山有 14 处垃圾场，绝大多数建立在塌陷区。这些垃圾场占地面积广阔，唐山地区，仅赵各庄垃圾场占地 9.33 hm^2，填埋场占地 8.13 hm^2。[①]

三是这里的煤矿开采对环境的破坏影响深远，也导致公共卫生环境质量下降。河流干涸，自然灾害多发，矿产资源和水资源枯竭等，使得这里许多煤矿地区不再是原来自然样貌的青山绿水。例如，门头沟王平镇韭园地区一度变成了矿山废弃地。21 世纪初，政府把废弃地复建成了花园、草地、林地等景点。但是，相比其他非矿区自然条件好的山区，这里显得非常人工化。这里的土地对于种植的植物种类比较挑剔，只适合种植耐旱、耐寒的草木；河水的流动性也不好，随处可见生活垃圾。这减少了这里公共环境卫生的审美体验和田园乐趣。

由于问题严重，积重难返，政府虽然下了很大决心，花了很大力气来治理，但是当地的公共环境卫生问题短期还是难以得到彻底解决。因此，虽然当地公共环境卫生有所改善，但是从总体上说，公共环境卫生

---

① 王欣宝、宋冬梅、张树刚：《唐山市赵各庄垃圾场污染研究》，载《河北农业科学》，2011(3)。

问题依然存在，有待治理。

第二节 新中国成立后京津唐
煤矿地区环境问题的影响

京津唐煤矿地区的环境破坏和环境污染直接或间接导致了各种灾害，对当地的生态系统、人民的生产和生活，造成了许多不利影响。

一、新中国成立后京津唐煤矿地区环境问题的直接影响

京津唐煤矿地区环境问题造成的直接影响很多，主要表现在以下几个方面。

（一）干旱

干旱是京津唐煤矿地区环境问题导致的最为直接的影响。长期的煤矿开采导致京津唐煤矿地区的生态环境遭到巨大破坏，影响了气候，加重了该地的干旱。例如，这里的泉水一般埋藏在山涧之中，随着煤矿开山取煤，排水采煤的生产活动增加，破坏了山泉形成的山水环境，并因此出现山泉干涸。例如，1960—1961 年的调查显示，房山有山泉 150 处。1980 年，许多山泉已经枯竭，只剩下 49 处。① 又如，门头沟有山泉 100 多处。斋堂、清水、王平等地区曾是丰水区。古泉水分布在山区的浅层地表环境之中，清水以下主河道内及上清水北沟、双塘涧以北的主河道内有大量泉水出露，埋深浅，一般小于 10 m。清水河主河道以南、以西，其中马栏—大三里一带和杨家村一带，埋深在 20～50 m。20 世纪 80 年代以后，这些水井中许多泉眼已经不出水，能出水的水井水量也锐减。煤矿开发越多的地方，泉水干涸的情况越严重。

斋堂、王平等煤田集中的地区基本上成为无泉之地，而门头沟清水北沟、双塘涧地区由于煤矿少一些，还有少量泉水，当地最大的泉——

---

① 北京市房山区志编纂委员会：《北京市房山区志》，78 页，北京，北京出版社，1999。

上清水北沟泉的流量为 0.059 m^3/s，龙门涧的泉水流量仅为 0.038 m^3/s。水井干涸实际上也是地下水储备量锐减的主要表现。据调查，门头沟地区可利用的地下水仅为 0.24×10^8 m^3。[①] 三家店拦河闸出库水 7.61×10^8 m^3，却有 1.91×10^8 m^3 的水蒸发和渗入地下。[②]

这里的地下水资源匮乏不能补给附近的河流，使得河流滋养大地的能力下降，反过来又加重着这里的干旱。京西煤矿地区在 1951 年、1952 年、1959 年、1962 年、1972 年、1975 年、1980 年、1983 年、1984 年、1986 年、1993 年份等都发生旱灾，且以春旱为主。此外，1959—1962 年、1980—1984 年等还发生持续性的大旱灾，造成不利于社会发展的旱情。例如，1962 年，房山发生伏旱连秋旱，造成严重的农作物歉收。1980 年，出现罕见的伏旱连秋旱，史家营等 5 个公社近 7000 人饮用水困难。1983 年，发生春旱、秋旱，百泉干涸，农田受灾面积达到 25×10^4 亩。1993 年发生春旱、夏旱，多个水库降至死水位，塘坝干涸。[③]

唐山煤矿地区在 1951 年、1959 年、1972 年发生大旱灾。1951 年，滦县、滦南、玉田、丰润、迁安、遵化、丰润等超过 180×10^4 亩的土地受灾，受灾人口 64×10^4 人。1959 年受灾人口 177×10^4 人，受灾土地达到 514×10^4 亩。1963 年 7 月，丰南遭遇大干旱，受灾面积超过 23×10^4 亩，东田庄、刘迁庄、老王庄等 83 个大队受灾严重，塘沟干涸，出现沟底龟裂。1968 年，丰南春、秋雨量稀少，发生大旱灾，全县受灾面积 36.9×10^4 亩。[④] 1972 年，全市受旱面积 595×10^4 亩，成灾面积 357×10^4 亩。1973 年，唐山春旱，全市受灾面积 108.5×10^4 亩。丰润、玉田两县严重，受旱面积 70×10^4 亩。[⑤] 20 世纪 80 年代以后，

① 北京市门头沟区地方志编纂委员会：《北京市门头沟区志》，71 页，北京，北京出版社，2006。
② 北京市门头沟区地方志编纂委员会：《北京市门头沟区志》，71 页，北京，北京出版社，2006。
③ 北京市房山区志编纂委员会：《北京市房山区志》，94 页，北京，北京出版社，1999。
④ 丰南县志编纂委员会：《丰南县志》，27 页，北京，新华出版社，1990。
⑤ 唐山市地方志编纂委员会：《唐山市志》，233 页，北京，方志出版社，1999。

政府通过修建水库缓解了旱情，但是地区性干旱情况依然存在。这里的多数古井无水，饮用水需要外地供给。21世纪初，随着煤矿停止生产，个别水井开始重新出水，但存在煤矿开发遗留下来的污染风险。

（二）荒漠化

京津唐煤矿地区环境问题的直接影响之一是在一定程度上加重了该地的荒漠化。环境污染严重影响了土地质量。[①] 北京西山煤矿地区的土壤变得更加贫瘠。例如，房山煤矿地区的土壤以山地褐土为主，存在不少土质较差的偏沙性或偏黏性的土壤。[②] 门头沟煤矿地区土壤以褐土为主，其中，山地淋溶褐土约占全市土壤总面积的35.46%，普通褐土（包括山地普通褐土）约占全市土壤总面积的14.19%，土壤腐蚀情况严重。[③] 又如，京西煤矿地区还存在大量矿渣和扬尘带来的严重危害和潜在污染。[④]

唐山煤矿地区的丘陵土壤、山区土壤和山前平原土壤都存在被腐蚀的情况，其中塌陷区的土壤腐蚀情况比较严重。例如，古冶、开平、路北、路南、丰润及玉田林南仓等都有塌陷区。煤矿地区的土质普遍不好，绝大多数土地都缺乏有机土壤。这里的土壤质地分为五级：沙壤、轻壤、中壤、重壤、沙质。[⑤] 大部分土壤缺乏磷、钾等有机质，而土壤中铁、铜等的含量丰富，加之堆放煤矸石，煤矿地区的土壤存在被固体废弃物污染的风险。

此外，京津唐煤矿区许多裸露的废弃土地因为土壤腐蚀或者土质杂质太多，也会出现荒漠化情况。

究其本末，一是煤矿地区及周边地面的塌陷、沉降等地质灾害容易导致水土流失、土壤腐蚀。例如，北京西山煤矿地区出现过多次的重力

① 北京市房山区志编纂委员会：《北京市房山区志》，87页，北京，北京出版社，1999。
② 北京市房山区志编纂委员会：《北京市房山区志》，87页，北京，北京出版社，1999。
③ 北京市方志馆：《北京地情概览》，7页，北京，科学出版社，2016。
④ 肖武、赵艳玲、张禾裕：《京西煤矿废弃地游憩型复垦的SWOT战略分析及其对策》，载《中国煤炭》，2009(11)。
⑤ 唐山市地方志编纂委员会：《唐山市志》，154页，北京，方志出版社，1999。

侵蚀、水力侵蚀、风蚀等引起的水土流失、土壤腐蚀，其中重力侵蚀主要是泥石流，多集中在百花山、黑坨山等煤矿深藏的地区，这使得北京多年平均土壤侵蚀模数在 1200～1600 t/(km² • a)。[①]

二是煤矿地区环境污染能导致土壤腐蚀。煤坑废水、煤渣、煤灰、煤矸石等是导致土壤腐蚀的主要因素。[②] 例如，房山周口店煤矿等地存在 1 万余亩的污染土地。[③] 这些土壤里掺杂着煤渣、煤灰、煤矸石等煤矿生产产生的废弃物，使得土壤中煤炭矿物质成分构成复杂[④]，土壤逐渐在风吹日晒中出现更多的风沙土。又如，地处门头沟煤矿地区的妙峰山属于石灰岩山区，山坡陡峭、土层稀薄、植被覆盖率较低，水土流失较为严重。[⑤] 更多的风沙土，严重的水土流失也使得这里的荒漠化问题更加严峻。

三是煤矿水文环境破坏问题加速了矿区河流干旱导致的水土流失和土壤腐蚀。破坏矿区水文环境，会使流经矿区的河流缺乏补给水源，河道及沿岸原来有河水滋养的土壤变得干燥，出现更多的沙石地、盐碱地。例如，1959 年，河北对盐碱地的统计发现，唐山的盐碱地较多，达到 100.75×10^4 亩，承德的盐碱地为 1×10^4 亩，石家庄的盐碱地为 4.30×10^4 亩，张家口的盐碱地为 57.90×10^4 亩。[⑥] 又如，1983—1986 年，门头沟水土流失面积达到 1180.71 km²，约占全区总面积的 81.4%，年平均侵蚀量为 47.57×10^4 t。其中，斋堂侵蚀面积为 106.51 km²，清水侵蚀面积为 118.52 km²，沿河城侵蚀面积为 172.61 km²。[⑦]

---

① 王彦辉、于澎涛、郭浩等：《北京官厅库区森林植被生态用水及其恢复》，2 页，北京，中国林业出版社，2009。

② 李峰、王素芳、武艳丽：《煤矿开采的土壤环境效应与生态恢复研究》，载《轻工科技》，2014(6)。

③ 北京市房山区志编纂委员会：《北京市房山区志》，87 页，北京，北京出版社，1999。

④ 北京市方志馆：《北京地情概览》，7 页，北京，科学出版社，2016。

⑤ 资料来源于北京市门头沟区档案馆：《门头沟区妙峰山镇土地利用总体规划(2006—2020 年)》。

⑥ 河北省地方志编纂委员会：《河北省志 第 20 卷 水利志》，81 页，石家庄，河北人民出版社，1995。

⑦ 北京市门头沟区地方志编纂委员会：《北京市门头沟区志》，330 页，北京，北京出版社，2006。

除了矿区内容易发生荒漠化，流经矿区的河流的中下游地区也因为受矿区水文环境破坏的影响而容易出现荒漠化。上游矿区的河流水量减少会使得下游出现断流，加重下游河流的干旱。例如，北京西山煤矿地区永定河沿岸的风沙地总面积约 3.13×10^4 亩[①]，唐山滦河流域两侧的风沙土总面积约 15.16×10^4 亩[②]。这些主干河流的中下游受到不利影响，植被退化。植被覆盖率降低导致水圈、生物圈的循环失调，生态环境变得脆弱，水土流失、土壤腐蚀等情况加剧。

这事实上主要由这里煤炭工业高速发展，加大了煤炭开发利用对山水环境和绿地环境的破坏所致。这个过程往往会使许多自然环境，如土地、河流遭到破坏，土壤会出现土壤沙石化、盐碱化，河流沿岸也会出现生态环境恶化，加重这里的土壤腐蚀、土地裸露、水土流失等问题。

（三）生态环境恶化

京津唐煤矿地区环境问题带来的最直接、最严重的影响之一是使京津唐煤矿地区的生态环境恶化。首先，京津唐煤矿地区的生态涵养能力下降。采矿造成的山林的破坏、地质环境的破坏等会使山林植被的恢复变得相当困难。许多煤矿地区沙石裸露，不经过人工造林，基本上难以恢复原来的自然环境。例如，门头沟东灵山主峰海拔 2303 m，超过了庐山、黄山、泰山等，有亚高山草甸区，被誉为"最美亚高山草甸"。在古代，这里生态环境优美，物种丰富多样，曾被誉为"北京第一奇峰"。随着环境问题的增多，灵山景区于 2019 年暂停对外开放[③]。又如，唐山曾经秀美的凤凰山也变成了满目疮痍的荒山。21 世纪初，凤凰山经过多次复建，还是有不少山体是裸露的草木难生之地，生态环境修复进度缓慢。

京津唐煤矿地区还出现了植被覆盖率低，植物种植单一的问题。譬如，20 世纪 90 年代对门头沟煤矿地区生态环境的调查发现，当地复垦

---

① 北京市房山区志编纂委员会：《北京市房山区志》，80 页，北京，北京出版社，1999。
② 唐山市地方志编纂委员会：《唐山市志》，152 页，北京，方志出版社，1999。
③ 《灵山景区环境恶化暂停开放》，载《新京报》，2019-05-15。

地的植被覆盖率比非矿区低 50.8％。该地植被物种单一，草本植物以鬼针草和狗尾草、荆条、蒿类等为主。这些浅根植被一般在夏季生长旺盛，多风少雨之际则容易枯死，从而导致土壤裸露，生态环境变得更加脆弱。① 即使这些地区采取了人工环境保护的补救措施，效果也不明显。

例如，门头沟地区多次采用国际先进的生态涵养技术，采取了建立不同功能的防护林、运用水泥凝固滑坡山体、使用营养土沙袋培育煤矿废弃地植被等人工保护措施，但是当地的生态环境涵养能力还是较弱，仍需要定期重新种植树木。生态涵养能力强主要取决于生态系统的健康，即一定空间内生物与环境所构成的一个整体中表现出的良性状态。从这个系统的结构看，生态涵养能力强的关键在于食物链或食物网两者构成的动态平衡及土壤、水、空气等自然环境供给合理。京津唐煤矿地区的工业化开发，使得煤矿滋生的环境问题的影响向当地自然生态环境的各个角落扩散，制约着这里的植被生长。

其次，生物多样性减少。生物多样性是指生命形式的多样性②，可分为遗传多样性、物种多样性、生态系统多样性、生物群种多样性、景观多样性。遗传多样性是指生物遗传信息的总和，是生命进化和生命基因保持的基础，对于生物多样性具有重要作用。当遗传基因发生突变时，就会发生基因重组，出现遗传变异，即俗称的畸形，影响生物后代繁衍的稳定性。物种多样性是指生物物种的丰富程度。生态系统多样性是指生物圈内生境、生物群落和生态过程的多样性，包括水质、土壤、湿度、气候、地形、地貌等，是生物群种的基础。生物群种多样性包括群种的构成、结构和动态方面多样性。景观多样性是指景观结构、功能和时间变化方面的多样性。

京津唐煤矿地区的生物多样性缺乏，主要表现在遗传基因多样性方

---

① 李一为：《京西矿业废弃地生境特征及植被演替研究》，博士学位论文，北京林业大学，2007。

② 谷建才、陈智卿：《华北土石山区典型区域主要类型森林健康分析与评价》，20 页，北京，中国林业出版社，2012。

面。生态环境的改变使野生动物出现大量死亡、迁徙的情况，甚至开始杂交，但由于不同物种之间存在生殖隔离，其杂交后代不能继续繁殖。同时，由于土地被破坏和污染，有机土壤减少，生态环境发生改变，植物的幼苗不易成活、生长，易发生基因突变，遗传给下一代。这使得动物体内的细胞发生病变，从而出现疾病或死亡，导致某些物种从稀有到绝迹。

两栖爬行类动物对环境的变化十分敏感。[①] 由于水源的污染或干枯，京津唐煤矿地区的湖泊、河流、菏泽之地的青蛙、蟾蜍等的数量减少，随之以这些生物为食物来源的鸟类的数量锐减。唐山的情况比较糟糕，首先是大型杂食鸟类的数量减少，其次是小型鸟类数量的减少（表4-19）。而其他鸟类与沿海鸟类海鸥等相比，也都有不同程度的减少。

表4-19　新中国成立以后唐山市8种常见鸟的数量变化
（以1951年的数量为100%）

单位:%

鸟的名称	1951 年	1961 年	1971 年	1981 年
麻雀(家雀)	100	20	40	40
乌鸦	100	50	20	5
啄木鸟	100	50	10	5
猫头鹰	100	70	20	4
杜鹃	100	60	20	10
喜鹊	100	50	20	10
老鹰	100	40	5	1
家燕	100	60	30	15

资料来源于河北省地方志编纂委员会：《河北省志 第17卷 林业志》，37页，石家庄，河北人民出版社，1998。

除了京津唐煤矿地区生物的种类和数量在减少，周边的山区也受到影响，存在同类问题。例如，北京延庆松山林区，20世纪90年代的环

---

① 杜连海、王小平、陈峻崎等：《北京松山自然保护区综合科学考察报告》，147页，北京，中国林业出版社，2012。

境考察只发现了 1 条白条锦蛇、3 条赤峰锦蛇。[①] 鱼类也由于水质污染和水源枯竭，数量减少。[②] 又如，在对八达岭森林的调研中，调研人员发现野生动物的数量虽然相对有所增加，但是与原始林区物种数量相比还有差距，如麋鹿从这里消失。[③]

景观多样性的缺乏也是生物多样化的一个制约因素，在自然时空尺度上，自然浑然天成、生物多样性彰显。但是，随着人文景观的介入，按照人们的意愿、喜好来设计自然景观制约着生物群种的天然构成，使其失去生物多样性的时空布局及过程变化。物种的遗传规律、种群构成及生态系统等方面也受到影响。例如，为了增加京津唐煤矿地区周边的人工景观，在山头上大面积种植某类果树，如桃树、梨树、核桃树、柿子树、苹果树等，造就了更多人工果园景观。这虽然增加了果树种植的经济价值，但是与原来这里生长的针阔混交林相比，大大降低了山林环境生态修复的能力。

出于环境污染治理、防沙防风角度，植树造林具有现实意义。在许多风口、山头种植的防护林以针叶林为主。针叶林阻滞降尘的能力强，33.2 kg/hm^2，而针阔混交林为 21.66 kg/hm^2，阔叶林为 10.11 kg/hm^2；针叶林吸收二氧化硫的能力为 215.6 kg/hm^2，而针阔混交林为 152.11 kg/hm^2，阔叶林为 88.62 kg/hm^2。[④] 但是，这种出于种树角度的考量也存在不生态、不自然的问题。森林对于生物多样性的原始诉求，使得针叶林生长得没有针阔混交林健康。譬如，对北京林区进行的评估发现，门头沟、房山等地的针叶林大多处于亚健康状态，延庆八达岭森林等缺水地区的情况相似。这其实是针叶林在水土保持、气候调节方面不够显著。因为这里不是全年降水、补水充分的地区。丰水

①　杜连海、王小平、陈峻崎等：《北京松山自然保护区综合科学考察报告》，147 页，北京，中国林业出版社，2012。
②　杜连海、王小平、陈峻崎等：《北京松山自然保护区综合科学考察报告》，147 页，北京，中国林业出版社，2012。
③　施光孚：《北京市的野生动物资源》，载《野生动物》，1989(3)。
④　谷建才、陈智卿：《华北土石山区典型区域主要类型森林健康分析与评价》，90、91 页，北京，中国林业出版社，2012。

季主要集中在夏秋，这使得林木只有在这个时期才能得到充足的雨水滋养。而这个时期，针叶林锁不住水分，林区就有可能得不到充足的水分。阔叶林锁水能力要强得多，但这里缺少阔叶林，所以林区持水效果不好，无法通过吸收"降雨，截取溪流中的雨水"①、抑制水土蒸发等来促进土壤有机物的生成。

（四）生物灾害频发

京津唐煤矿地区环境问题产生的另一个直接影响是诱发生物灾害。清末民初，京津唐煤矿地区以本土生物灾害为主，兼有生物入侵灾害，但并不十分严重。随着时间的推移，京津唐煤矿地区出现了有利于外来生物生存发展的环境。气候变得有利于这些生物的生存，其间不断出现暖冬。许多有害生物得以顺利越冬，为害来年的农业生产。②

除了碳排放量增加，干旱、碳矿区自然生态涵养能力弱、生物多样性缺乏等，使得许多本地生物容易遭受外来生物的攻击。本地生物大量死亡，逐渐被外来生物取代。而外来生物缺乏天敌，生殖繁衍迅速，为害性增大。

第一种生物入侵灾害是森林病虫害。由于矿区本土树种锐减，新建树林的树种基本上完全需要从外地购买、引入，导致外地树种的森林虫害也随之侵入，泛滥成灾。这里大量种植国内异地的防护林树种，使得林地在引入外来树种的同时，带入外来的病虫害，进而使得这里暴发外来生物入侵灾害。最常见的防护林是落叶松林、油松林，这些人工松林可以同时暴发松大蚜、松毛虫、松梢斑螟等多重病虫害。这里最常见的外来生物入侵灾害的果树林是核桃林等。核桃林容易暴发核桃举肢蛾等病虫害。例如，1954—1959 年，北京西山煤矿地区暴发"核桃举肢蛾"灾情。③ 从 1951 年到 2000 年，门头沟等京津唐山区的森林病虫害有

---

① 谷建才、陈智卿：《华北土石山区典型区域主要类型森林健康分析与评价》，85 页，北京，中国林业出版社，2012。

② 张国庆：《气候变化对生物灾害发生的影响及对策》，载《现代农业科技》，2011(1)。

③ 中国人民政治协商会议北京市门头沟区委员会、文史资料研究委员会：《门头沟文史》第五辑，106～109 页，中国人民政治协商会议北京市门头沟区委员会、文史资料研究委员会，1993。

5000 多种，病害有 2000 多种。[①]

　　此外，京津唐煤矿地区无论是山前平原、丘陵的林场还是山区林场，都存在人工纯树林而容易诱发的森林病虫害的问题。譬如，以山区林场为主的北京西山煤矿地区以旱地树种为主。中山中部以杨树、桦树、栎树等为主，中山下部以栎、山杏、白蜡等为主，低山丘陵荆条、灌丛分布广泛，等等。[②] 纯树林场会因为树种人为的过度干预而暴发某类树种病虫害，在集中暴发病虫害之后，出现大面积林木死亡。这种纯树林的森林病虫害影响也是京津唐煤矿地区生物灾害的总体特征。

　　20 世纪五六十年代，京津唐煤矿地区的生物灾害主要是苗圃病虫害、杨树溃疡病等，兼有少量成年树病虫害。1951 年，门头沟苇子水村、海淀田村等发生毛虫灾害，导致 2000 余株杏树的树叶几乎被吃光。1952 年，京津唐煤矿地区周边的果树又暴发病虫害。1953 年 4 月，京西矿区 6 个小矿区发生介壳虫、象鼻虫、天幕毛虫、梨星毛虫等多种病虫害。1954 年、1955 年、1956 年、1957 年、1958 年、1958 年，这里的核桃树、梨树、柿子树的病虫害灾情越来越严重，直到 1958 年开始使用 6％ 的可湿性"六六六"高毒性农药杀虫剂才控制住了灾情，同时配合使用撒石灰除虫法、烟熏、埋根等方法才减弱了灾情。

　　20 世纪 60 年代，京津唐煤矿地区的更多地区发生了防护林树苗病虫害，例如，这里的松苗林容易发生枯萎病、松针锈病、松瘤病，杨树苗林容易发生腐烂病、叶斑病、花叶病等。一些果树也会反复发生果树病，譬如，1963 年，河北省的梨树发生黑星病，使得某地区的 $7.5×10^4$ 株梨树中 $6.9×10^4$ 株梨树患病，果实受害率为 30％～40％，叶受害率为 75％～80％。[③]

────────────

　　① 谷建才、陈智卿：《华北土石山区典型区域主要类型森林健康分析与评价》，82 页，北京，中国林业出版社，2012。

　　② 北京市门头沟区地方志编纂委员会：《北京市门头沟区志》，75 页，北京，北京出版社，2006。

　　③ 河北省地方志编纂委员会：《河北省志 第17卷 林业志》，287 页，石家庄，河北人民出版社，1998。

20 世纪 70 年代以后，京津唐煤矿地区的林区暴发的生物灾害主要是成年树病虫害，兼有少量苗圃病虫害。这里的病虫害的种类在增多，其中松、杨、柳、榆、桃、枣、梨、核桃、梧桐、苹果等树种的病虫害问题严重，且反复发生。譬如，杨树林会同时出现杨树舟蛾、白杨透翅蛾、光肩星天牛危害等，小龙门林场等北京西山煤矿地区在 1976 年暴发松毛虫灾害，导致 1000 亩油松林受灾。1983 年，门头沟军响的油松暴发松毛虫灾害，次年，松毛虫灾害面积超过 600 亩。[1]

此外，随着与外国交流林木种植机会的增多，引进国外优质树种的同时也造成了更多森林病虫害的入侵。

截至 1990 年，华北地区引进的树种共有 215 种、43 科、92 属，京津唐煤矿地区是这些树种的主要种植地。这些树种要适应本地水土，但其自身抗病能力存在差异，如钻天小青杨等在幼苗期抗锈能力薄弱，只有长成大树后才具有较强的抗病能力。这些种植在高寒地区的树种，有种植生态风险，在幼苗期时实际上还会对当地植被环境带来生态威胁。[2]

第二种生物入侵灾害是鼠害。京津唐煤矿地区的条件利于鼠害生成。首先，煤矿开发使得矿区地下出现许多人为的岩层空洞，藏所较多，洞里湿润，为老鼠建窝提供了天然环境；其次，这里地面杂物堆积，比如，大量的煤炭堆、煤矸石堆及废弃厂房等都是老鼠藏身的好地方；最后，这里因办矿采煤形成的矿工社区、工矿城镇人口密集，公共环境卫生不好，也容易滋生老鼠。这里的老鼠主要有大仓鼠、黄鼠等。大仓鼠也称家鼠，一般为灰色，兼有白鼠，杂食性动物，性情凶残，繁殖能力、环境适应能力都超强。它们喜欢生活在旱地、荒地、山坡等地，洞穴有洞道、暗洞的构造，对于地下的土壤，地上的农田、草地等破坏性较大。黄鼠以油松等植物为主要食物，体型大于大仓鼠，喜好群居，一般分布在沙地、林区等地区，对于这里的林场破坏性也很大。

---

[1] 北京市门头沟区地方志编纂委员会：《北京市门头沟区志》，310 页，北京，北京出版社，2006。

[2] 河北省地方志编纂委员会：《河北省志 第 17 卷 林业志》，28 页，石家庄，河北人民出版社，1998。

1954 年，张家口油松林暴发的鼠害使得绝大多数京津唐煤矿地区受灾。此次鼠害首先传到廊坊地区，之后传入门头沟、房山等北京西、南部山区，使得多处油松林被老鼠盗毁，一些杏树林也被毁损。此次鼠害还使唐山、秦皇岛等地也受灾。1981 年，丰南受鼠害破坏之地为 $12×10^4$ 亩，1982 年受鼠害破坏之地为 $68×10^4$ 亩，1983 年受鼠害破坏之地为 $65×10^4$ 亩，1984 年受鼠害破坏之地为 $40×10^4$ 亩，其中仅 1983 年损失粮食 $117×10^4$ kg。[①]

鼠害不仅损害农田、庄稼，而且严重破坏草地、森林等。截至 1983 年，河北省兴隆县受到鼠害的幼林达到 3200 hm²，受害株率达到 60%，大面积幼林死亡，绝大多数京津唐煤矿地区都受灾。20 世纪 90 年代以后，鼠害对这里的森林的影响更大。1990 年河北省发生森林鼠害达到 $1×10^4$ hm²，除治 2150 hm²。[②] 1999—2007 年，有 15 个省份农田鼠害情况重于全国平均水平，其中 4 个省份为重灾，北京排名第一。[③]

第三种生物入侵灾害是外来草本植物灾害。这里植树造林大量使用外来树种，加之荒地多为旱地，一些耐旱的外来草本植物逐渐取代本地草本植物，出现生物入侵灾害。例如，原产于中非地区的野西瓜苗、原产于印度的蟋蟀草、原产于中亚的菟丝草等。这些外来生物的生命力顽强、耐旱，相比本地原生植物具有更强的繁殖能力，很难彻底根除。它们在生长中具有排他性，能给本地物种带来灭顶之灾。例如，菟丝草，作为藤蔓性植物，缠绕在树木、灌木之上可以导致树木死亡，打破当地生态平衡，影响当地生态系统的自然发生、繁殖、进化过程。[④] 再如，豚草原产于北美，繁殖能力超强，能破坏次生林和人工林的生长，抢占土地。2010 年 8 月的调查发现，三裂叶豚草和豚草已经入侵门头沟石

---

① 丰南县志编纂委员会：《丰南县志》，111 页，北京，新华出版社，1990。
② 河北省地方志编纂委员会：《河北省志 第 17 卷 林业志》，289 页，石家庄，河北人民出版社，1998。
③ 唐永金、潘剑扬：《我国近年农业气象与农业生物灾害的特点》，载《自然灾害学报》，2012(1)。
④ 杜连海、王小平、陈峻崎等：《北京松山自然保护区综合科学考察报告》，58 页，北京，中国林业出版社，2012。

担路西侧的永定河，在检查的不到 25 km 的永定河河道两侧布满两种豚草，生物入侵灾情严重。[1]

（五）农垦困难

京津唐煤矿地区环境问题对于当地社会的直接影响之一是农垦困难。一是耕地减少。随着煤炭工业现代化的高速发展，煤矿工业城镇占地面积的增大、废弃煤矿区的增多等都使得京津唐煤矿地区的土地遭到更多的破坏，这里的耕地面积大量减少。1949 年河北地区耕地面积约为 10898×10^4 亩，到 1988 年减少到 9851×10^4 亩，39 年共减少耕地 1047×10^4 亩，人均占有耕地由 1949 年的 3.51 亩，降低到 1988 年的 1.7 亩[2]，而京津唐煤矿地区就更低。例如，1949 年，唐山市耕地面积约 991.78×10^4 亩，人均耕地面积 2.89 亩，到 1985 年，唐山市人口增长 66.7%，耕地面积减少到 887.28×10^4 亩，人均耕地面积只有 1.46 亩。1986 年，为了缓解人口粮食供给压力，这里开垦了许多荒地，扩大了耕地的面积，全市耕地面积增加到了 891.44×10^4 亩。但是由于人口众多，唐山的人均耕地面积依然在减少，降为 1.44 亩。[3] 又如，北京市耕面积地在 20 世纪 80 年代为 5860.36 km²、1991 年为 6158.9 km²、1997 年为 5598.9 km²、2000 年为 5121.4 km²、2004 年为 4387.8 km²，这里的耕地也经历了一个先短期增长之后就长期减少的过程。[4]

门头沟、房山等煤矿地区的耕地减少情况更加明显。煤炭工业发展占地、煤矿城镇发展占地、复垦地绿化占地等使得这里退耕的问题突出。相比之下，房山灌溉以机械喷灌为主，节约用水，且这里的煤矿没有门头沟密集，许多煤矿开发的时间没有门头沟久远，在国家大力推行的环境保护措施执行下，农业垦殖条件要比门头沟地区好。2013 年，

① 刘华杰：《两种豚草侵入永定河》，载《科技潮》，2011(1)。
② 河北省地方志编纂委员会：《河北省志 第 47 卷 粮食志》，245 页，北京，中国城市出版社，1994。
③ 唐山市地方志编纂委员会：《唐山市志》，174 页，北京，方志出版社，1999。
④ 赵媛媛、何春阳、龚立萍等：《北京城市扩展过程中耕地自然生产功能损失研究》，载《中国土地科学》，2009(7)。

房山小麦为 76551 亩、夏玉米为 76551 亩、春玉米为 110424 亩、甘薯为 5000 亩，总计种植粮食作物 268526 亩；门头沟种植粮食作物 13068 亩，且都是旱地作物——玉米，小麦、稻米、甘薯的种植面积为零，具体情况见表 4-20。这也表明门头沟耕地的农作物种植产量不高，土地的农业贡献率低。[1]

门头沟土地的农业贡献率低又会加速这里的耕地大面积减少。北京为了推进粮食种植安全，进行了"两代三群"的部署。"两带"即建立优质高产粮食生产带，主要分区在北京北部上游太行山、燕山浅山和山前平原等地区；"三群"即建立绿色杂粮生产群，主要分布在密云、平谷、怀柔、延庆、房山等地区。农作物产量低的门头沟未被考虑，退出了北京主要粮食种植圈。

表 4-20　2013 年北京粮经作物播种面积情况表

单位：亩

序号	区县	玉米	小麦	甘薯	总计
1	门头沟	13068	0	0	13068
2	房山	186975	76551	5000	268526
3	延庆	268541	0	816	269357
4	丰台	3752	0	0	3752
5	海淀	4747	480	0	5227
6	朝阳	873	468	0	1341
7	顺义	258699	177217	1200	437116
8	平谷	121008	24350	4850	150208
9	昌平	40300	3998	0	44298
10	密云	229150	8442	20200	257792
11	怀柔	104220	18843	1054	124117

资料来源于王俊英等：《北京市粮经作物产业发展调研报告》，20 页，北京，中国农业科学技术出版社，2014。

---

[1]　王俊英等：《北京市粮经作物产业发展调研报告》，20 页，北京，中国农业科学技术出版社，2014。

二是农作物物种单一。这里种植的外来农作物主要是玉米。1979—
2007 年，玉米的种植率增长较快，贡献率达到了 47%。[1] 除了玉米，
京津唐煤矿地区主要的农作物还有高粱、大豆等。高粱有红、白两种颜
色，并分为硬、软两个品种。硬的适合作为主食，软的适合酿酒。高粱
是非洲的物种，抗旱能力极强，能在旱、酸、碱等多种土壤条件较差的
环境中生长。大豆，别称黄豆，原产于我国东北地区，耐旱、耐热，产
量高，抗病虫害能力强。这里的矿区在大量种植外来物种的同时，减少
了对于小麦、小米、水稻等本地传统农作物的种植。这与矿区气候变
暖、旱地增多、土壤被破坏等影响因素有关。

气候变暖对于京津唐煤矿地区的农作物种植有一定影响。按照学者
王丹的观点，由于极地增温幅度大于热带，北方增温，北方寒流减弱，
东南季风受到太行山的阻碍，使得京津唐所在的华北地区少雨干旱，水
量减少，北方江河断流，土壤沙化严重。1951 年，全国平均气温为
11.7℃，1998 年上升到 13.7℃。华北地区的升温还要高，夜间年平均
气温升高了 0.24～0.30℃。[2] 这种升温对于本地传统农作物生长影响巨
大。1979—2007 年，水稻的贡献率降到 5%。[3] 相对于北京、天津等地
区来说，这种影响还要更大一些，这里的小麦、水稻的产量在全国只能
排到中下游的位置。此外，地方特色品牌培育、种植也存在同样的问
题。2015 年对门头沟等地的调查显示，只有京白梨、核桃、京蜜瓜、
玫瑰花"一花三果"等少量土特产能作为当地代表性山货，果园、山货的
物产单一。[4]

旱地增多方面，京津唐煤矿地区的玉米、小麦、高粱等旱地作物种
植率在 95% 以上，尤其是门头沟、房山等地区。新中国成立初期，房

① 王丹：《气候变化对中国粮食安全的影响与对策研究》，122 页，武汉，湖北人民出版
社，2011。
② 王丹：《气候变化对中国粮食安全的影响与对策研究》，124 页，武汉，湖北人民出版
社，2011。
③ 王丹：《气候变化对中国粮食安全的影响与对策研究》，186 页，武汉，湖北人民出版
社，2011。
④ 赵媛、牛芳洁、李华：《门头沟特色农产品品牌建设研究》，载《经济师》，2014(7)。

山、门头沟等地"水稻减产"[1]，20 世纪 80 年代以后这两个地区不再适合大面积种植水稻。21 世纪初，房山还可以少量种植水稻，而门头沟却完全不能种植水稻了。这是因为这里越来越干旱，不仅陆地缺水，而且沿河一带也极度缺水，出现种田无水的情况。历史上，永定河、小清河、清河等河流周边是北京煤矿地区的粮食主产区。但是随着煤炭的开发利用，水资源锐减，这些地区越来越多的河流因为断流、河水污浊等原因退出灌溉系统。[2] 加之种植一些作物本身就会加重地区干旱，也使得这里更加干旱。与传统旱地农作物相比，玉米生长所需的灌溉水比例不低，玉米主产区的有效灌溉面积变动率已经增加到 66％。[3] 玉米能在生长期、发育期、成熟期锁住水分，起到一定的水土保持作用。但是玉米具有排他性，种植玉米的土地不能再种植其他作物，且收割完玉米进入冬季之后，土地会大片裸露，这又会进一步加重这些地区的旱地问题。

土壤破坏方面，京津唐煤矿地区出现了大量复垦地复建之后的荒地，这些荒地不适合种植作物，影响农业发展。京津唐煤矿地区复垦地的粮食耕种的发展一直缓慢，出产的粮食作物和蔬菜等不如其他平原地区产量高。同时，出于改善环境、加强环境保护的角度，一些耐旱农作物及易种植的蔬菜也被更多地种植。例如，从生态环境的贡献率来看，玉米、小麦、豆类及蔬菜的贡献率都比较高。玉米的大气调节能力最强，每亩玉米可以吸收 1145 kg 的二氧化碳，释放 859 kg 氧气。小麦、菠菜等的抑尘效果较好。[4] 所以，这也是京津唐煤矿地区广泛种植这几种农作物及蔬菜的一个原因。更多、更集中地种植这几种农作物，也使得这里的农作物品种单一问题更加突出。

---

① 王丹：《气候变化对中国粮食安全的影响与对策研究》，16 页，武汉，湖北人民出版社，2011。

② 北京市档案馆：《国民经济恢复时期的北京》，429 页，北京，北京出版社，1995。

③ 王丹：《气候变化对中国粮食安全的影响与对策研究》，122 页，武汉，湖北人民出版社，2011。

④ 王俊英等：《北京市粮经作物产业发展调研报告》，13、14 页，北京，中国农业科学技术出版社，2014。

三是生物灾害增多。这里广泛种植外来物种，增大了生物入侵灾害暴发的概率。1951年5月，唐山丰南陡河西畔63个村发生蝗虫灾害，受灾面积约1.2×10^4亩。1954年5月，丰南西南部发生土蝗灾害，受灾面积约9.51×10^4亩。这里的许多害虫出现变异，也出现了强抗药性，譬如，蝗虫灾害出现了一代、二代、三代重度发生等情况。同时还出现除了蝗虫灾害之外的农业生物灾害，一些虫灾造成的不利影响巨大。这些虫灾与大量种植小麦、玉米、大豆、高粱等旱地农作物有关，这些虫灾表现出了农业生物灾害的多种形态。

例如，1949—1987年，小麦出现了小麦锈病、小麦黑穗病、小麦白粉病等。又如，黏虫、蚜虫灾害成为京津唐煤矿地区发生最多的生物灾害。1963年，房山、门头沟、抚宁等发生了严重的黏虫、蚜虫灾害，在抚宁形成了约11.1×10^4亩的黏虫灾害区。20世纪70年代末，门头沟三家店地区出现了茄子茶黄螨等。[1] 随着这里农业生物灾害数量的增加，逐渐成为京津唐煤矿地区的区域性生物灾害。例如，由于种植范围、种植年头的增加，京西煤矿地区全境成为玉米虫害重灾区，唐山部分地区成为大豆虫重灾区。[2]

这里不仅出现农作物种植导致的生物灾害，也出现非农作物种植导致的草本植物的生物灾害，全国有16个省份出现农田草害，其中6个省份较为严重，包括北京。[3] 个别煤矿地区还暴发了只有当地才有的生物灾害。大量生物灾害的暴发都加大了京津唐煤矿地区农耕的难度，并增加了农耕的成本，使得农垦变得困难。

四是需要大量使用化肥、农药、农膜、农业机械等才能维持生产。京津唐煤矿地区为了发展农业，大量种植外来旱地作物。同时，为了丰

① 中国人民政治协商会议北京市门头沟区委员会、文史资料研究委员会：《门头沟文史》第四辑，123页，中国人民政治协商会议北京市门头沟区委员会、文史资料研究委员会，1993。
② 欧阳芳、门兴元、戈峰：《1991—2010年中国主要粮食作物生物灾害发生特征分析》，载《生物灾害科学》，2014(1)。
③ 唐永金、潘剑扬：《我国近年农业气象与农业生物灾害的特点》，载《自然灾害学报》，2012(1)。

富菜篮子，提高亩产量，这里的农业逐渐摒弃了"一亩菜地，十亩田"的传统农业的种植观念，广泛种植各种蔬菜。1949—1958 年，仅北京就把矿区种菜面积由 214 亩增加到 5650 亩，蔬菜产量由 200×10^4 斤提高到 4436×10^4 斤。[①] 这里开始种植大白菜、萝卜、豆角、茄子、辣椒、黄瓜、韭菜、小白菜、倭瓜等，丰富了蔬菜的品种。并通过引进温室种植、农膜、塑料大棚种植等技术，增加蔬菜产量。但是这个过程也带来其他问题。

首先是为了厚肥而大量使用化肥。京津唐煤矿地区周边的土地一般比较贫瘠，如果要进行种植，只有通过施肥等手段才能实现农作物的种植。并且，玉米等外来旱地作物与华北的本地农作物小麦相比需要施用更多的化肥。1979—2007 年，化肥施用量变动率中水稻为 165%，小麦是 292%，玉米是 354%，这会使农耕消耗更多的化肥。[②] 而大量施用化肥容易使土壤质量下降，使其更加依赖化肥。这里育种、种植农作物的过程不仅在播种时就需要使用辛硫磷、多菌灵、百菌清等拌种药来使得种子发芽育苗，而且在种植秧苗的过程中还需要追肥。[③] 施肥以复合肥为主，人工施肥比例超过 90%。[④] 对北京地区的调查发现，98.1% 的农户追肥使用尿素，每亩用量为 31.3 kg，农户还会用碳酸氢铵进行追肥，每亩用量为 51.8 kg。[⑤] 小麦的种植也会施用化肥。2008—2013 年，北京市每亩小麦平均施用氮肥 16.8 kg、五氧化二磷 8.0 kg、氧化钾 2.7 kg。[⑥] 20 世纪 90 年代末到 21 世纪初，种植小麦对于化肥的施用量需求

[①]　中国人民政治协商会议北京市门头沟区委员会、文史资料研究委员会：《门头沟文史》第四辑，113 页，中国人民政治协商会议北京市门头沟区委员会、文史资料研究委员会，1993。

[②]　王丹：《气候变化对中国粮食安全的影响与对策研究》，122 页，武汉，湖北人民出版社，2011。

[③]　王俊英等：《北京市粮经作物产业发展调研报告》，32 页，北京，中国农业科学技术出版社，2014。

[④]　王俊英等：《北京市粮经作物产业发展调研报告》，37 页，北京，中国农业科学技术出版社，2014。

[⑤]　王俊英等：《北京市粮经作物产业发展调研报告》，39 页，北京，中国农业科学技术出版社，2014。

[⑥]　王俊英等：《北京市粮经作物产业发展调研报告》，43 页，北京，中国农业科学技术出版社，2014。

一直居高不下；对于玉米的种植，化肥的施用量总量比例也相对较高，详见表 4-21，这使得化肥不仅成为京津唐煤矿地区的刚性需求，而且成为这里的一种新的环境影响。

表 4-21　新中国成立以后北京市农户玉米田使用肥料种类及用量统计表

底肥使用类型	施用途径	使用农户/户	比例/%	用量/(kg/亩)	氮、磷、钾含量/%
复合肥	种肥	148	65.2	51.4	15：15：15；18：19：18
磷酸二铵	种肥	21	9.3	20.0	18：46
有机肥	底肥	68	30.0	604.6	—
尿素	追肥	32	14.1	36.6	46

资料来源于王俊英等：《北京市粮经作物产业发展调研报告》，60 页，北京，中国农业科学技术出版社，2014。

　　其次是大量使用农药、农膜等而带来环境污染风险。为了灭虫、育苗、增产，京津唐煤矿地区在发展现代农业过程中大量使用农药、农膜等种植技术，而这些技术的使用会带来环境污染的风险。20 世纪 50 年代，房山发生大面积小麦病虫害，为了灭虫，开始用毒性农药三氯杀螨醇[1]、赛力散[2]等来灭虫。20 世纪 70 年代，为了消灭霜霉病，大量使用农药灭虫，使得害虫产生抗药性，农药的剂量就得加强。20 世纪 80 年代，房山发生大面积小麦病虫害，有些地方开始采用飞机喷洒农药。这里在除杂草、害虫过程中也开始大量使用毒性较大的农药，农户使用敌敌畏和辛硫磷的比例分别为 51.5％和 27.3％。[3]

　　1952—1990 年，京西煤矿周边地区的农田的化肥、农药、农膜的

---

[1]　中国人民政治协商会议北京市门头沟区委员会、文史资料研究委员会：《门头沟文史》第四辑，123 页，中国人民政治协商会议北京市门头沟区委员会、文史资料研究委员会，1993。

[2]　北京市房山区志编纂委员会：《北京市房山区志》，125 页，北京，北京出版社，1999。

[3]　王俊英等：《北京市粮经作物产业发展调研报告》，40 页，北京，中国农业科学技术出版社，2014。

使用量一直呈现上升趋势，农垦种植越来越依赖它们，详见表 4-22。这
也带来了更多的环境污染风险和种植问题。

表 4-22 1952—1990 年北京市丰台区使用化肥、农药等情况一览表

年份	化肥/t	农药/t	农药机械/台	农膜/t
1952 年	2	4		
1953 年	260	47		
1954 年	691	30		
1955 年	1427	53		
1956 年	1787	110		
1957 年	1464	68		
1958 年	2391	181		
1959 年	3604	196		
1960 年	3483	282		
1961 年	4331	210		
1962 年	3986	124		
1963 年	6736	132	443	
1964 年	5651	360	816	
1965 年	6781	300	811	
1966 年				
1967 年			507	
1968 年	6453	207.6	588	
1969 年	8270	436	570	808
1970 年	7683	254	599	
1971 年	8883	235	679	
1972 年	11127	239	565	
1973 年	11381	258	212	
1974 年	15649	219	595	

年份	化肥/t	农药/t	农药机械/台	农膜/t
1975 年	11651	308	862	
1976 年	10869	343	1001	
1977 年	11214	361	1284	
1978 年	12323	413	1922	
1979 年	11508	300	1367	
1980 年	11071	239	1611	
1981 年	12125	223	1622	
1982 年	11495	201	3235	1262
1983 年	11811	260	5274	1480
1984 年	13039	243	3937	1330
1985 年	5101	116	4923	859
1986 年	10502	152	4085	803
1987 年	8585	195	2932	1472
1988 年	8557	225	2839	1533
1989 年	8861	157	2904	1270
1990 年	6533	100	1995	457

资料来源于北京市丰台区地方志编纂委员会:《北京市丰台区志》，473 页，北京，北京出版社，2001。

由于大量使用化肥，这里的土地容易结块，土壤不够细腻。这也使得这里需要普遍使用农业机械作业，而农业机械的使用进一步加大了耕地的环境污染风险。环境污染风险的增大，会使农产品产量减少，农产品品质下降，这又会反过来制约农业经济的发展。

此外，大量使用化肥、农药、机械灌溉等会增加农业种植成本，减少农业种植利润，详见表 4-23。这使得农户的经济收入增长缓慢，务农积极性不强。更多的年轻人不愿意务农，农村青壮年人口减少。京津唐煤矿地区的农户平均年龄为 52 岁，初中及以下学历者超过 86％。① 农业青年人口的减少及农民文化水平提高不快都成为这里农业产业技术革新、农作物质量提升等农业现代化发展的主要阻碍。以北京为例，自给率为全国倒数第二，由 2009 年的 16.8％降至 2012 年的 13.8％。其中，玉米在 2012 年全市的自给率为 33％，甘薯为 12.5％，小麦为 11％。② 这都会使这里的农业发展缺乏后劲。

表 4-23　2011—2013 年北京市小麦生产收益统计表

年份	面积/10^4 亩	化肥费/元	农药费/元	机耕费/元	用工费/元	水电费/元	种子费/元	合计	亩产值/元	亩产收益/元
2011 年	87.2	136.9	25.0	130.1	164.3	58.4	52.7	572.0	716.2	144.2
2012 年	78.3	162.5	22.9	126.7	174.7	69.6	50.5	594.3	771.2	176.8
2013 年	54.4	136.9	14.2	139.5	117.5	52.5	60.9	553.0	792.8	239.8

资料来源于王俊英等：《北京市粮经作物产业发展调研报告》，42 页，北京，中国农业科学技术出版社，2014。

（六）农产品重金属污染风险

京津唐煤矿地区环境问题对于当地社会发展的一个直接不利影响就是农产品出现重金属污染风险。重金属污染是导致农作物出现食品安全的一个主要因素，即使存在轻度重金属污染，也会构成危害，导致农作物产量和质量下降，给人体健康带来风险。根据调查，常年开采的煤田、煤矸石中一般含有铬、镉、铜、锌、铅、镍、汞等重金属。它们会通过煤矿排出的"三废"残留到附近土壤、水、空气当中，通过生态循环系统进入农产品。这使京津唐煤矿地区的农业发展受到影响。

20 世纪 90 年代，调查人员从对唐山复垦地土壤的调查中发现了一

---

① 王俊英等：《北京市粮经作物产业发展调研报告》，25 页，北京，中国农业科学技术出版社，2014。

② 王俊英等：《北京市粮经作物产业发展调研报告》，24 页，北京，中国农业科学技术出版社，2014。

些重金属元素。[1] 2007 年，调查人员在唐山南湖地区发现土壤和水中存在重金属元素残留。[2] 2016 年，我们在调查北京门头沟地区的煤矿土壤时也发现了重金属残留。除了"三废"污染造成煤矿地区环境的重金属含量比重较高之外，还有就是这里的环境因长期接纳"三废"排放而发生化学反应，出现二次污染。例如，煤矿地区多数土壤由碱性变为酸性特质，容易导致重金属溶解到环境中。在周围土壤、水体等环境中，重金属形态一般分为结合态、可溶态、可交换态，其中可溶态、可交换态容易造成重金属的迁移、残留，并对农作物造成污染。重金属中各种元素的总量则是相对次要的，农作物各部位中的重金属分布累积具有差异性，与土壤接触面越多的地方，重金属富集越多。学者莫争等人的实验也发现，交换态和可溶性有效性最强的重金属在土壤中会有一个向铁锰氧化态及碳酸盐态等转化的过程，同时铁锰氧化态、重金属碳酸盐态不断被土壤中作物根系的分泌物质溶解，金属的迁移性和有效性增强。[3]

京津唐煤矿地区的环境存在重金属元素残留的结果，是这里生长出来的农产品存在重金属污染风险。

2016 年春夏之际，调查人员对京津唐部分煤矿进行农产品重金属含量调查，发现这里的玉米含有铬、铅等重金属，其中煤矸石山生长的玉米的重金属元素含量较高，详见图 4-2、图 4-3。

不仅煤矸石山的玉米检出了重金属元素，而且其他煤矿环境也检出了重金属元素。由图 4-3 可知，北京门头沟地区某煤矿的玉米样品中检出了铅，其含量为 0.43 mg/kg；也检查了铬，其含量为 0.94mg/kg；未检出镉。

① 李富平、杨福海、王树国：《复垦土壤重金属污染综合评价方法探讨》，载《冶金矿山设计与建设》，1997(3)。
② 岳志新：《水体重金属去除技术研究——以唐山市开滦矿区南湖为例》，硕士学位论文，南京理工大学，2007。
③ 莫争、王春霞、陈琴等：《重金属 Cu Pb Zn Cr Cd 在土壤中的形态分布和转化》，载《农业环境保护》，2002(1)。

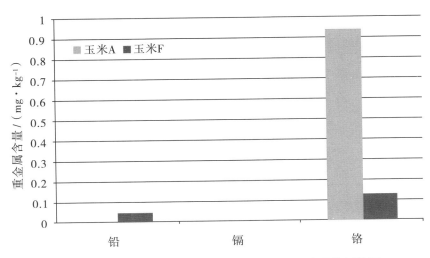

图 4-2 2016 年北京、唐山部分煤矿玉米重金属含量检测数据

（资料来源：由北京联合大学应用文理学院食品科学系师生实地采样，送谱尼实验室检测后获得）

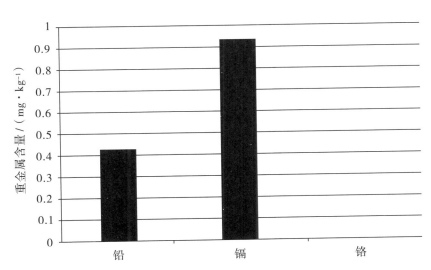

图 4-3 2016 年北京门头沟地区某煤矿煤矸石堆玉米重金属含量检测数据

（资料来源：由北京联合大学应用文理学院食品科学系师生实地采样，送谱尼实验室检测后获得）

重金属污染会影响玉米的生长、发育、成熟。例如，重金属铅会阻碍植物的有丝分裂过程，减慢其分裂速度[1]；铅在植物组织中累积，可导致光合作用过程强度减弱引起根吸水量减少，耗氧量增大。这些影响对于植物生长来说可能都是致命的。

2017年，在对京津唐煤矿地区某矿区复垦地的蔬菜种植安全情况的调查中，我们从韭菜和菠菜中检出铅、镉等重金属，详见表4-24。

表4-24　2017年京津唐煤矿地区某矿区韭菜、菠菜的重金属含量检测数据表

单位：mg/kg

检测项目	韭菜		菠菜	
	样品组	对照组	样品组	对照组
铅	0.028	未检出	0.18	未检出
铬	未检出	未检出	0.11	未检出
镉	0.0074	未检出	0.011	未检出

资料来源：由北京联合大学应用文理学院食品科学系师生实地采样，送谱尼实验室检测后获得。

京津唐煤矿地区的菊花、玫瑰花等也存在重金属污染风险。菊花、玫瑰花是耐旱、耐寒的易种花种，其花朵可以做花茶，是除玉米之外煤矿地区比较容易种植的农业经济作物。

玫瑰花是煤矿地区转型后试点推广的首选的旅游产业作物。玫瑰花不仅美观，可以增加景区雅趣，而且便于管理。玫瑰花属于多年生灌木植物，一次性播种之后只需要定期维护就能获得持续的农业收获。加之玫瑰花不像其他草本类花朵一样与地面比较近，所以相比菊花，玫瑰花受矿区重金属污染相对微弱；玫瑰花的鲜花能卖到好价钱，干花也容易储存，所以，玫瑰花是这里农户很愿意种植的经济作物。目前，京津唐煤矿周边地区也开始种植玫瑰花。在2017年的调查中，我们在京津唐煤矿地区某矿区周边的玫瑰花中检出了铅、砷、镉等，详见表4-25。

---

[1]　高扬、武法清、何正飚：《铅对洋葱根尖细胞有丝分裂的影响》，载《长春师范学院学报》，2003(2)。

表 4-25　2017 年京津唐煤矿地区某矿区周边的玫瑰花土壤中重金属含量表

单位：mg/kg

检测项目	砷	铅	镉
含量	9.34	21.7	49.3

资料来源：由北京联合大学应用文理学院食品科学系师生实地采样，送谱尼实验室检测后获得。

菊花是仅次于玫瑰花，适合在京津唐煤矿地区种植的花。从环境治理角度来说，菊花更加具有生态价值，能吸附更多重金属元素。从经济角度来看，菊花不仅具有观赏价值，而且还有极高的药用价值、食用价值。菊花茶味道淡雅，色泽优美，市场需求大。菊花属于多年生草本植物，根茎在头年种植之后，只要妥善培植，第二年也不需要再次播种。而且菊花耐旱、耐寒，比较适合京津唐煤矿地区昼夜温差大、冬季严寒、少雨的地区种植。其中，木茼蒿、黄金菊、春黄菊、小红菊和菱叶菊更为耐寒，对土壤生长环境要求低，沙质土、土壤较少的沙石地都能种植，且花期长，花朵多。

但是，菊花对于重金属吸附能力较强，容易存在重金属污染风险。2016 年，我们在调查京津唐煤矿地区的菊花种植情况时发现京津唐某煤矿地区周边种植的小红菊和菱叶菊等含有铅，并超过市场同类商品；对菊花的花瓣、花茎、花叶、花根进行的检测也发现，与地面土壤越接近的地方重金属的含量越高，详见表 4-26。

表 4-26　2016 年京津唐煤矿地区某矿区菊花与市场样品铅含量检测数据表

单位：mg/kg

检测项目	样品组	对照组
铅	0.24	0.15
铬	未检出	1.23
镉	未检出	0.3

资料来源：由北京联合大学应用文理学院食品科学系师生实地采样，送谱尼实验室检测后获得。

实地调查还发现，这里大片的复垦地、裸露的河滩、荒废的田埂、贫瘠的山地平原等是种植菊花的地区。这些地区中复垦地、煤矸石山附近的菊花重金属比例较高，也反映出常年煤炭生产中排出"三废"对于菊花生态环境的影响。

此外，京津唐煤矿地区的重金属污染还影响了蔬菜，特别是影响了特菜的种植。特菜是非本土、反季节的特、优、新蔬菜，是蔬菜中经济价值较高的蔬菜。这些蔬菜的种植发轫于 20 世纪 80 年代后期，是农业现代化经济的主要内容，经历了一段时间的孕育期。在 2000 年以前，京津唐煤矿地区的蔬菜还只能以本地传统菜为主，从 2005 年起，特菜进入旺盛的发展期，仅北京新发地批发市场的特菜种类就增加到 100 余种。[①] 以 2017 年某段时间北京新发地蔬菜为例，相对传统北方菜的市面价格，特菜市面价格较高，有旺盛的市场需求，详见表 4-27。

表 4-27 2017 年某段时间北京新发地蔬菜批发价格情况表

单位：元/斤

种类	菜名	最低价格	最高价格	平均价格
特菜	荷兰豆	10.0	11.0	10.5
	鱼腥草	5.0	10.0	7.5
	薄荷	7.0	9.0	8.0
	西红柿	1.5	4.0	2.8
	芹菜	0.8	1.4	1.1
	黄瓜	1.0	4.5	2.8
	彩椒	4.0	8.0	6.0
	樱桃西红柿	2.7	3.1	2.9
	香芹	1.0	5.0	3.0
	丝瓜	4.0	7.5	5.8
	西蓝花	1.2	4.3	2.8
	茭白	2.0	2.2	2.1
	豇豆	3.0	6.0	4.5

---

① 徐立京：《捕捉特菜市场的大众商机》，载《经济日报》，2008-02-28。

种类	菜名	最低价格	最高价格	平均价格
特菜	藕	1.8	2.5	2.2
	毛豆	3.2	4.0	3.6
	木耳菜	7.0	9.0	8.0
	茼蒿	7.0	8.0	7.5
	慈姑	5.0	6.0	5.5
	韭黄	10.0	11.0	10.5
	空心菜	6.0	7.5	6.8
	蒜苗	3.5	6.5	5.0
	杏鲍菇	3.5	4.5	4
	金针菇	2.5	3.5	3
本地菜	大白菜	0.5	0.8	0.7
	小白菜	0.5	2	1.3
	土豆	0.7	1.2	1.0
	胡萝卜	0.5	1.3	0.9
	山药	1.2	1.8	1.5
	心里美萝卜	0.5	1.1	0.8
	大葱	1.0	1.7	1.35
	葱头	0.6	1.2	0.9
	平菇	1.5	2.5	2.0
	黄豆芽	0.8	0.9	0.9
	菠菜	1.5	2.8	2.2
	尖椒	1.5	2.8	2.2
	冬瓜	0.5	1.0	0.7

资料来源于北京新发地批发市场。

　　京津唐煤矿地区气候变暖，生物灾害多发，生态环境恶化，影响着这里特菜的种植和品质提升。调查发现，有些特菜存在外观不好、口味不佳、营养含量不高等问题。同时，这里的土壤肥力不足，酸性、碱性土壤多，中性土壤少，也不适合大面积种植特菜。一些无土培植的特菜，由于水质污染、空气污染，不易种植且产量不高。

有些特菜虽然可以在京津唐煤矿地区种植，但是由于土壤重金属含量超标，也影响种植安全。例如，鱼腥草是三白草科蕺菜属植物，因有鱼腥味被称为鱼腥草。鱼腥草耐寒、在-15℃以上可越冬，广泛分布于我国长江流域各省。鱼腥草与菊花一样，是一种可以食用和入药的经济作物，具有广阔的市场需求。鱼腥草生长于阴湿处或山涧边，繁殖能力强，能大片蔓生。从生长条件上看，一些京津唐煤矿地区可以种植鱼腥草，并可以通过种植鱼腥草来改善土质环境，减少重金属含量水平。但是，从食品安全角度来看，这样做却存在风险。2015 年，对某煤矿地区的调查发现，这里试种的鱼腥草存在重金属元素含量微量超标的风险。有关实验及研究显示，培养基中镉的含量为 50 mg/kg 时，鱼腥草的富集能力最大，镉含量达到 10 mg/kg。[①] 鱼腥草富集铅的能力也很强。在土壤铅含量符合要求的地块种植的鱼腥草，铅含量达到 10 mg/kg。绿色食品要求的土壤铅含量不超过 50 mg/kg，以这个数字折算鱼腥草对铅的富集能力为 0.2。培养基中铅含量达到 1000 mg/kg 时，鱼腥草富集系数达到最大为 0.522。[②] 调查发现，试种的鱼腥草锌的平均含量最高，汞的平均含量最低。锌和汞之间存在较高的相关性，说明两者之间来源相同的可能性较大，也说明这里并不适合种植鱼腥草。

（七）疫病多发

京津唐煤矿地区环境问题的直接影响之一是使得京津唐煤矿地区暴发更多的疫病。疾病成为影响当地社会发展的一个因素。这里的矿工是容易患病的人群，具体病症如下。

一是硅肺病。1949 年，门头沟城子矿查出硅肺病人 60 人。1952

---

① 曾泽雨：《Pb、Cd 胁迫对鱼腥草生理特性及其累积效应的研究》，硕士学位论文，四川农业大学，2010。

② 曾泽雨：《Pb、Cd 胁迫对鱼腥草生理特性及其累积效应的研究》，硕士学位论文，四川农业大学，2010。

年，门头沟城子矿查出硅肺病人及可疑病人 290 人，同年，唐山矿区也发现当地的硅肺病患病率为 24％。① 1957 年，城子矿查出硅肺病人 179 人。② 1972 年，房山发现工矿业的硅肺病人 103 人。③ 从 20 世纪 70 年代起，硅肺病成为河北地区的主要职业病。对于河北省职业病的调查发现，1972 年硅肺病人达到 1 万多人，1977 年增加到 3 万多人，1958 年到 1977 年这里的硅肺病死亡职工达到 324 人。④

20 世纪 80 年代，随着国家对硅肺病预防和控制的增强，硅肺病能够得到及时的医治。但是，该病症还是没有被有效控制，这与这里的环境污染有关。例如，1982 年的调研发现，林西矿和赵各庄矿的粉尘作业超过国家规定标准的 50％，有的超标达到 180 倍。⑤ 同时，煤炭、水泥的粉尘空气污染比较严重。1985 年，河北全省的硅肺病人为 14000 多人。

20 世纪 90 年代，京津唐煤矿地区的硅肺病患病率有所下降。例如，门头沟煤矿地区的硅肺病检出率由 1985 年的 9.79％（累计查出硅肺病人 5830 人）下降到 1990 年的 7.71％（1668 人），患病人数减少了。⑥ 粉尘污染是硅肺病的一个主要原因。煤矿工人因为更多地接触煤尘、炸药粉尘、岩层粉尘等有害可吸入物，容易患上硅肺病。

21 世纪初，京津唐煤矿地区的硅肺病患者进一步减少，但是硅肺病依然是这里的一个多发病。2001—2012 年，河北省新增硅肺病人 2679 人，个别地区疫情还有抬头。2003 年 1 月—2014 年 12 月，门头

---

① 赵新华、高文静、屈峨彪等：《开滦集团煤工尘肺防治工作 55 年回顾》，载《中国疗养医学》，2006(5)。
② 北京市门头沟区地方志编纂委员会：《北京市门头沟区志》，635 页，北京，北京出版社，2006。
③ 北京市房山区志编纂委员会：《北京市房山区志》，570 页，北京，北京出版社，1999。
④ 河北省地方志编纂委员会：《河北省志 第 64 卷 劳动志》，441 页，北京，中国档案出版社，1995。
⑤ 河北省地方志编纂委员会：《河北省志 第 64 卷 劳动志》，441 页，北京，中国档案出版社，1995。
⑥ 北京市门头沟区地方志编纂委员会：《北京市门头沟区志》，635 页，北京，北京出版社，2006。

沟区医院接受住院治疗的硅肺病患者达到 80 人，他们的年龄以 60 岁以上为主。[①] 这里的硅肺病患者以中老年人群为主，也是历史遗留的病根。

二是有毒有害物质的中毒症。1980 年对铅、汞、苯等化学物质造成的职业病的调查发现，北京房山工矿区有 17 名苯中毒患者。政府进行了相关疾病的预防和救治，1990 年中毒患者降到 2 人。但是，1992 年又发现了 16 名中毒症疑似患者，1995 年发现了 6 名中毒症患者。[②] 煤矿地区的矿工长期从事煤矿开采会接触到许多有毒物质，容易中毒，有可能是这里的矿工反复发生中毒情况的原因。对于煤矿生产环境中有毒有害接触最多且更容易发病的人群是来自农村的矿工。清末以来，他们主要从事农业耕种，农闲之时才到矿区打短工，且多从事一些简单的、技术含量低的体力劳动工作，如挖掘煤块、捡拾煤块、收集煤渣、辅助运输煤炭等，而这些工作更容易接触粉尘污染、瓦斯污染、矿物质污染等。他们不是煤企的在编人员，企业对他们的有毒有害的预防和治疗措施也相对较少，加之他们食用的许多食品也是本地种植的农产品，有可能存在食品安全风险，这使得他们容易中毒或患病。21 世纪初，李晓旭等人对唐山常住农民的调查发现，他们的患病率为 9.8%。[③] 此外，由于长期、频繁地接触煤井潮湿的空气、浑浊的污水，矿工的皮肤会受到毒素侵染，变得敏感，容易患上皮肤病。1980 年对开滦部分煤矿的调查发现，矿工的患病率为 45.99%。[④] 这使得中毒症也成为这里的一个常见的病症。

三是恶性肿瘤疾病。京津唐煤矿地区的中老年患上恶性肿瘤疾病的概率大于其他非煤矿地区人群。1996—1999 年，对唐山某煤矿地

---

① 李跃华、张玫、赵丽：《老年矽肺患者临床表现及相关因素分析》，载《工业卫生与职业病》，2006(4)。
② 北京市房山区志编纂委员会：《北京市房山区志》，570 页，北京，北京出版社，1999。
③ 李晓旭、马丽春：《唐山部分农村地区慢性阻塞性肺疾病的流行病学调查》，载《临床荟萃》，2012(5)。
④ 温淑媛：《煤矿职工的皮肤病调查》，载《煤矿医学》，1982(6)。

区居民的调查发现，当地恶性肿瘤死亡率较高，死亡人数为 1228 人，其中男性为 758 人，女性为 470 人。[①] 显然，男性矿工更容易患上恶性肿瘤疾病，如肺癌、胃癌、肝癌等。[②] 例如，肝炎转成肝癌是这里的一个普遍现象。2010—2014 年对唐山的调查发现，唐山开滦煤矿地区的肝炎患病率比较高：东矿区为 92.34%、开平矿区为 70.99% 等。[③] 2006 年，闫玉香等人对门头沟煤矿地区的 329 名矿工进行的调查发现，乙肝的总感染率为 41.94%，其中已婚者较多。[④] 这也是京津唐煤矿地区肝炎患者的第一人群是工人，第二人群是家庭主妇的主要原因。同时，这里出现病毒性肝炎变为恶性肿瘤的趋势。例如，唐山煤矿地区肝癌为第二致死疾病。[⑤] 门头沟煤矿地区在 2009 年疾病普查中发现，肝炎癌症排名第三，有 235 名肝炎病毒携带者，其中部分病人有癌变的可能。大台地区办事处（20 人）、斋堂镇（11 人）、王平镇（7 人）等煤矿地区都是肝炎集中感染的地区。

21 世纪初，恶性肿瘤疾病还在蔓延，成为京津唐煤矿地区人口死亡较多的疾病。2006—2010 年的调查发现，门头沟煤矿地区 60 岁及以上的人员死亡原因为循环系统疾病、恶性肿瘤、呼吸系统疾病、损伤与中毒、消化道疾病，其中男性死亡率高于女性。[⑥] 2008—2010 年对唐山开平矿区居民的调查发现，恶性肿瘤死亡比例高于其他地区。[⑦]

[①] 王国立、徐应军、庞琳等：《1996—1999 年唐山市路北区居民恶性肿瘤死亡状况分析》，载《中国煤炭工业医学杂志》，2001(6)。

[②] 吕焱、尹素凤：《2008—2010 年唐山市开平区居民恶性肿瘤的疾病负担分析》，载《中国煤炭工业医学杂志》，2013(4)。

[③] 项东、张利焱、王良群等：《2010—2014 年唐山市病毒性肝炎流行特征及防控对策分析》，载《医学动物防制》，2016(8)。

[④] 闫玉香、庄国良、吕明月：《门头沟区煤矿工人乙型肝炎感染状况调查》，载《首都公共卫生》，2007(2)。

[⑤] 吕焱、尹素凤：《2008—2010 年唐山市开平区居民恶性肿瘤的疾病负担分析》，载《中国煤炭工业医学杂志》，2013(4)。

[⑥] 安玲、曹殿起：《2006—2010 年门头沟区户籍 60 岁及以上老年人主要死因分析》，载《预防医学情报杂志》，2014(3)。

[⑦] 吕焱、尹素凤：《2008—2010 年唐山市开平区居民恶性肿瘤的疾病负担分析》，载《中国煤炭工业医学杂志》，2013(4)。

四是外伤。首先是皮外伤。2007—2008 年对开滦煤矿农民工人的职业病调查发现，许多矿工都受过外伤，而且受伤以后很少及时去医院就医。当接触有毒有害因素后，11.24％的人会去医院救治；32.21％的人不会去医院医治，而是采取一些自救措施；34.46％的人不去医院也不采取任何救治措施，而是任其发展。[①] 其次是骨折、腰肌劳损等外伤。1990 年对京津唐煤矿地区某些煤矿的调查发现，唐山某煤矿的腰背痛矿工人达到 7225 人，患病率为 5.5％，与煤矿生产职业的关联较大。[②] 煤矿工人从事的工作大多以重体力劳动活为主，在加工煤炭、搬运煤炭过程中稍有不慎便会受伤。并且煤矿井下阴冷、潮湿，容易造成矿工气血不通，诱发类风湿，从而更容易患上腰背、腿脚、手足经络不通的疾病。

除了上述疾病，这里还容易暴发以下疾病。

一是这里容易暴发胃肠道疾病。1963—1964 年，房山地区发现疟疾患者 722 人，多数来自煤矿地区。[③] 在这些地方的水体中发现大肠杆菌等细菌，部分矿区存在饮用水不合格的问题。例如，2007 年对门头沟农村生活饮用水自备水的水源调查发现，当地以井水、山泉、河水为主要饮用水，水质合格率仅为 76.3％。[④] 2008—2009 年，对门头沟饮用水的调查抽查了井水、自来水、二次供水、山泉水，发现这些水体中都存在大肠杆菌、耐热大肠杆菌。其中，山泉水不合格率约为 29％，井水不合格率约为 20％。[⑤] 例如，大肠杆菌的一种单核细胞增生李斯特病毒，可以使孕妇流产、早产，也可以使婴幼儿患上脑膜炎、高烧不

① 杨奕、殷华：《开滦煤矿农民工人职业卫生保健知识及医疗满意度调查》，载《中国煤炭工业医学杂志》，2009(6)。
② 范雪云、何立萍、李庆友等：《煤矿工人腰背痛休工率分析》，载《职业医学》，1993(4)。
③ 北京市房山区志编纂委员会：《北京市房山区志》，568 页，北京，北京出版社，1999。
④ 付慧英、刘慧生：《北京市门头沟区农村生活饮用水水质卫生调查》，载《环境与健康杂志》，2009(4)。
⑤ 吕秋艳、王志越、刘玉珍：《2008～2009 年北京市门头沟区生活饮用水微生物污染状况》，载《首都公共卫生》，2011(5)。

退，还可以使老人免疫力下降、腹泻脱水。疟疾等疾病临床表现出了轻度自愈性，使人们在很长一段时间内并不重视防治。

二是这里容易暴发地方性氟中毒导致的疾病。京西煤矿地区[①]、唐山[②]一度流行氟斑牙疾病。20 世纪 70 年代，门头沟、房山地区发现了多名氟斑牙疾病患者。[③] 1980 年对门头沟氟中毒的普查发现，门头沟氟斑牙患病率为 38.7%，查出成人患者 7511 人，中小学生患者 2972 人。房山 50% 高发的地区有 6 个，其中不乏煤矿地区。1987 年的普查发现，门头沟的氟中毒患病人数 38887 人，其中氟斑牙病患病率为 38.77%。1995 年，患病人数有所减少。[④] 病患主要分布在煤矿地区，煤矿地区环境污染以及采集含氟和硬度高的深井地下水作为水源有可能是致病因素。煤矿地区的煤坑沉淀水和附近的深井井水是唐山开滦煤矿地区、门头沟煤矿地区的居民的部分水源，而这里的居民水源存在食用安全风险以及居民更多地接触周边环境的污染物都有可能是这里氟斑牙病风险增大的原因。

三是这里容易暴发呼吸道、消化道传染性疾病。1957 年春季，门头沟地区暴发国际性流感，并迅速蔓延。1958—1959 年，房山地区出现百日咳，并迅速变为当地流行病，患者达到 3326 人，造成 22 人死亡。[⑤] 1967 年色树坟大队暴发伤寒，发病者 248 人。20 世纪 70 年代，房山暴发流感，煤矿地区是重灾区。[⑥] 1980 年，门头沟发现伤寒病人

---

① 中国人民政治协商会议北京市门头沟区委员会、文史资料研究委员会：《门头沟文史》第四辑，229 页，中国人民政治协商会议北京市门头沟区委员会、文史资料研究委员会，1993。

② 河北省地方志编纂委员会：《河北省志 第 20 卷 水利志》，300 页，石家庄，河北人民出版社，1995。

③ 北京市房山区志编纂委员会：《北京市房山区志》，569 页，北京，北京出版社，1999。

④ 北京市门头沟区地方志编纂委员会：《北京市门头沟区志》，638 页，北京，北京出版社，2006。

⑤ 北京市房山区志编纂委员会：《北京市房山区志》，567 页，北京，北京出版社，1999。

⑥ 北京市房山区志编纂委员会：《北京市房山区志》，568 页，北京，北京出版社，1999。

23 人，其中大峪村 13 人。1981 年，发现病人 6 人，其中伤寒和副伤寒各 3 人。1983 年以后，这些疾病的蔓延趋势得以有效控制。[1] 2005—2011 年调查发现，唐山斑疹伤寒的发病人群主要集中在 15～59 岁青壮年组（681 例），占总发病数的 44.05%。[2] 这些疫情的多次暴发对当地人的健康构成了一定的威胁。传染性流行病医学、生态学、环境学等已有明确的结论：气候变化对呼吸道、消化道疾病的影响是显著的。[3][4]例如，百日咳、哮喘、流感人群对温度、湿度较敏感，冬季大风刮过的京津唐煤矿地区往往都是呼吸道疾病集中暴发的地区。这主要是因为冬季为了御寒，血管需要消耗更多的血液，使人体供血紧张，抵御疾病的能力下降。除了严寒，酷热也是呼吸道疾病的致病因素。当天气闷湿炎热时，人体会大量排汗，血管中的水分减少会导致血液浓稠，供血不足，抵御疾病的能力下降。污染物增多，空气里有害的可吸入颗粒物以及二氧化碳、一氧化氮等有害气体增多，当受高气压、低气压控制时会更容易地进入人体呼吸道，损伤肺叶，促成呼吸道疾病，严重者高烧不退。

　　四是这里的儿童甲状腺病增多。1959 年 11 月对门头沟的调查发现，大台煤矿地区泗家水村出现了甲状腺肿大诱发的小儿聋哑痴呆病。此次调查了 245 人，其中 93 人是在 15 岁以下儿童，发现 58 人为地方性甲状腺肿，15 人为克丁氏病。[5] 1970—1983 年，房山对地方性甲状腺肿进行了 6 次普查，发现患者 9.1×10^4 人次。[6] 1978 年，门头沟又

① 北京市门头沟区地方志编纂委员会：《北京市门头沟区志》，638 页，北京，北京出版社，2006。
② 高雯、何金奎、高庆华等：《唐山市 2005—2011 年斑疹伤寒流行特征分析》，载《医学动物防制》，2012(12)。
③ 王金娜、姜宝法：《气候变化相关疾病负担的评估方法》，载《环境与健康杂志》，2012(3)。
④ 李国栋、张俊华、焦耿军等：《气候变化对传染病爆发流行的影响研究进展》，载《生态学报》，2013(21)。
⑤ 中国人民政治协商会议北京市门头沟区委员会、文史资料研究委员会：《门头沟文史》第一辑，245 页，中国人民政治协商会议北京市门头沟区委员会、文史资料研究委员会，1993。
⑥ 北京市房山区志编纂委员会：《北京市房山区志》，569 页，北京，北京出版社，1999。

进行了全区范围的普查，发现地方甲状腺肿者 14938 人，总患病率为 9.5%。1984 年，这里的甲状腺病得到有效控制，患病率下降到 1.59%，摘掉了重灾区的帽子。[①] 甲状腺疾病的并发症是小儿聋哑痴呆病。按照现在医学对于该病的致病因素的研究看，孕妇养胎期间受到辐射影响之后，可能会出现自身免疫力低下而患上甲状腺疾病，甲状腺某些成分会进入血液，产生抗体，破坏胎儿甲状腺。所以，煤矿地区的环境污染有可能是该病暴发的一个原因。

客观上，致病因素是多种多样的，不能简单地以某种因素盲目推理，下定论。但是，从人类繁衍的时间长河来看，遵守自然法则是健康长存之道。京津唐煤矿地区环境破坏导致气候异常，环境污染导致环境产生变化，生态环境恶化，进而作为一个环境因素影响着京津唐煤矿地区人口健康与疾病防治也是一个不争的事实。

（八）矿难

京津唐煤矿地区环境问题的直接影响还表现在矿难多发的问题上。京津唐煤矿地区的矿难，可分为以下几类。

第一类是瓦斯或空气污染造成的矿难。1959 年 10 月 27 日，唐山矿发生瓦斯事故，造成 14 人死亡，64 受伤。[②] 1977 年 6 月 5 日，门头沟斋堂火村煤矿发生瓦斯矿难，导致 30 名矿工在这次矿难中丧生。[③] 1987 年 9 月 4 日，大安山矿放炮炸煤时，当第二茬炮声响起之后，井下形成了严重的煤雾污染，导致 3 名矿工死亡。[④] 2005 年 12 月 7 日，唐山市刘官屯煤矿发生重大瓦斯爆炸事故，造成 108 人死亡，29 人受伤。[⑤]

---

①　中国人民政治协商会议北京市门头沟区委员会、文史资料研究委员会：《门头沟文史》第一辑，211～220 页，中国人民政治协商会议北京市门头沟区委员会、文史资料研究委员会，1993。

②　唐山市地方志编纂委员会：《唐山市志》，925 页，北京，方志出版社，1999。

③　《中国煤炭志》编纂委员会：《中国煤炭志·北京卷》，255 页，北京，煤炭工业出版社，1999。

④　《中国煤炭志》编纂委员会：《中国煤炭志·北京卷》，255 页，北京，煤炭工业出版社，1999。

⑤　中国煤炭工业协会：《中国煤炭工业改革开放三十年大事记》，201 页，北京，煤炭工业出版社，2009。

第二类是塌陷、冒顶造成的矿难。1961 年 7 月 7 日，唐山矿因工作面以上地层急剧下沉将工作面堵死，造成 5 人死亡，1 人受伤。同年 9 月 26 日，唐家庄矿煤矸石把斜井卡住，使得矿井煤水下排过猛，造成 3 人死亡。1964 年 6 月 7 日，唐山矿冲积层巷道发生坍塌，造成 5 人死亡，1 人受伤。1966 年 4 月 30 日，唐家庄矿发生塌陷，造成 6 人死亡，4 人受伤。1969 年 10 月 8 日，唐山矿回柱发生冒顶，造成 9 人死亡。[①] 1980 年 4 月 14 日，门头沟木城涧煤矿发生冒顶事故，造成 4 人死亡。1985 年 12 月 8 日，房山大安山煤矿发生冒顶事故，造成 3 人死亡，1 人重伤。[②] 2002 年 4 月 26 日，开滦林西矿发生冒顶事故，11 名矿工遇难。[③]

第三类是涌水、透泥、透沙等造成的矿难。1959 年 12 月 8 日，门头沟煤矿发生涌水事故，24 人遇难身亡。[④] 1960 年 7 月 3 日，唐家庄矿发生透黄泥事故，造成 5 人死亡，5 人受伤。[⑤] 1961 年 9 月 4 日，丰润西窑煤矿挖掘时，误透光绪年间开采过的老塘，压力极高的多年淤积黄泥和大水突然涌出，造成 12 名矿工死亡。[⑥] 1984 年 6 月 2 日，开滦范各庄矿发生特大奥灰水突水灾害，高峰期涌水量达到 2053 m^3/min，波及吕家坨矿及林西矿，赵各庄矿、唐家庄矿也受到水患威胁，造成 11 人死亡。[⑦]

第四类是地震造成的矿难。1974 年，门头沟城子矿放炮导致矿区发生相当于 3.4 级的地震，造成 29 人死亡，5 人重伤，3 人轻伤。[⑧]

---

① 唐山市地方志编纂委员会：《唐山市志》，926 页，北京，方志出版社，1999。

② 《中国煤炭志》编纂委员会：《中国煤炭志·北京卷》，255 页，北京，煤炭工业出版社，1999。

③ 资料来源于《开滦林西矿巷道冒顶事故被困 11 名职工全遇难》，新华网，2002-04-29。

④ 《中国煤炭志》编纂委员会：《中国煤炭志·北京卷》，254 页，北京，煤炭工业出版社，1999。

⑤ 唐山市地方志编纂委员会：《唐山市志》，925 页，北京，方志出版社，1999。

⑥ 唐山市地方志编纂委员会：《唐山市志》，969 页，北京，方志出版社，1999。

⑦ 唐山市地方志编纂委员会：《唐山市志》，920 页，北京，方志出版社，1999。

⑧ 《中国煤炭志》编纂委员会：《中国煤炭志·北京卷》，254 页，北京，煤炭工业出版社，1999。

1976 年 7 月 28 日，唐山、丰南一带发生 7.8 级大地震，唐山矿、马家沟矿、钱家营、房山史家营煤矿、门头沟煤矿、柳江煤矿等都受到地震影响。[①] 据统计，此次地震仅唐山震亡人数达到 36884 人，重伤 23683 人。伤亡人员中有不少人是正在井下工作的矿工。[②] 1999 年，门头沟煤矿地区发生 3.5 级的地震，5 名矿工当场死亡。[③] 京津唐煤矿地区的地震灾害的影响是导致矿难的一个原因。

这些矿难成为一个影响社会和谐稳定发展的问题。经过政府的管治，京津唐煤矿地区的矿难开始下降。例如，唐山地方煤矿的百万吨煤的死亡率从 1970 年的 14％，降到 1984 年的 9.2％。[④] 再降到 1990 年的 6.24％。[⑤] 北京西山煤矿地区的万吨死亡率还要更低一些。1999 年，北京市乡镇煤矿百万吨死亡率为"3.39％"～"3.76％"[⑥]。这里的矿难基本上得到了有效控制，真正把百万吨死亡率降了下来。

二、新中国成立后京津唐煤矿地区环境问题的间接影响

京津唐煤矿地区的环境问题除了直接影响外，还有间接影响。

（一）对可持续发展的影响

新中国成立后，京津唐煤矿地区得到了巨大发展，但是这种发展是一种粗放式发展。1949—1995 年，河北工业生产总值持续高速增长，原煤的年产量也持续增长。1949 年为 $495×10^4$ t，1957 年为 $1520×10^4$ t，1965 年为 $2492×10^4$ t，1978 年为 $5742×10^4$ t，1985 年为 $6008×10^4$ t，1990 年为 $6243×10^4$ t，1995 年为 $8108.31×10^4$ t；其衍生行业水泥和

[①]　金安忠：《唐山地震前近震中区地电阻率的震前突变现象》，载《地震学报》，1982(2)。

[②]　丰南县志编纂委员会：《丰南县志》，31 页，北京，新华出版社，1990。

[③]　《中国煤炭志》编纂委员会：《中国煤炭志·大事记(1991～2000 年)》一，328 页，北京，煤炭工业出版社，2003。

[④]　唐山市地方志编纂委员会：《唐山市志》，967 页，北京，方志出版社，1999。

[⑤]　《中国煤炭志》编纂委员会：《中国煤炭志·北京卷》，261 页，北京，煤炭工业出版社，1999。

[⑥]　《中国煤炭志》编纂委员会：《中国煤炭志·大事记(1991～2000 年)》一，330 页，北京，煤炭工业出版社，2003。

玻璃居第二、第三位。[①] 1995 年，这里的工业总产值为 4185.85 亿元，经济增长速度高于全国平均水平。[②]

虽然京津唐煤矿地区的煤炭工业发展了，但是煤矿的经营能力和市场竞争力没有完全被培养起来。20 世纪 80 年代以前，京津唐煤矿地区大中型煤炭企业的矿工以小学、中专技校等低级技工为主，缺乏技术人才。20 世纪 90 年代以后，以门头沟为例，矿工中初中文化程度占 64.8%，高中、中专文化程度占 20.3%。[③] 高水平技工人才的缺乏使得矿工在掌握新技术上存在客观困难，企业也因此在生产效率方面难以提高，难以获取技术优势带来的经济发展红利，缺乏主动参与市场竞争的魄力，从而影响企业自身的发展。

客观上，计划经济体制下的办矿采煤模式也阻碍着煤矿的发展。例如，1958 年，"二五"计划对于煤炭企业提出"首先保证工业用煤，其中重点是钢铁行业、军工行业，并保证农业合作社用煤。为了满足工业需求，要加强煤炭勘探，实现产销平衡"[④]。又如，长时期以来京津唐煤矿地区的煤炭价格都很低。即使 1958 年、1979 年、1985 年、1986 年，国家对开滦等京津唐煤矿地区的煤炭价格进行了 4 次调整。[⑤] 第一个五年计划期间，开滦煤炭价格低而平稳。原煤销售价格为 11.32～11.67 元/t。第二个五年计划期间，开滦原煤销售价格每吨增长 19.97%。1958 年原煤销售价格微增，达到 13.82 元/t；1962 年增至 14.06 元/t；1978 年降至 13～14 元/t；1979 年原煤销售价格增加到 16 元/t，精煤销售价格增加到 40 元/t。[⑥] 20 世纪 90 年代左右，经过市场经济的改革，各矿可自行销售部分超产煤，积极性得到调动，煤价进

---

① 河北省地方志编纂委员会：《河北省志 第 13 卷 经济实力志》，概述 13 页，北京，中国统计出版社，2000。

② 河北省地方志编纂委员会：《河北省志 第 13 卷 经济实力志》，概述 10 页，北京，中国统计出版社，2000。

③ 闫玉香、吕明月、李淑芳等：《煤矿工人性病及艾滋病知识、态度、行为调查》，载《中国公共卫生》，2008(4)。

④ 张明理：《当代中国的煤炭工业》，42～43 页，北京，中国社会科学出版社，1988。

⑤ 唐山市地方志编纂委员会：《唐山市志》，966 页，北京，方志出版社，1999。

⑥ 唐山市地方志编纂委员会：《唐山市志》，950～951 页，北京，方志出版社，1999。

一步趋近其市场价值。[1] 2003 年随着钢铁工业的减产，全国煤炭消费由 18.3％降到 2.7％。之后的煤炭行业又经历了"黄金十年"，煤价有所回升。2013 以后，煤炭的产量回落，价格由 650 元/t 降到不足 553 元/t，煤炭利润也随之减少。这也使得这些企业的积极性受到打击，严重依赖国家政策扶持。加之多年积攒下来的职工社会福利、养老金的支出，煤矿企业持续亏损，无力轻装上阵。

20 世纪 90 年代末，随着京津唐煤矿地区出现了更多的后工业时代问题，政府开始进行整体布局，计划把京津唐煤矿工业区发展成为生态友好型地区。这也使得这里的经济发展遇到更多的新挑战。例如，按照《门头沟新城规划》的指导精神，门头沟地区应该建立第一、第三产业为主，兼有少量第二产业的经济结构，旅游业、服务业、农业、交通运输业等应该优先发展。出于生态考虑而关闭大量煤矿的做法给门头沟的经济带来了不小的冲击。门头沟的地区生产总值从 2005 年的 15.8％降到 2006 年的 8.5％。2007 年的财政收入受上年度地区生产总值的影响，下降了 6％。[2] 失去了煤炭工业经济的支持，门头沟地区的经济增速明显放缓。

工矿业向电子工业、影视娱乐文化产业、物流运输业、农副产品加工业、食品加工业、房地产等转行并不是一帆风顺的。例如，在对京津唐煤矿地区房地产销售情况的调查中，我们发现这些地方由于处于采空塌陷地区，有的住房存在居住安全、人身安全的隐患，房产销售遇冷，不如非矿区火爆。这使得煤炭企业依靠政府的倾斜政策、资金投入转型而带动当地经济良性运营的预期在短期内难以实现。当地经济结构也一时难以走上综合发展的道路，改变原来的"单打一"的煤矿经济构成。

同时，京津唐煤矿地区的煤炭工业经济转型、去产能是应对后工业时代危机的被动之举，缘起于煤炭资源的破坏和枯竭问题。煤炭资源枯

---

[1]　唐山市地方志编纂委员会：《唐山市志》，966 页，北京，方志出版社，1999。

[2]　《发展低碳经济　推进环境友好型社会建设——以北京市门头沟区生态涵养发展建设为案例》，载《中国发展》，2010(2)。

竭使得煤矿企业不能以煤炭开采为主业，转向其他高耗能高污染的行业，如水泥、轮胎橡胶制造、塑料制造、蓄电池、化工等，并且还涉足与煤炭工业相距甚远的其他行业，如文化媒体产业、货物运输业、酒店业、房地产业等，增加了企业生存的难度和维持当地工业社会经济良性竞争的难度。这依然会对当地社会可持续发展和地区自然生态环境的健康造成一定的负面影响。

后工业时代下的京津唐煤矿地区的社会经济发展缺乏活力，也就缺乏对人口的吸引力，难以留住年轻人。一般把 60 岁及以上的人口占总人口比重达到 10%，或 65 岁及以上人口占总人口的比重达到 7% 作为一个国家或地区进入老龄化社会的标准。人口老龄化意味着国家需要抚养更多的人口。从就业结构来看，缺乏青壮年劳动力；从经济发展角度来看，加重企业的运营成本。对京津唐煤矿地区的煤矿企业来说，人口老龄化是其遇到最大的困难之一。一是日积月累下来的职工群体的医疗报销和福利会花费更多的企业资金，加大企业经营压力。二是这里人口红利过早地失去，青壮年人口缺乏，用工成本增加。根据研究，京津唐煤矿地区受矿难、职业病影响，当地高龄老人以女性为主，并且有比较明显的贫困化趋势。京津唐煤矿地区的老龄人口中，有的矿工因为属于低级工种，退休金不高；有的矿工因为年轻时受了工伤而买断工龄，退休金低于正常退休的工人；有的矿工则是打零工的临时工，没有退休金，以领取低保金为生。

此外，京津唐煤矿地区日益突出的环境问题，使得政府投入与产出率低。例如，京西故道、韭园等门头沟著名旅游景点，由于环境支撑力差，即使政府先期已经投入一大笔资金，进行景观建设、河道治理、植树造林等，当地也还存在河水滋生恶臭和虫蝇，土壤干燥、沙化、盐碱化，植被生长不好的情况。这也使得这里无法吸引青壮年，本地经济活力变得不足。加之大量年轻人通过升学、工作迁出本地，人口老龄化问题加剧。这里的人口呈现负增长趋势，也使得当地在创业环境、就业环境、市场活力方面都出现人才供给的困难。

与此同时，虽然京津唐煤矿地区的部分煤矿工业城镇已经超前进入老龄化社会，但是这里的社区服务和保证系统还不是很完善，在医疗保障系统建设、社区道路无障碍建设、社区养老保障房建设、老年金融支持系统建设等方面任重道远。例如，北京地区，2010 年 65 岁以上老人每千人拥有床位数为 42 张，每千名老人拥有的社区卫生服务站和路网率等都低于发达国家。[①] 而相比北京东城、西城等已经形成的成熟的住房、社会保障和医疗救治体系的地区，门头沟、房山、唐山等老矿区的社区养老环境是相对薄弱的。尽管这里多数地区已经被建设成为生态涵养区，人均所占绿化率的比例升高，但是依然无法更有活力地吸引商机，更快地催生养老产业的发展。如何通过制度创新完善相关行业的建设，通过招商引资来走出困境，也将是一个长期的社会发展问题。

（二）对经济发展和生产安全的影响

回顾京津唐煤矿地区将近一个世纪的煤炭工业化发展历程，发展给这里带来了喜悦和收获。例如，唐山地区生产总值 1975 年为 21.6 亿元，2005 年为 2027 亿元，30 年增长约 94 倍。财政收入 1975 年为 4.05 亿元，2005 年为 226 亿元，30 年间增长约 56 倍。经济的快速增长使其经济和财政实力位居河北省前列。[②] 但是，这个发展过程也带来了弊端和忧患，就是滋生了许多环境问题，间接地影响了经济、社会的发展和国家安全。

京津唐煤矿地区在 20 世纪 90 年代以后基本上进入煤矿资源枯竭阶段。而煤矿矿产资源枯竭又不同于一般的自然资源枯竭现象。例如，山水资源从一定意义上来看还属于可再生资源。树砍了，可以再种，山林丰茂之后，水资源环境也会得到改善，重返秀丽。只是这个过程需要漫长的时间。煤矿资源却不一样，它是不可再生资源，一旦破坏了，就再也不可能恢复。这种由于煤矿资源枯竭导致的能源危机影响很大。

---

① 蔺雪芹、王岱、王女英等：《北京市老年人口空间分布格局特征及驱动力》，载《地域研究与开发》，2016(3)。

② 资料来源于《新旧唐山：数字对比中的变化》，新华社，2006-07-28。

　　首先，对经济的发展的影响。就对于我国经济发展的影响来看，现在的能源发展形势依然是煤炭能源是重工业的主要能源，短期无法改变。一是我国的石油、天然气的存储量都不如煤炭丰富，没有充足的能源储备。同时，煤炭价格较低，更有利于维持重工业的稳定发展。二是对于水能、风能、太阳能等新能源的开发受到地理、人口分布影响，还需要较长时间来规避风险和突破技术瓶颈，使用新能源作为重工业的主要能源尚不完全可行。三是核能的开发具有较高的风险。核能就像一把双刃剑，优点和缺点并存。它的优点是能量密集、效率高、保洁性好，缺点也十分突出，即存在核泄漏的放射性危险。加之核能的放射性废料毒害大，在排污过程中容易引起地方争端。例如，2011 年日本福岛电站由于发生里氏 9.0 级地震引发核泄漏，导致了重大环境污染事件。

　　如上所述，短时来看，煤炭依然是我国工业主要能利用的能源。而京津唐煤矿地区产生的煤炭能源危机，会对作为工业能源消耗大国的我国的经济发展产生一定的影响。京津唐煤矿地区是我国工业经济高速发展的供血大动脉。失去京津唐煤矿地区源源不断的煤炭供给，是否会导致经济发展出现短板，我们还要拭目以待。多年来，随着多能互补能源政策的落实，煤、石油、天然气等能源得到合理的调节利用，水电、太阳能、风能、氢能等新能源和可再生能源不断被开发利用，所占比重不断上升，能源问题得到了极大缓解。

　　其次，对生产安全的影响。随着这里的煤矿资源越来越少，对于煤矿的开发利用的成本会进一步增大，煤矿生产的安全风险也会激增。矿工下井生产，意味着要承担更大的人身风险。从数据来看，京津唐煤矿地区的矿难从清末开始到 20 世纪 80 年代，不断增多。20 世纪 90 年代末，京津唐煤矿地区煤炭工业化发展减速，才真正算刹住了矿难多发的情况。同时，煤矿的资源枯竭推进了对高风险矿区的开发，带来了更多的环境风险。因为，随着人工智能遥感等高科技采煤技术的运用，煤矿开发虽有可能避免人员伤亡，但是无法避免对煤矿矿产资源环境的破坏。煤炭越来越难采，生态环境代价越大。例如，唐山在 20 世纪 90 年代出现了地质灾害多发的活跃期，煤井下冒顶、瓦斯、塌陷等都是经常发生的灾害。而环境问题造成的环境影响也随之增大，导致更多次生灾害。

20世纪90年代以后，开滦煤矿为了增加煤源，把煤矿开采地延伸到加拿大等外国煤矿地区。这种做法有助于解决煤源匮乏问题，但对外煤炭开发存在一些潜在的影响我国国家安全的风险。各国都在寻求自己的发展，当出现贸易壁垒时，特别是在发生经济危机时，国外有些右翼民族主义者会把煤炭供大于求造成的市场疲软、煤矿开采带来的环境问题、通货膨胀、失业与贫困等问题，统统归咎于外国企业对其本国矿产的开采。他们挑起事端，这就可能导致煤炭开发出现困难。因此，在与外国煤炭工业合作中，企业应当注意这些问题，做好预案，应付任何可能出现的风险。

（三）对居住环境的影响

京津唐煤矿地区环境问题的间接影响之一就是对居住环境的影响，这一影响曾长期存在。

随着京津唐煤炭工业现代化的高速发展，从事煤矿工作的人员迅速增加，像唐山从新中国成立初期不到 20×10^4 人口的小城市，到2021年发展成为 771.7×10^4 人口的超大城市。矿工增多，矿工家庭人口也随之增加，这里逐渐形成了以矿工家庭为核心的庞大的工业城镇。[①] 庞大的工业城镇也意味着政府需要把更多的土地用于安置这些人口，把更多的资源环境开发出来养活这些人口。环境的恶化，优质环境资源的减少，可用绿地的锐减，都给这里的资源环境带来了更多的压力。这也是影响人居环境的一个重要因素。例如，唐山地区生产总值曾为河北第一，是二线城市，近年却由二线城市降为了三线城市。唐山人口多，人口密度大，而人均可用土地占有量并不高。[②]

[①] 刘守仁、曾江华：《中国煤文化》，134页，北京，新华出版社，1993。

[②] 河北省地方志编纂委员会：《河北省志 第12卷 人口志》，34页，石家庄，河北人民出版社，1991。

京津唐煤矿地区煤炭资源丰富，人口密度大。在自然环境方面，唐山位于最大雨量脊线分布地区[①]；房山是北京西南部山洪必经之地；门头沟妙峰山等山涧岔口是防御广外沙尘的风口，干燥、少雨、阴冷；三河地势相对较低，空气扩散条件薄弱。多年采矿导致的环境问题更是使这些地方自然资源稀缺。唐山作为河北地区的资源再生型城市，环境敏感性极大，其生态环境的修复困难重重。

（四）对古村落和古村落文化的影响

京津唐煤矿地区环境问题带来的间接问题之一，也表现在京津唐煤矿地区古村落的消失和古村落文化的传承上。由于当地环境问题增多，一些古村落被迫搬迁。

京津唐煤矿地区有许多古村落。例如，门头沟斋堂镇东胡林村是新石器时代游牧民族旅居到此形成的古村落。[②] 又如，明代，朝廷加强边疆防守，唐山、门头沟地区也加大驻扎军队的数量。随军家属到此定居，慢慢形成古村落群。唐山市区（由原来的桥头镇、开平镇等构成）于唐代开始出现古村落，明代加强驻兵，人口增多，逐渐形成了马兰峪村、建昌营村、沙流河村、榛子镇村等古村落。

清代，京津唐煤矿地区煤炭工业的发展和煤文化的兴起，不仅打破了本地地方保护主义的文化防御屏障，而且使一些古村落逐渐发展复苏。根据学者林超的调查，北京西山煤矿地区清水河的古村落主要产生于清代。[③] 北京西山煤矿地区密布着古村落。其中，门头沟斋堂镇有 11 座古村落，如桑峪村、杨家峪村、双石头村、柏峪村、马栏村、沿河城村、灵岳寺村等；房山地区的古村落有大石窝村、东长沟村、西长沟村、正南村、正北村、大安山村等。这些构成了京西古村落群的基本框架。

---

① 河北省地方志编纂委员会：《河北省志 第 8 卷 气象志》，10 页，北京，方志出版社，1996。

② 赵朝洪：《北京市门头沟区东胡林史前遗址》，载《考古》，2006(7)。

③ 尹钧科：《北京郊区村落发展史》，262 页，北京，北京大学出版社，2001。

　　京津唐煤矿地区在工业发展过程中新增的村子丰富了古村落的类型，除原来的血缘宗族村、墓地守护村、帝王守护村、边防堡寨村、官宦宗族村、戍兵归田村等之外，还出现了杂姓村、移民村等。部分古村落的命名还改变了以姓氏、自然环境命名的习俗，开始以煤炭生产和煤炭使用相关的工作名词命名。例如，唐山出现以"缸窑"（古代的缸一般以煤矿表层的黏土和煤渣为原料烧制而成）命名的西缸窑村等，门头沟出现以"爨"（字义为灶）为名的爨底下村，曹妃甸地区出现以"灶"命名的西北灶村、李家灶村等。

　　煤文化兴起的古村落与原来的古村落共存共荣，使得它们更容易享受这里煤炭经济带来的便利和实惠。煤矿、煤窑周边的地区和贩售煤炭的交通沿线更普遍地出现村落。外来务工的人员带来了更多的青壮年劳动力，路过投宿的外来人员又带来了外面世界的新知识、新视角及种种商机。例如，清末民初，专门运送京西煤的京西古道沿线的斋堂镇、龙泉镇、清水镇、王平镇，专门运送开滦煤的河道沿线的芦台镇、胥各庄镇、北塘镇、塘沽镇、汤家河镇、西山场村等，专门运送开滦煤的陆路沿线的建昌营镇、姜各庄镇、马头营村、胡各庄村、燕河营镇等。这些地区的街道两旁分布着大大小小的客栈，灯火通明，热闹繁华，投宿吃饭的贩煤商人络绎不绝。商贸运输繁荣兴盛，也使这里的许多运煤古道成为重要运输路线，古村落得到快速发展。例如，京西古道赢得了京西、冀北的"丝绸之路"之称的同时，其沿线也出现了琉璃渠村、三家店村、下苇甸村、上苇甸村、齐家庄村、韭园村、千军台村等古村落，古村落得到了大发展。

　　当地古村落的建村观念，除了受到游牧时代"逐水草而居"的影响，还受到我国古代传统建筑观念讲风水、讲健康、讲发展的影响。讲风水，即选址的地理、地质、气候、文化等条件要好；讲健康，即村落选址要安全、富足丰产；讲发展，即要有利于子孙后代的生活和事业。按照唐末文德元年（888年）的记载，"溪水清澈，河水环绕，依山傍水"的地方是首选①，其次是群峰叠起、势嶂参天的地方。反之，"山不能樵、河不能渔"之地就不宜建村。正因为这种选址标准和观念，京津唐煤矿地区的古村落一般在环境宜人的地区建造，如山林与平原交界的地方，或河水蜿蜒流淌的沿线。例如，京西古村落中的碣石村曾在周围浅层挖掘出 72 眼水井，建成了香火鼎盛的圣泉寺。清末以后，随着多口水井的干涸，该寺消失，只留下一个石碣见证着它曾经的辉煌。门头沟斋堂镇灵水村情况类似，其充沛、甘洌的泉水塑造了当地"八大景"，也培育出当地的"举人文化"。

京津唐煤矿地区有着灿烂的古文化。门头沟地区有古人类文化、远古文化、古村落文化等；唐山有远古文化②（包括燕山脚下、迁安地区的"爪村文化"和迁西地区的"红山文化"等），长城文化，游牧文化，山丘文化，海洋文化等；秦皇岛有海洋文化等。这些文化闻名遐迩，是古村落文化传承的重要内容。除了以上古文化，京津唐煤矿地区古村落文化包括古民建筑文化、宗族祠堂文化、宗教文化、古道遗址文化、民间舞蹈文化、民间乐曲文化、传统戏剧文化、传统技艺文化等。古文化和古村落文化一直是社会的宝贵非物质遗产，而京津唐煤矿地区的这些文化更是当地的乡土瑰宝，在建筑、宗教、曲艺、绘画、民俗等方面诠释着自身的魅力，成了这里鲜活的历史教材和艺术创造灵感的源泉。它以厚重的历史感，彰显着当地的文化财富，保持着地域特色，焕发出旺盛生命力。例如，京西古村落的太平鼓、秧歌舞、蹦蹦舞、皮影戏、山梆子戏等，都以丰富多彩的形式展现着这里的民族生活情趣和文化底蕴。

但是，随着煤炭工业现代化的发展，这里的古村落逐渐消亡。一般来说，煤炭工业现代化越密集的地区，古村落越容易消亡，古村落文化也越容易遗失。1982 年，河北省第一次地名普查显示，全省有自然村

---

① 李秋香：《村落》，6 页，北京，生活·读书·新知三联书店，2008。

② 王艳萍、肖桂林、王金明：《唐山文化溯源及其品牌塑造》，载《经济研究导刊》，2014（29）。

84852 个，其中古村落 5972 个。① 21 世纪初叶对唐山城区家政人口的调查发现，郊区农户 45 岁以下的人口锐减，古村落减少速度较快。保存相对较好的北京西山煤矿地区的古村落也在减少。例如，门头沟山区的古村——杨家峪村原有 80 户人家，但 21 世纪初只有 10 户左右人家。② 门头沟古村爨底下村，为明代屯军随军家属所修，是门头沟著名的古村落群，其中四合院 70 余套，占地 5.33 km²。③ 房山的古村南窑乡水峪村，保留着 600 套老民居，有 436 户人家。④ 常住人口不到一半，半数的青壮年外出打工并安家。2006 年，这里被列为全国、市级的非物质文化遗产保护的古村落有 32 个，数量明显减少，古村落文化遗失现象普遍存在。

研究表明，环境问题引起古村落文化遗失的原因主要有以下几点。

一是水源匮乏。一个古村落一般至少有一口清澈、甘甜的主井，人们可以世代依靠此井生存。但是，随着煤矿开采导致水井普遍枯竭，周边山林、平原、湿地、草地的水源无法饮用时，原来的古村落因为失去水资源而丧失活力，加之附近不断出现的地质塌陷和采空层等，村民被迫迁移。例如，唐山地区拥有 120 多年的近代机械化、规模化煤炭开采历史，出现了至少 55 个积水大坑，造成了 133 hm² 的耕地受损，这些地方随时有可能坍塌，94 个村庄不得不搬迁，废弃村落面积达到 7.07 hm²。⑤仅开平区就在 1987—1989 年征地 157 亩用于安置搬迁人口。⑥ 又如，北京西山煤矿地区，1987 年，门头沟艾洼村因为山区条件恶劣，三面环山、十年九旱、土地贫瘠，废弃旧址，整村搬迁至新址永定镇。此外，矿区附近多为缺水区，自然生态环境因为缺水而变得沉寂，使得富有理

① 张亚杰：《河北省千年古村分析》，载《中国地名》，2008(12)。
② 孙克勤、宋官雅、孙博：《探访京西古村落》，75 页，北京，中国画报出版社，2006。
③ 孙克勤、宋官雅、孙博：《探访京西古村落》，53 页，北京，中国画报出版社，2006。
④ 草家：《古风古韵水峪村》，载《住宅产业》，2016(2)。
⑤ 殷作如、邓智毅、董荣泉：《开滦矿区采煤塌陷地生态环境综合治理途径》，载《矿山测量》，2003(3)。
⑥ 唐山市开平区地方志编纂委员会：《唐山市开平区志(1987—2008)》，46 页，北京，方志出版社，2016。

想的青年人容易离开这里，加速了这里人才的流失，进而也加速着古村落消失的进程。

二是地区经济供给能力下降。我国古村落的传承，除了要有水资源的供给，还要有强有力的经济体系的支撑。回顾历史，这里发展得好的古村落，要么有"田连阡陌"的农耕经济支撑，要么有繁荣的手工业经济支撑。而这两种经济繁荣发展的前提，都要依赖优越的自然资源。随着煤炭工业经济的发展，这两种经济基本上遭到了破坏。21 世纪初，这里进入经济转型时期，这两种经济体系在短期内无法恢复，也无力支撑起这里的社会发展。例如，琉璃渠村原来是古代手工业古村落，以烧制琉璃技艺闻名于世。但是，现在由于环境污染，土壤重金属富集，当地琉璃制品市场销售行情不好，出现产业萎缩的情况。村里只有稀稀拉拉留下的中老年人继续从事着琉璃烧制的工作，古村落文化正在遗失。

此外，从这里着力发展的旅游经济来看，这两种经济体系被破坏也造成了一些不利影响。例如，京西煤矿地区的古村落由于缺乏特色，不能吸引更多的游客成为回头客。又如，传承古村落文化的主要内容是从长辈那里继承精湛的技艺，但是由于缺乏地区原生态自然资源的供给，相关传统文化的传承受到影响。例如，爨底下村的传统地方菜是水磨豆腐，但是由于水质、土壤条件变差，当地不能种植出好的大豆，做出的豆腐的品质也因此大不如从前。

三是煤矿资源枯竭，煤炭工业经济发展受阻。煤矿、煤窑向更深的地方挖掘，向城郊边缘地带延伸导致古村落被迫搬迁。这些古村落的村民多为矿工及家属，因此这里的村落不像绝大多数华北平原地区的集团型古村落一样，而是以散列型村落、带状村落为主，在地理位置偏远的山林地带建村。[①] 例如，京西煤矿地区的古村落主要分布在西山煤田方圆百里的地区，具体地区主要在妙峰山、百花山、灵山、长沟峪等山区，以及永定河、琉璃河、大清河等流域。根据孙克勤等人 2005 年的

---

① 尹钧科：《北京郊区村落发展史》，348 页，北京，北京大学出版社，2001。

考察，京西的古村落仅有 30 个左右。[①] 相比之前的记载，少了将近一半。这证明北京西山庞大的古村落已经开始向碎片化发展。古村落的原貌也因此受到影响。又如，滦县古村——泡石淀乡西刘各庄村，始建于明代，初建时都是茅草屋，清代逐渐用石板、瓦砾重建。20 世纪 70 年代经历地震之后，村落建筑全部变成钢筋水泥建筑，古村落建筑失去原貌和特色。20 世纪 90 年代，这里的常住人口锐减，几乎成了无人村。此外，一些位于城镇周边保留下来的古村落，也面临着被同质化的危机。接近平原的古冶区、门头沟城子、门头沟斋堂等古村落分布的地区已经变为地地道道的城市，高楼林立，与原来的古村落的形态、规模、村民构成等都有较大差异，古村落原来的风貌和古村落文化普遍存在遗失现象。[②]

京津唐煤炭工业经济曾是支撑、繁荣京津唐煤矿地区文化的巨擘。当煤矿工业经济下滑之后，这里的古村落消失和古村落文化萎靡的进程加快。这一现象也会反过来影响当地社会向旅游经济、服务业经济转型的发展。古村落文化是凸显民俗特色和吸引游客的旅游经济的重要文化依据。京津唐煤矿地区古村落文化的遗失，也使得这里在转型向旅游经济发展时遇到巨大的困难。实地考察京津唐煤矿地区可发现，作为旅游景点的古村落大门紧锁，停车场杂草丛生，民宅翻新一半就长期停工的景象比比皆是。许多煤矿改造的旅游景点，除与煤文化关联的景点稍有特色之外，多数地区都丧失了本地区的特色。按照国内旅游街统一标准打造、修缮的古建筑虽然精致，但缺乏本地的古色古香的韵味和文化底蕴。一些古村落即便拥有成为爱国主义教育基地的先决条件，如在门头沟斋堂镇马栏村(八路军冀热察挺进军司令部旧址)、门头沟清水镇塔河村(冀热察军政委员会塔河旧址)、唐山丰润杨家铺村(杨家铺烈士陵园)、唐山丰南潘家戴庄村(潘家戴庄惨案纪念馆)等，也依然因其他可

---

① 孙克勤、宋官雅、孙博：《探访京西古村落》，后记，北京，中国画报出版社，2006。
② 北京市档案馆：《北京市门头沟人民政府批转区文委关于门头沟区古村落保护办法的通知》，档案号：11J000/ZK-2010-000007。

以支持旅游业的自然资源及文化多样性的匮乏，而不容易吸引游客。

（五）对环境文化建设的影响

京津唐煤矿地区环境问题带来的社会方面的间接影响还有环境文化建设缓慢。京津唐煤矿地区生态环境恶劣，人们的生产、生活受到很多不利影响。因为疲于应付艰难的生活，人们一般不那么重视环境文化建设。京津唐煤矿地区民众普遍存在环境保护知识缺乏、环境保护意识薄弱、环境保护参与行为不足等问题。2007年，王滨在对唐山公众环境知识状况的调查中发现，仅有52％的人愿意参与环境保护活动。[①] 这实际上表现出来的是环境文化建设缓慢。

"自然与文化"在京津唐煤矿地区相辅相成。环境文化属于表征自然与人相互关系的历史范畴，包括环境认识文化、环境规范文化、环境物态文化、环境民俗文化等。

环境认识文化是人类为了生存，在与自然互动、交流中，对自然环境、人与自然关系的主观反映样态，具体就是环境美学、环境保护意识、环境保护意愿、环境保护行动等。

环境规范文化是人类限制人口社会过度膨胀、约束自然生态环境扩张，使得人与自然和谐共处的主观反映样态，具体就是环境伦理学、环境哲学、环境管理、环境治理等。

环境物态文化是人为了生存，在发现自然、适应自然、改造自然的过程中形成的非人格、器物的主观反映样态，如自然风景区、亭台楼榭、民居、古道等。

环境民俗文化是某一个地区当地居民的习性、习惯、技艺、思想、文化、语言等主观反映样态，具体就是"百里不同风，千里不同俗"。

环境文化有时自然天成。自然之美能直接地震撼人们的心灵，让人们产生一种蕴含丰富遐想、美感的乡土情结，在无形中感化、教育人。环境问题越来越多，自然之美则越来越少；自然变得突兀、险峻时，由

---

① 王滨：《唐山市公众环境意识调查分析》，载《唐山师范学院学报》，2015(5)。

于与自然的互动交流中断，人们会厌恶自然，逃离自然，不再那么讲究环境文化，而且削弱对于环境管理、环境治理的人为干预。

从社会学角度来看，京津唐煤矿地区的环境文化是我国传统农耕文化的田园主义的现实表达。而农耕文化的基础是肥沃的农田、充沛的水资源以及适宜的气候条件。京津唐煤矿地区多发的环境问题，对农业的影响是显著的。这些地方失去了优质的农业自然资源，地区经济供给能力下降，使得环境文化发展因失去地区经济强有力的支持而受到制约。我们前面在讲古村落文化遗失的问题时，讨论过京津唐煤矿地区古村落文化的兴起和衰落的原因，除了军事发展、社会发展、人口迁移、其他文化的介入，就是环境问题。煤矿工业发展等造成的环境问题变得棘手，不仅古村落文化的发展受到限制，环境文化的发展也出现萎缩特征。20世纪90年代以后，京津唐煤矿地区普遍地出现区域性自然资源枯竭问题，使得部分古村落文化消亡，也使得当地的环境文化发展缓慢。

其次，环境文化发展缓慢反过来也会影响自然。

环境文化具有广义文化的所有特征，不仅需要有文化内涵发展的增长点，而且需要文化的传播渠道、传播者、传播受众等。而这些需求实际上要通过教育得以实现。相比其他地区，京津唐煤矿地区对水土资源的大量破坏以及猛增的人口成为土地最为沉重的负担。土地的承载力超出了极限，固有土地的水土流失与土壤破坏都很严重。[①] 贫瘠的土地致使人与自然的关系紧张，尤其是京津唐煤矿地区，人们背离土地，放弃"接受环境教育"，进而使得发展当地环境文化的动力不足，并产生某些不利影响。

一是一些农耕时代的固有观念，如"耕种的良田要好于荒野""园林景观之美超越自然美"等，长期控制、影响着本土环境文化的建设。20

---

① ［美］格兰姆·贝克：《一个美国人看旧中国》，朱启明、赵叔翼译，29页，生活·读书·新知三联书店，1987。

世纪 80 年代以后，这里的基础教育开始把环境保护纳入教育计划，人们对于环境文化的认识逐渐明晰。

二是京津唐煤矿地区的环境供给不足，人们忙于糊口，对于环境问题的理性思考不足，对环境事件的认识不深刻。我们可以来看一个国外的正面例子。美国南部大平原曾是尘暴的中心。当地媒体对于尘暴的跟踪报道，学者编写的书籍，如《荒野与美国思想》《尘暴》《大自然的权利：环境伦理学史》《为濒危世界写作——美国及其他地区的文学、文化和环境》等，成为推动当地环境文化建设、治理环境问题的重要依据。

三是人们普遍缺乏环保意识。多发的环境问题破坏了自然环境的优美景致和物产产出能力，使得京津唐煤矿地区的部分人的环境保护行为不是出于对乡土的热爱之情，而是出于个人功利性倾向。有的人要么以"自扫门前雪"为环保指南，要么趁机捞取发财的机会。其一，作为个体的当地人认为环保主要是政府的责任，与自己无关，没有意识到自己的不当行为会对环境造成地方性、区域性，乃至全国性的影响。其二，作为经营者、生产者的企业，在执行环境污染治理时偷工减料，造成二次污染，打击人们的环境保护热情，使得人们对环境保护的尝试、努力达不到预期效果。这种状况现在得到了很大改观，政府不断加强宣传，加强环境治理，人们的环保意识也得到了极大提高。目前，这一地区环境已经得到了极大改善。

第三节　新中国成立后京津唐煤矿地区环境问题的治理

新中国的现代化战略[①]让京津唐煤矿地区迎来了蓬勃发展的重大机遇，取得了巨大成就。然而。随着煤炭工业现代化的大发展，京津唐煤

---

① 何爱国：《重探新中国现代化战略的演变》，载《历史教学问题》，2011(1)。

矿地区也产生了环境问题。我国政府非常重视京津唐煤矿地区的环境问题，不断进行治理。改革开放后，京津唐煤矿地区的环境治理工作逐步走上法治化道路。党的十八大以来，在以习近平同志为核心的党中央的领导下，京津唐煤矿地区的环境治理工作力度加大，取得了令人瞩目的成就。

一、新中国成立后政府对京津唐煤矿地区环境问题的管理政策

为减少环境的破坏，政府部门加强了对煤炭生产的管理，制定了相关管理办法。

（一）森林环境管理

我国政府加强了京津唐煤矿地区的森林环境管理。

第一，颁布和修正森林法，把森林管理提高到法律层面。早在1949年4月，晋西北行政公署发布的《保护与发展林木林业暂行条例（草案）》就规定不能乱砍伐森林。新中国成立后，我国政府进行了10多年的森林保护区试验，在总结经验的基础上筹备立法，于1963年颁布了中华人民共和国第一部保护森林的法案《森林保护条例（草案）》。同时，地方政府也颁布了一些行政管理法规及文件。

针对北京、唐山、抚宁等京津唐煤矿地区长期采煤造成的森林稀少的问题，党中央派专员多次到北京、唐山、抚宁等地调研，梳理当地森林砍伐情况，要求地方林业部门对于植树情况加大重视，并结合当地植树造林情况进行重点批示和给予指导性意见。但"大跃进"时期的盲目发展、毁林造田等，又使得这里的森林治理被搁置。此外，一些文件由于法律性约束性小，在实践中并不能很好地保护森林资源。十一届三中全会以后，政府又重申了林政的重要性，开始考虑加强林政的法治化建设。20世纪70年代末，我国公开提出"环境保护"的概念，加强了全国的环境保护工作，于1979年颁布了《中华人民共和国森林法（试行）》，于1984年正式颁布《中华人民共和国森林法》（以下简称《森林法》），并于1998年、2019年两次修正。这使得京津唐煤矿地区的林政在造林理念、做法方面逐步改变着"人本主义"倾向，更加重视自然的道德、伦理，讲究"人与自然和谐共处"，经历了一个转变的过程，使得《森林法》

发挥了保护森林环境资源、促进人们合理开发利用森林资源、调动人们植树热情以及惩戒违法毁林行为的重要作用。

中央政府和地方政府上下齐心，从植树、护林、封山育林、森林火灾预防与管理、森林病虫害防治、生物多样性、野生动物保护、绿线管理、生态林管理等方面出台政策法规。例如，我国政府颁布了《中华人民共和国森林法实施细则》(1986 年颁布)，《森林防火条例》(1988 年颁布、2008 年修订)，《中华人民共和国野生植物保护条例》(1996 年颁布、2017 年修订)，《中华人民共和国森林法实施条例》(2000 年颁布，《中华人民共和国森林法实施细则》同时废止)，《国家林业局　公安部关于森林和陆生野生动物刑事案件管辖及立案标准》(2001 年)，《城市绿线管理办法》(2002 年)，《国务院办公厅关于进一步加强美国白蛾防治工作的通知》(2006 年)，《国家级公益林区划界定办法》(2017 年)，《国家级公益林管理办法》(2017 年)等，有力推动了京津唐煤矿地区的林地建设，加强了对森林的保护和治理。

20 世纪 90 年代左右，地方政府也配套推出了一些地方管理文件。河北下发了《河北省地质环境管理条例》(2000 年)、《河北省封山育林条例》(2004 年颁布、2014 年修订)、《河北省人民政府办公厅关于进一步加强林业有害生物防治工作的通知》(2005 年)、《河北省森林防火规定》(2011 年)、《河北省城市绿线管理规定》(2012 年)等；北京下发了《北京市实施〈森林防火条例〉办法》(1989 年颁布，已废止)，《北京市郊区植树造林条例》(1988 年颁布、1997 年修订)，《北京市林地防火区护林防火戒严期火源管制办法》(1991 年)，《北京市森林资源保护管理条例》(1999 年颁布，2010 年、2016 年和 2018 年修正)，《北京市财政局、北京市林业局转发财政部国家林业局森林植被恢复费征收使用管理暂行办法的通知》(2002 年)，《关于加强城市生物多样性保护工作的通知》(2002 年)，《关于实施〈山区生态公益林抚育技术规程〉的通知》(2005 年)，《北京市城市绿地建设和管理等级质量标准(试行)》(2006 年)，《北京市绿化条例》(2009 年颁布、2016 年和 2019 年修正)，《北京市森林防火办法》(2011 年，《北京市林地防火区护林防火戒严期火源管制办法》同时废止），《关于加强平原地区造林工程新增森林资源管护工作的意见》（2013 年），《北京市占用征收林地定额使用管理办法（试行）》（2013 年，已废止），《北京市平原地区造林工程林木资源养护管理办法（试行）》（2014 年），《北京市平原生态林保护管理办法（试行）》（2016 年），《北京市新一轮百万亩造林绿化工程专家咨询制度方案》（2018 年），《北京市绿地树木许可服务管理办法（试行）》（2022 年）等；廊坊下发了《廊坊市人民政府办公室关于做好冬季森林防火工作的通知》（2005 年）、《廊坊市人民政府办公室关于做好春节期间森林防火工作的通知》（2006 年）、《廊坊市人民政府关于印发〈廊坊市森林防火处置应急预案〉的通知》（2006 年）等；唐山下发了《唐山市突发林业有害生物事件应急预案》（2006 年）、《全市春季森林防火工作电视电话会议要求动员干部群众全力以赴确保森林防火不出问题的通知》（2013 年）、《唐山部署春季农业生产暨森林草原防火工作的通知》（2015 年）、《唐山市人民政府关于 2018 年全市春季森林封山防火的通告》（2018 年）等；秦皇岛下发了《秦皇岛市人民政府关于贯彻落实〈河北省封山育林条例〉的意见》（2005 年）、《秦皇岛市人民政府关于印发〈秦皇岛市森林资源管理办法〉的通知》（2005 年）、《秦皇岛市森林防火工作的意见》（2011 年）、《秦皇岛市森林防火期野外用火管理实施办法》（2016 年）、《秦皇岛市人民政府关于 2022 年春季森林封山防火的通告》（2022 年）等。中央和地方政府形成了联动的法治化建设体系，推进了林政法治化建设的实效性。进入 21 世纪，京津唐煤矿地区基本上实现了依法治林。

同时，通过矿山植树造林运动来加强林区的治理和保护。新中国成立前，京津唐煤矿地区的森林蓄积量、水土保持情况都不容乐观。森林破坏问题突出，不仅以山前平原、丘陵地带为主的煤矿山森林锐减，如唐山市森林覆盖率为 2.7%[①]；而且以山区为主的煤矿山的森林损失情况也十分严峻，如北京西山煤矿地区的森林覆盖率不到 10%，山区多

---

① 唐山市地方志编纂委员会：《唐山市志》，203 页，北京，方志出版社，1999。

荒山秃岭，无风三尺土。^① 所以，我国政府对京津唐煤矿山森林的治理不仅仅限于矿山林，还包括水利林、风沙防护林、经济林等，提倡全面植树造林、恢复区域森林环境。首先，要求有条件的煤矿实施矿山绿化。^② 其次，鼓励植树育林，对无主荒山，林区政府出面集资，发动群众种树造林，并派守林人完成后续的育林、护林任务。从 20 世纪 50 年代初开始，我国政府通过发动群众力量，展开了全面的植树造林运动。这一运动号召周边农村人口、城镇人口加入植树行动，同时派工作组走乡串户宣传植树造林。譬如，门头沟煤矿地区，大台、斋堂地区的植树指标由公社大队"生产队"、煤矿"钢铁营"、驻军"野战队"^③以及部分北京高校师生^④、附近事业单位干部等集体参与，共同完成。

为了有计划地恢复林场，20 世纪 50 年代末，京津唐煤矿地区推出了植树造林三年计划。在这场群众性的植树运动中，煤矿地区的林地有所增加。1958 年，北京西山地区出现了大面积的树林区，黄安坨、黄安、黄塔、马家堡等门头沟煤矿地区周边的绿化林达到 15553.3 亩。1959 年，清水、田寺、达摩等门头沟煤矿地区周边的绿化林植树达到 7042.7 亩。北京西山煤矿地区三年实际造林面积远远超过了计划造林面积。这里种植了大量耐旱易活的树种。1959 年，斋堂桦树和杨树有 300 亩、门头沟圈门村有 200 亩、琉璃沟和马家坟小油松共有 200 亩、门头沟公社洋槐有 20 亩等。^⑤ 这里也种植了大量果树。1960 年，门头沟种植核桃树 1500 余株、梨树 350 余株、杏树 30 余万亩等。1960 年，门头沟经济总收入约为 57400 元，其中农业收入为 29848 元，占比约为52％；果树的收入约为 23500 元，占比约为 41％。^⑥ 种树也增加了当地

---

① 北京市档案馆：《北京市环境保护概况》，档案号：J193-2-113。
② 《中国煤炭志》编纂委员会：《中国煤炭志·河北卷》，321 页，北京，煤炭工业出版社，1997。
③ 北京门头沟档案馆：《关于去冬新春林木砍伐情况的调查报告》，档案号：J36-1-47。
④ 北京市档案馆：《关于发动青少年积极参加植树造林工作的通知》，档案号：J100-003-01059。
⑤ 北京门头沟档案馆：《门头沟区 1959 年林业工作计划(草稿)》，档案号：J66-1-28。
⑥ 北京门头沟档案馆：《门头沟区 1959 年林业工作计划(草稿)》，档案号：J66-1-28。

的经济收入，人们种树的积极性因此得到了一定程度的提高。对于林区毁坏严重的地区，政府实施了封山育林。1968 年，唐山煤矿地区建立了专业造林队伍。[1] 京津唐煤矿地区有条件的煤矿不仅进行矿山植树造林，而且在矿区办公区、宿舍区种植了大量树木和花草。北京矿务局在西山建立了花房，培育幼苗。20 世纪 60 年代，房山矿区建成了 10 多座花房，广泛种植花草。20 世纪 70 年代，在外地树种育苗成功之后，当地推广种植了白杨、泡桐、国槐等树种。[2] 这使得林区生态有所恢复。

　　由于北京西山煤矿地区位于首都，是重点植树的地区，造林活动一直没有松懈，因此这里的林区绿化率的提升要早于其他地区。早在 1958年，绿化面积就达到了 250×10^4 亩。[3] 其中，门头沟山区国营林面积约 22×10^4 亩。造林队伍中群众造林是主要组成部分，例如，1959 年，门头沟山林植树计划 5.6×10^4 亩，其中群众造林为 3.6×10^4 亩，国营造林 2×10^4 亩。[4]

　　进入 20 世纪 80 年代，我国政府加大了植树造林的力度。1980 年，开始推行造林工程和综合治理措施。1981 年，推出"三北防护林"工程，之后陆续推出京津唐周围地区绿化工程、防沙林工程、平原林、近郊林、矿山林、深山林等点线面结合的造林综合工程规划等。但是，当地煤矿工业的高速发展使得造林效果不佳。唐山的植树造林情况并不理想。例如，1984 年，唐山山前平原区的森林覆盖率仅为 3.5％。[5] 1985年，当地政府宣布这里的森林恢复和保护进入重点阶段，加强了树木的病虫害防治，并全面推行了封山育林和综合治理政策。政府加大了林政

　　① 《中国煤炭志》编纂委员会：《中国煤炭志·河北卷》，321 页，北京，煤炭工业出版社，1997。

　　② 《中国煤炭志》编纂委员会：《中国煤炭志·河北卷》，321 页，北京，煤炭工业出版社，1997。

　　③ 北京市档案馆：《北京市环境保护概况》，档案号：J193-2-113。

　　④ 北京门头沟档案馆：《关于 60 年度造林工作总结和 61 年的工作意见》，档案号：J36-1-46。

　　⑤ 唐山市地方志编纂委员会：《唐山市志》，205 页，北京，方志出版社，1999。

的管理力度，制定、下发了多个红头文件作为林政配套措施。① 例如，唐山林业局下文促进这里筹建和管理好林业植保公司，以推动造林管理的市场化，调动人们的种树积极性，促进这里的林业发展。

也是从 20 世纪 80 年代开始，政府对煤矿企业及相关公司的环境管理工作提出更为严格的要求，希望他们在各自部门加强管理，减少环境问题的产生。京津唐煤矿地区政府部门推出了矿区环境绿化、美化评比活动，并将此作为考核煤矿业绩的指标。煤矿企业也开始重视这里的林地绿化。例如，1986 年，唐山开滦矿区植树达到 $33×10^4$ 株，并培育出了大量苗圃、花卉。② 又如，1986 年，北京矿务局通过北京市评比成为北京市绿化先进单位，位于房山矿区的北京煤矿机械厂的厂区绿地覆盖率达到了 60％，被评为"市级红旗单位"称号。1986—1989 年，该厂又连续三年被评为"市级绿化先进单位"。这些政策使得京津唐煤矿地区的林政取得了一些好成绩。

20 世纪 90 年代以后，京津唐经济飞速发展，环境问题也日益增多。针对环境问题，中央与地方政府通力配合，增加了治林专项经费的投入并加大了监督力度，启动退耕还林工程、荒山造林综合治理工程等，使得京津唐煤矿地区获得了更多种植林木的土地、更充足的资金、更先进的技术。例如，在引进先进植树技术方面，通过科学整地、适地适树、壮苗、定植、覆膜、遮阳、集水、补水等技术干预植树，克服矿区土壤贫瘠，地区气候干旱、少雨等不利生长条件，提高京津唐煤矿林区干旱、半干旱地区的植树绿化率。1990 年，门头沟王平煤矿的绿化面积达到 32460 m^2，提出了"森林式矿山"的口号，当地居民表现出对矿区绿化的高度重视。门头沟煤矿、长沟峪煤矿等也积极种树，厂区面

---

① 唐山市档案馆：《关于抓好林木木材病虫病防治的通知》，档案号：0057-001-0039-005。

② 《中国煤炭志》编纂委员会：《中国煤炭志·河北卷》，321 页，北京，煤炭工业出版社，1997。

貌焕然一新，得到了"花园式工厂"之称，植树造林初见成效。[①]

进入 21 世纪，我国政府更加重视京津唐煤矿地区的环境工作管理。例如，加强了对造林活动的管理。门头沟市政植树造林规划规定在"十二五"期间，门头沟煤矿地区的煤矿生产必须考虑环保问题，避免环境问题的产生。同时，明确要求各企业进行绿化工作；完成 46 个废弃矿山修复治理项目；治理面积达到 10 km^2。规划还规定在"十三五"期间，门头沟地区的煤矿必须进行生态修复工程 342 处，总生态修复面积预计达到 14.81 km^2。在规划的指导下，在有关管理部门的监督下，矿区的林地绿化成绩非常显著。到"十三五"结束时，北京门头沟的煤矿地区绿化走在全国前列，其生态修复技术成为全国学习的典范。[②] 由于管理严格，北京地区的绿化率很高。据统计，1949—1978 年，北京森林覆盖率在 16.6% 左右。1995 年，森林覆盖率达到 36.26%。[③] 截至 2021 年，北京市森林覆盖率由 2017 年的 43% 提高到 44.6%。[④] 从北京森林覆盖率的总体水平来看，最好的地区依然是北京西山林区，门头沟是 48.3%[⑤]、昌平是 48.3%[⑥]。除了北京西山煤矿地区，其他地区的林地也在快速增长，如唐山森林覆盖率为 39%[⑦]。虽然由于旱情严重、土壤贫瘠等原因，煤矿地区林地的种植效果低于非煤矿地区的种植效果，但是相比沿河荒滩、干旱地带的森林覆盖率有明显的增长，水土流失情况得到了一定程度的控制。

第二，建立国营林场，恢复山地林场，建立森林自然保护区。新中国成立后，我国政府进行了林区规划，在实地调研、集体讨论、科学论

---

① 《中国煤炭志》编纂委员会：《中国煤炭志·北京卷》，266 页，北京，煤炭工业出版社，1999。

② 李焱、巩旭东、刘学：《门头沟生态修复技术领跑全国》，载《投资北京》，2007(6)。

③ 北京市地方志编纂委员会：《北京志·农业卷·林业志》，4～5 页，北京，北京出版社，2003。

④ 资料来源于北京市统计局、国家统计局北京调查总队：《北京市 2021 年国民经济和社会发展统计公报》。

⑤ 资料来源于北京市门头沟区统计局：《门头沟区 2021 年国民经济和社会发展统计公报》。

⑥ 资料来源于北京市昌平区统计局：《昌平区 2021 年国民经济和社会发展统计公报》。

⑦ 资料来源于唐山市人民政府网。

证之后，形成了京津唐煤矿地区林场规划意见，并以村为单位建立了集体林场和专业林场。其中，林场有三个主要类型：国营林场、复垦地林场、森林风景自然保护区。

国营林场是这里林业生产的重要组织形式，是以林业垦殖为主的经济实体。十一届三中全会以后，这里的国营林场得到大力发展。国营林场一般由附近的乡镇集体、群众、个人等承包经营，如门头沟地区的清水林场（1958 年）、小龙门林场（1962 年）、马栏林场（1976 年）等。

国家还与煤矿企业合作开展复垦地造林工程。政府根据"谁破坏，谁治理"的方针，对复垦造林地进行管理。这就保证了复垦造林地森林的正常生长。因此，这类林地虽然出现于 20 世纪 80 年代，但一直延续至今，成为京津唐煤矿地区特有的林区。随着复垦地的增多，京津唐煤矿地区的复垦林面积不断增大。截至 21 世纪初，唐山复垦的各类土地中耕地 313.33 hm^2，林地 866.67 hm^2，显然复垦林成为当地复垦地生态修复之后的主要存在形式。[①]

森林风景自然保护区，也就是国家森林公园，由国家出资建设和维护。这是我国矿区林地治理的一种中国方案。这类公园建造的目的主要是接手煤矿企业不再继续治理的矿区林地，推动京津唐煤矿地区生态系统平衡，保障森林资源发展的自然规律，促进森林资源的合理开发和保护，如小龙门森林公园、灵山风景自然区、北京矿务局林地、京西古道森林公园、妙峰山森林公园、房山霞云岭森林公园、迁安徐流口森林公园等。此外，我国还在多个废弃矿区建立矿区博物馆、风景区，如唐山开滦博物馆、京西古道风景区等。这些景点也拥有许多景观林，增加了这里的林地面积。

这些林地的建成使得京津唐煤矿地区的植树造林有了政策的试验田和林区林地的基本保证，显著地促进了这里的林业发展。在这一过程中，多个煤矿地区开始由荒芜之地逐渐变成了绿化率超过中心城区的绿

---

① 张清军、曹秀玲：《唐山市采煤塌陷地复垦中存在的问题及对策》，载《煤炭经济研究》，2008(11)。

林地区，一定程度改善了当地生态环境脆弱的状况。

第三，加强对平原地区造林的管理。20 世纪 40—50 年代，针对京津唐煤矿地区的沙尘暴天气问题及平原林地破坏问题，我国政府推出了在北京平原地区的治沙造林计划，在京西煤矿永定河下游等风沙危害严重的地带展开重点治理，并加强了管理。20 世纪 50 年代推行了"四旁绿化"和"大地园林化"植树造林群众运动，"文化大革命"时期中断，70年代末恢复了平原造林。20 世纪 80 年代推出了"平原绿化达标计划"。20 世纪 90 年代末推进了"平原退耕还林工程""平原造林计划"等新林政的试点。21 世纪初，全面实施新政策，要求治林期间封山育林等，管理更加严格而全面。

经过半个世纪多的平原林地治理，京津唐煤矿地区的平原林地得到恢复。1964—1990 年，平原森林覆盖率由 1.69% 增加到 7.4%，平原有林地从 $11.5×10^4$ hm^2 增加到 $50.31×10^4$ hm^2。[①] 随着平原林地的恢复，京津唐煤矿地区林地建设实现了综合治理、区域统筹。在森林生态环境逐渐变好的同时，煤矿地区的一些环境问题也得到了一定程度的改善，如门头沟、房山等荒滩的河滩林增多。[②]

不过，京津唐煤矿的植树管理还存在一些疏漏之处。例如，一些煤矿地区长期存在着"前脚种树，后脚砍树"的乱砍滥伐现象，森林破坏现象屡禁不绝。有关部门在管理上对植树造林成绩显著者奖励不够，对乱砍滥伐者惩戒不力。又如，政府管理水平有待提升，需要通过梳理现行政策的不足，制定更为科学、合理的政策，形成政策舆论导向，进而有效地调动企业和个人的植树造林的积极性，以改变京津唐煤矿地区树种单一、成林率不高、种树成本大等问题。

（二）水环境管理

我国政府加强了对京津唐煤矿地区水环境的管理。首先，制定了相

---

① 河北省地方志编纂委员会：《河北省志 第 17 卷 林业志》，11 页，石家庄，河北人民出版社，1998。

② 《荒滩变成林地，秃山绿树成荫，京津风沙源工程实施十年，本市山区形成 550 万亩绿色屏障——走到哪，都是郁郁葱葱的绿》，载《北京日报》，2011-08-04。

关管理条例，确保水环境的安全。20 世纪 50—70 年代，我国政府对于京津唐煤矿水环境的管理，主要是以行政性管理文件来进行。政府部门颁布了许多管理文件，如《北京市水利工程管理办法》(1975 年)、《北京市革命委员会关于保护水利工程的布告》(1979 年)等。伴随着环境保护被提上发展日程，1979 年 9 月 13 日，我国正式出台《中华人民共和国环境保护法(试行)》，开启了京津唐煤矿地区水环境管理的法治化进程。这是第一部涉及水利和水资源保护的法律，以法律形式规定了"对于江河湖泊海洋"等水域的保护，并且提出了限制"工业用水、农业用水、生活用水"的用水量，禁止过度开采地下水。

　　20 世纪 80 年代以后，我国陆续出台了多个水环境的保护法案，逐渐完善了水环境的保护法律体系。我国颁布了《灌区管理暂行办法》(1981 年)、《水土保持工作条例》(1982 年)、《水利水电工程管理条例》(1983 年)、《水利工程水费核订、计收和管理办法》(1985 年)、《中华人民共和国水法》(1988 年)、《中华人民共和国河道管理条例》(1988 年)、《水文管理暂行办法》(1991 年)、《水利工程建设项目管理规定(试行)》(1995 年)、《水利工程建设安全生产管理规定》(2005 年)、《全国中小河流治理项目和资金管理办法》(2011 年)等，进一步完善了水环境保护的法律体系，为水环境的保护提供了法律依据。

　　同时，地方政府也配套出台了一系列的政策、法规及文件，以促进水环境治理和保护的法治体系建设。

　　北京市政方面：颁布了《北京市水利工程保护管理条例》(1986 年颁布，1997 年、2010 年、2016 年、2018 年和 2021 年修正)，《北京市人民政府关于加快推进中小河道水利工程建设全面提高防洪能力的实施意见》(2012 年，已失效)，《北京市水利工程建设实施方案(2012—2015年)》(2012 年)，《北京市水利工程见证取样和送检管理规定》(2013 年)，《北京市水利建设市场主体信用评价管理办法(试行)》(2013 年)，《北京市水库移民后期扶持档案管理办法》(2013 年)，《进一步加强密云水库水源保护工作的意见》(2014 年)，《北京市水行政处罚裁量权基准》(2016 年，已废止)，《北京市实施河湖生态环境管理"河长制"工作方案》(2016年),《北京市水土保持补偿费征收管理办法》(2016年),《北京市水影响评价审查专家库管理办法》(2017年),《北京市水利工程施工安全监督暂行办法》(2017年),《北京市扶持大中型水库库区和移民安置区的意见》(2018年),《北京市扶持大中型水库农转非移民的意见》(2018年)等。

唐山市政方面:颁布了《唐山市陡河水库饮用水水源保护区污染防治管理条例》(1994年)、《唐山市人民政府关于对陡河水库实行封闭管理的通告》(2008年)、《唐山市城市排水管理办法(试行)》(2008年)等。

秦皇岛市政方面:颁布《秦皇岛市人民政府办公厅关于全市新增中央水利投资项目和小型水库除险加固工程进展情况的通报》(2009年)等。

地方政府通过颁布这些政策、法规及文件,增加了对水环境的管理,使得京津唐煤矿地区的水资源环境得到更好的保护。

迈入21世纪,我国政府不仅进一步加强了水环境法治化建设,而且更加重视京津唐煤矿地区水环境保护中的人文关怀。2012年国务院印发的《关于实行最严格水资源管理制度的意见》,表明要全面细致地实施水利、水资源保护。2016年,我国修订《中华人民共和国水法》,体现了由"以人为本"向"以人为本,人水和谐"的治水理念转变。同年颁布的《关于全面推行河长制的意见》,提出了建立健全以党政领导负责制为核心的责任体系,明确各级河长职责,强化工作措施,协调各方力量,形成一级抓一级、层层抓落实的工作格局;加强水资源保护、加强河湖水域岸线管理保护、加强水污染防治、加强水环境治理、加强水生态修复等。这一系列法规的颁布,不仅体现了我国政府对违法破坏水资源问责的决心,而且体现了我国政府对水资源流域生态保护红线制度的底线及,传达出政府对于水资源保护的高度重视。在这样的治理措施下,多个地区的水环境问题得到解决,如北京西山煤矿地区的条条河流变成了清澈、河畅、岸绿的生态河流。

(三)煤矿资源管理

我国政府加强对京津唐煤矿地区矿产资源开发的监督和管理,特别是对相关机构建设和合理开发等实施监督与管理。

在矿业机构建设方面，政府 20 世纪 50 年代开始陆续在各煤矿地区所属地区成立辖区管理机构，按照工作类型设立人员编制。1958 年，北京成立北京市地质局。矿业主管部门的建立，标志着矿务作为一种事业进入政府管理工作范畴，政府开始正式介入矿务的管理和监督环节。这为后来的煤矿资源保护和治理打下坚实的基础。政府开始注重矿产储量、地质资料收集、地热管理。北京市资料处在 40 年的时间里共收集了 5078 份①资料，对于后来出台的关于矿产生产登记、监督、矿产资源补偿费管理、矿业权管理等的政策都有极其重要的政策经验积累作用和文献参考价值。

在矿业合理开发监督管理方面，新中国成立初期，政府在大兴矿业的同时，推行矿业开发与合理利用的治矿政策。对于唐山等富矿区，采取了开放的管理政策，放权地方政府，由地方出台相关矿产资源管理政策，促进矿产资源的合理开发、利用。但是，由于缺乏统一的管理条例和办法，地方政府的管理效果不够理想。20 世纪 60—70 年代，京津唐煤矿地区出现了混乱采煤和办矿的局面，煤矿到处"开花"。这些煤矿发展混乱，造成的环境影响巨大。例如，1975 年，北京海淀区玉泉山的玉泉因为小煤矿采煤，出现枯竭的情况。② 1980 年，门头沟区对区内地下水质进行监测，发现矿井水和部分泉水中酚含量较高，最高值超标 4 倍。③ 政府紧急介入了出现环境问题的煤矿地区，喊停了这些煤矿，并对这些地区进行了整顿、监管。

20 世纪 80—90 年代，采矿与环境保护正式并轨，我国矿产资源保护管理进入了一个新阶段。20 世纪 80 年代，政府相继出台配套文件，

① 北京市地方志编纂委员会：《北京志·地质矿产水利气象卷·地质矿产志》，446 页，北京，北京出版社，2001。

② 北京市海淀区地方志编纂委员会：《北京市海淀区志》，113 页，北京，北京出版社，2004。

③ 北京市门头沟区地方志编纂委员会：《北京市门头沟区志》，513 页，北京，北京出版社，2006。

通过颁布矿点界定、完善实测资料等文件及持证办矿等措施，理顺了矿业关系，通过"开采率""采矿贫化率""采矿回收率"的企业考核管理指标和"征收矿产资源补偿费"等措施，使矿业政策规章、矿产资源监督管理进入了新阶段。政府加强了对矿业的行政监督管理，京津唐煤矿地区的矿产资源得到了保护。

进入 21 世纪，我国政府进一步加强了对矿产资源的行政管理，进行了配套文件的建设和实施，如 2006 年下发《关于深化探矿权采矿权有偿取得制度改革有关问题的通知》。京津唐煤矿地区的矿产资源保护和治理进入重要阶段。我国政府提出了"矿产勘探、开采与环境保护协调发展，统一规划原则""注重科技进步与创新原则""依法严格管理矿产资源"[①]等，促进了矿产资源监管技术、环境管理水平的提升，且各项保护政策进一步贴近我国经济发展水平。例如，根据煤矿的年生产煤量和排污量等综合因素，修订了环境评价标准及矿产资源补偿金制度，更加有效地保护了矿区的环境。

再来看我国矿产资源保护的法治化建设。新中国成立初期到 20 世纪 70 年代，我国政府对于京津唐煤矿地区的矿产资源保护与治理，主要是通过市政管理文件或者煤矿企业生产管理文件来具体分析、解决。在《中华人民共和国矿产资源保护法》《中华人民共和国煤炭法》出台以前，京津唐煤矿地区有一些地方性行政管理措施，每年定期报送煤炭产量计划以及出台反对浪费、乱开采煤矿、安全生产的文件等。例如，1956 年制定了《开滦煤矿定额计划》，1963 年下发了《开展反浪费活动的安排意见》和《增产节约计划草案》，1966 年推出了《关于增产节约计划》，1972 年撰写了《以路线为纲搞好企业管理——开滦林西矿采煤三区改革不合理规章制度的调查报告》。[②] 客观上，这种行政性治理模式存在实效性强的优点，但是也存在比较大的随意性、主观性。

---

① 《中国二十一世纪初矿产资源保护与合理利用的总体目标与原则》，载《资源与人居环境》，2005(9)。

② 赵连：《开滦林西矿志》，785、788、795 页，北京，新华出版社，2015。

20 世纪 80 年代，我国政府开始了煤矿资源保护的法治化建设，于 1986 年颁布了《中华人民共和国矿产资源法》。该法通过确定矿产属于自然资源和环境保护的重要内容，提出矿产资源的合理利用，促进了国家与地方对于矿产资源保护的协调工作，建立了统一的矿产资源的法律保护机制，改革了矿业企业的组织形式，并在具体矿权、矿界、不得开采矿产资源的地区、非法采矿处罚等方面进行了具体的规定，最大限度地约束了煤矿企业及非法盗采煤矿的小黑窑在煤矿开采、生产过程中对矿产资源的破坏，保护了矿产资源，延缓了京津唐煤矿地区资源的枯竭。但是，《中华人民共和国矿产资源法》是单行法，所能涉及的法律范围、法律权限、违法行为有限，在实施《中华人民共和国矿产资源法》时缺乏一个系统的法治环境支撑，所以实施效果并不理想。

20 世纪 90 年代，我国政府加大了煤矿资源保护法治化建设。我国对《中华人民共和国矿产资源法》进行了修正，颁布了《中华人民共和国矿山安全法》(1992 年)，《中华人民共和国资源税暂行条例》(1993 年，已废止)，《中华人民共和国矿产资源法实施细则》(1994 年)，《矿产资源开采登记管理办法》(1998 年)，《地质灾害防治管理办法》(1999 年)等，推动了京津唐煤矿地区矿产资源的法治和治理。此外，我国政府还正式把环境保护列入矿业开发的职责。1990 年，北京市地矿局设立环境处，并在与环保部、国土资源管理局、国家森林管理局等多部门联合行动中对京津唐煤矿地区的多个煤矿废弃地进行了矿山复垦、绿化等，为保护煤矿矿产资源起到积极作用。

进入 21 世纪，政府颁布了一系列相关的法规和行政性文件，使得矿产资源保护进一步完善。这对于京津唐煤矿地区的矿产资源保护发挥了积极作用。

中央政府方面：地质灾害管理类有《地质灾害防治条例》(2003 年)，《安全生产许可证条例》(2004 年)，《煤矿企业安全生产许可证实施办法》(2016 年，同时废止了 2004 年公布的《煤矿企业安全生产许可证实施办法》)，《地质灾害防治单位资质管理办法》(2022 年发布，同时废止 2005 年发布的《地质灾害危险性评估单位资质管理办法》、《地质灾害治理工程勘查设计施工单位资质管理时办法》和《地质灾害治理工程监理单位资质管理办法》)等。矿产资源管理类有《国务院办公厅转发国土资源部〈关于进一步治理整顿矿产资源管理秩序的意见〉的通知》(2001年发布，已失效)，《关于加强和完善矿产开发利用年度检查工作有关问题的通知》(2004年)，《国务院办公厅转发国土资源部等部门对矿产资源开发进行整合意见的通知》(2006年)等。煤矿安全生产类有《关于加强煤矿安全生产工作规范煤炭资源整合的若干意见》(2006年)等。

河北方面：发布了《河北省地质灾害防治管理办法》(1995年)、《河北省地质环境管理条例》(1998年)、《关于进一步做好资源整合及整顿和规范矿产资源开发秩序工作的意见》(2007年)、《集中打击盗采国家矿产资源行为专项行动实施方案》(2008年)、《打击盗采矿产资源长效工作机制》(2016年)等文件。

北京方面：发布了《北京市开办乡镇集体矿山企业和个体采矿审批办法》(1986年)，《北京市开办乡镇矿山企业和个体采矿违法处罚办法》(1987年)，《北京市乡镇矿山采矿定点划界的实施意见》(1988年)，《未经矿产储量委员会审批批准的勘探报告不得征用土地的通知》(1989年)，《北京市关于展开矿山企业矿产开发监督年度检查工作的实施办法》(1991年)，《北京市实施〈矿产资源补偿费征收管理规定〉的办法》(1994年，已失效)，《北京市矿产资源管理条例》(1998年、2020年、2023年)，《北京市人民政府关于进一步加强地质工作的意见》(2006年)，《北京市国土资源局关于印发〈加强矿产资源管理　严厉打击非法开采确保奥运平安工作方案〉的通知》(2008年)，《北京市非煤矿矿山企业安全生产许可证实施办法》(2010年)，《金属非金属矿山地质勘探、采掘施工单位安全生产许可工作补充规定》(2011年)等。

唐山方面：发布了《唐山市人民政府关于印发〈唐山市建设环境保护"四大体系"实施意见〉的通知》(2005年)、《唐山市人民政府关于开展依法打击非法盗采国有矿产资源专项行动的通告》(2008年)、《唐山市人民政府关于依法严厉打击非法开采行为毁闭非法矿井的通告》(2008年)、《唐山市人民政府关于水泥工业科学发展的实施意见》(2008年)、

《唐山市人民政府关于规范地方煤炭资源整合工作的意见》(2008 年)、《唐山市人民政府关于印发〈唐山市闲置土地处理办法〉的通知》(2009 年)、《唐山市 2020—2021 年度秋冬季空气质量强化保障措施》(2020 年)、《唐山市 2021 年节能削煤工作要点》(2021 年)等。

这些法规和行政性文件弥补了我国矿产资源保护法治政策的不足，增强了政府的法治能力，也增强了我国政府的行政治理能力，形成了一套完善的矿产资源保护体系，有利于京津唐煤矿地区的矿产资源保护。

针对煤矿资源严重破坏的问题，我国还进一步加大"以法治煤矿"的力度，推进矿产资源保护的法治化建设。1996 年修订了《中华人民共和国矿产资源保护法》，出台了针对煤矿矿种保护的法律——《中华人民共和国煤炭法》。《中华人民共和国煤炭法》(2016 年修正)弥补了《中华人民共和国矿产资源法》在煤矿资源执法中存在的软约束和依据不足的问题，对煤矿资源保护更具鲜明性和约束性，提出"不得擅自开采保安煤柱""矿长负责制""禁止新建土法炼焦窑炉"等，解决了一些煤矿企业存在的开采无序、矿地安全责任事故推诿、资源破坏与污染的惩处等问题。

我国政府还注重从环境保护的总体布局上进行指导与规范。1994 年发布《中国 21 世纪议程——中国 21 世纪人口、环境与发展白皮书》。2003 年发布的《中国 21 世纪初可持续发展行动纲要》，提出了"改善能源结构，提高能源效率""矿产资源的可持续利用"等理念，这一纲领性文件作为指导我国国民经济和社会发展的指导思想原则，开启了我国矿产资源的可持续性发展的新时代，也使得京津唐煤矿地区的矿产资源保护迎来了新纪元。

（四）公共环境卫生管理

新中国成立伊始，我国政府就重视京津唐煤矿地区的公共环境卫生问题。1949 年，北京、唐山等地成立了市卫生防疫委员会，同年，进行多次街道清洁大扫除运动。20 世纪 50 年代，建立公共医疗卫生体系，并掀起了群众性爱国运动，探索减少城市固体生活垃圾的办法。例如，1958—1959 年，北京、唐山、秦皇岛等展开了"除四害，讲卫生"运动。20 世纪 60 年代后期，唐山农村地区开展了"二管五改"(管水、管粪、改水、改厕所、改炉灶、改畜圈、改内外环境等）运动，后又进行了城市河流治理、城市林治理、街道卫生大扫除、除农田杂草运动等。20 世纪 70 年代末至 90 年代，我国全面实施公厕改造、城镇垃圾站现代化、城镇垃圾站封闭化、城市污水处理现代化、城市排污渠增容、改暗沟建设等措施。20 世纪 90 年代末到 21 世纪初，京津唐煤矿地区基本上实现了现代化垃圾处理。一些群众性卫生运动，更多注重社会舆论的宣传和教育。公共环境卫生工作的完成主体由广大群众变成了城市环境保护部门的公职环保人员，公共环境卫生的治理更加专业，落实效果更加显著。例如，各地区对于传统公共环境卫生治理对象"四害"（老鼠、苍蝇、蚊子、蟑螂）等进行了联动专项重点治理。1998 年，河北省政府制定了《河北省爱国卫生条例》，规定了灭"四害"的具体工作细则。同时，京津唐煤矿地区政府也配套出台了相关管理文件，颁布了《北京市除四害工作管理规定》（1999 年）、《北京市门头沟区人民政府办公室关于印发〈北京市门头沟区动物卫生监督管理局主要职责、内设机构和人员编制规定〉的通知》（2008 年）[1]等。同时，我国推动环境保护技术的革新，使得环保部门的治理技术、设备更为先进，且加入了机制化、法治化建设，推进了公共环境卫生行为的常态化发展，使群众性卫生运动得到全面、细致、有效的落实。从实际执行效果来看，人畜粪便不污染环境，雨水与污水分流，矿区公共环境卫生的"脏、乱、差"现象得到明显改善，京津唐煤矿地区的公共环境卫生问题得到了显著改善。

总体来看，新中国成立以后，政府对京津唐煤矿地区环境问题的管理是循序渐进的，具有连续性、科学性、实践性，推动了环境问题的有效解决。但是，客观上，1949 年以后是京津唐煤矿区环境问题激增的阶段，一些环境问题并不容易解决。直到 21 世纪初，这里的煤矿陆续关闭，政府加强环境问题的监管，当地的环境问题才得到了根本的好转。

---

① 北京市档案馆：《北京市门头沟区人民政府办公室关于印发〈北京市门头沟区动物卫生监督管理局主要职责、内设机构和人员编制规定〉的通知》，档案号：11J00112K/ZK-2008-000320。

二、新中国成立后政府对京津唐煤矿地区环境问题的治理政策

京津唐煤矿地区的环境问题日益复杂，环境问题产生了一些不利影响。因此，政府不仅需要对京津唐煤矿地区的环境进行管理，而且需要进行治理。在环境治理上，我国做了许多实事，取得了巨大成就。随着社会经济的发展，京津唐煤矿地区环境的治理在不同时期有不同的重点。20世纪50—70年代，治理重点是公共环境卫生领域；20世纪70年代末至80年代末的治理重点主要是自然资源环境（山林环境和煤矿环境）破坏、水环境污染和空气环境污染；20世纪90年代的治理重点主要是综合环境治理；20世纪90年代末至21世纪初的治理重点是深化综合环境治理，从治标不治本向源头治理转变。为了从根本上解决煤矿地区的环境问题，我国建立了相对完善的环境治理法律体系。在颁布煤矿、森林、土壤、水、空气等环境污染治理的专门法基础上，政府出台了配套政策和措施，实施严格执法监管政策。同时，我国更加重视把最新的环境治理技术运用到矿区环境保护和治理中，引入环境评价、环境监测、生态环境修复和涵养等先进的环境污染治理技术。

（一）土壤环境污染治理

在煤矿排出的"三废"中，废渣总量是最大的。例如，20世纪50年代，唐山开滦林西矿曾出现黑煤泥水流到农田污染环境的事件。《人民日报》发表社论，对此次事件进行了报道。政府高度重视，派工作组到当地调查，勒令该煤矿停业整顿，并结合煤泥排污问题，首先让煤矿建立了煤泥排放池，进行定点排放，其次推动煤矿进行固体废弃物处理的研发工作。20世纪60年代初，这里率先出现了用煤泥加工制成的蜂窝煤球。这种蜂窝煤球火力大，燃烧容易，物美价廉，市场销路好，有效解决了煤泥的处理问题。鉴于唐山的这一做法取得成功，我国政府便把这种经验向京津唐煤矿地区的其他地方推广，减少了京津唐煤矿废弃物对于周边环境的污染。①

---

① 《中国煤炭志》编纂委员会：《中国煤炭志·河北卷》，316～317页，北京，煤炭工业出版社，1997。

　　为了控制土壤环境污染问题，20世纪70年代末，我国政府开始监测唐山等煤矿地区的土壤环境质量，为着手监控这里的土壤污染问题做准备。20世纪80年代，政府重点治理了唐山煤矿地区土壤污染的问题，要求这里的煤矿在开发之后要进行土地复垦，并推动着矿区复垦治理的法治化建设，1988年出台了《土地复垦规定》（已废止）。这个时期的治理重点是土壤改良治理，改变酸性土壤问题、重金属含量较高问题等。

　　20世纪90年代末到21世纪初，我国政府加大了煤矿土地复垦的执法监督力度，配合《中华人民共和国煤炭法》中关于矿区复垦地的相关法规条例，还颁布了具体实施补充办法，如《土地复垦条例》（2011年）和《土地复垦条例实施办法》（2012年发布，2019年修订）等。地方也制定了具体的配套管理文件，如唐山的《唐山市土地管理办法》（2001年发布，已废止），河北的《河北省土地复垦管理办法》（2016年）和《配合做好〈国土资源部办公厅关于做好矿山地质环境保护与土地复垦方案编报有关工作〉的通知》（2017年）等。

　　在这个过程中，政府比较重视引导对复垦技术的创新和应用。目前，复垦技术有覆盖土壤技术、磷矿粉改良土壤酸性技术、土壤重金属污染治理技术、添加有机肥治理技术、植被恢复技术、微生物修复技术等。考虑到覆盖土壤技术的治理成本高、代价大，我国主要推广植被恢复技术。同时，在土壤改良治理的基础上，我国政府也加大了稳定化处理治理措施推广的力度，鼓励通过对废弃煤坑、渗漏层和边坡等洼坑进行回填，治理废弃矿山土壤问题、塌陷区土壤的问题。

　　此外，我国政府开始重视煤矸石等固体废弃物的治理与利用。20世纪70年代，在我国政府的鼓励和支持下，唐山等地煤矿地区率先开始研发煤矸石代替煤发电、烧锅炉供暖技术，并成功应用于烧砖、化肥加工等方面。唐山丰南钱家营煤矸石堆发电厂的煤矸石发电技术领先全国。[①] 1976年和1978年，北京市矿务局在杨坨煤矿和王平煤矿建立了2

---

　　① 河北省地方志编纂委员会：《河北省志　第46卷　物资志》，126页，石家庄，河北人民出版社，1996。

座煤矸石砖厂。[①] 20 世纪 80 年代，在北京市政府的支持下，北京西山煤矿地区也开始运用煤矸石发电技术来治理煤矸石堆。1987 年，北京矿务局投资 8000 万元修建了王平煤矸石发电厂，每年可以处理 5×10^4 t 煤矸石。[②] 这些技术的成功研发及应用，使得京津唐煤矿地区成为河北地区煤矸石治理与利用的先进地区，降低了煤矸石的堆放量，减少了煤矸石造成的土壤环境污染。

（二）水污染治理

我国政府对京津唐煤矿地区水污染的治理起步于 20 世纪 70 年代。1973—1975 年，我国政府对矿区进行了污染调查和环境质量评价，提出对永定河、大清河、陡河、石榴河等河流的生物指示，指出河流污水中氰化物是由微生物群的代谢所致。1973—1978 年，查明了永定河河水中存在有毒物质，如汞、镉、铬、砷、敌敌畏、六六六等，指出该河存在严重污染。1976—1979 年，对京津唐煤矿地区河流的污染情况进行全面摸底，并提出了"生物降解""鱼类毒性""无大型生物带"的概念。

20 世纪 80 年代，京津唐煤矿地区的水污染问题加剧。例如，唐山煤矿地区的污水污染了周边多条河流。1982 年，在政府的推动下，唐山老市区率先建成污水处理厂，日处理污水 3.6×10^4 m³，其中生活污水占 61％、工业废水占 39％。这标志着唐山煤矿地区工业生产的污水治理进入现代化。[③] 1985 年，在陡河边建立东郊污水厂，日处理污水 8.4×10^4 m³。1986 年，在丰润还乡河南岸小韩庄西修建新区污水处理厂，日处理污水 3.3×10^4 t。[④]

20 世纪 90 年代，为了进一步治理工业污水，我国政府要求有条件的地区建立自己的中小型污水处理厂。对于没有条件的地区，我国政府

① 《煤炭志》编纂委员会：《北京工业志·煤炭志》，289 页，北京，中国科学技术出版社，2000。
② 北京市地方志编纂委员会：《北京志·市政卷·环境保护志》，173 页，北京，北京出版社，2004。
③ 唐山市地方志编纂委员会：《唐山市志》，588 页，北京，方志出版社，1999。
④ 唐山市地方志编纂委员会：《唐山市志》，588～589 页，北京，方志出版社，1999。

通过建立地区污水处理厂，为这些煤矿地区提供污水处理服务。例如，北京 1993 年建成了国内最大的二级污水处理厂——高碑店污水处理厂，有力地支撑着北京西山煤矿工业区污水的处理。

同时，我国政府加强水环境治理和保护法治化建设。《中华人民共和国水污染防治法》(1984 年，1996 年修正、2008 年修订、2017 年修正)，《饮用水水源保护区污染防治管理规定》(1989 年)，《唐山市陡河水库饮用水水源保护区污染防治管理条例》(1994 年，已废止)等法律法规，对水污染问题进行较为细致的综合治理提供了依据，也使得京津唐煤矿地区的水源污染得到了治理，饮用水水源得到了保护。1978—1990 年的水质检测发现，水污染治理取得了一些阶段性成绩。

但值得注意的是，一直以来非饮用水，如自然河流、地下水、园林景观河流等的水污染治理效果并不理想。20 世纪 80 年代，京津唐煤矿地区出现了水污染严重的情况，20 世纪 90 年代以后，水污染治理出现反复治理、重复发生的困境。分析原因，主要是煤炭工业群规模的扩大、人口的增加和工业经济的高速发展使污水排放量增大，一些矿区直接将未处理的废矿水排入河道。

21 世纪初，政府把关系到民生的水污染治理问题放到了政府政务的首要位置，进行了全面治理，如启动综合水利工程、修建更多的污水处理厂、加大煤矿企业安全生产监管、要求煤炭企业定点排放等。此外，政府还通过探索有效管理措施，进一步制定、完善相关政策、法规，包括《河北省水污染防治工作方案》(2015 年)、《北京市水污染防治工作方案》(2015 年)、《廊坊市水污染防治实施方案》(2016 年)、《唐山市水污染防治工作方案》(2016 年)、《秦皇岛市 2016 年度水污染防治行动实施方案》(2016 年)、《2016 年唐山市美丽乡村建设生活污水治理工作实施方案》等，提出治河的新规划、新理念、新举措。例如，《唐山市水污染防治工作方案》提出："到 2030 年，全市重点河流和各县(市、区)建成区水体水质稳定达标，境内主要河流无劣 V 类水体，全市城镇集中式饮用水水源水质全部稳定达标。"2015 年，我们对门头沟、古冶、石门寨等煤矿地区自来水水质的调查发现，这里的自来水水质全部达到国家标准，绝大多数自打井水质达到国家自来水饮用标准。[①] 这表明我国治理污水的积极尝试，有效地推动着水污染治理工作的进展，也推动了京津唐煤矿地区的水污染治理的进步。

（三）空气污染治理

对于空气污染治理，我国经历了从监控、治理到治理与防治并行的发展过程。

京津唐煤矿地区除了煤矿工业生产过程中产生的粉尘、工业废气会造成空气污染，煤烟、扬尘、焚烧垃圾等也是空气污染的来源。所以，这里的空气污染治理任务复杂而艰巨。以煤烟污染为例。1907 年，北京人口约为 75×10^4 人，城市用煤约 18×10^4 t；1941 北京人口约为 130×10^4 人，城市用煤约 64×10^4 t；1949 年北京人口约为 203.1×10^4 人，城市用煤约 103.5×10^4 t；20 世纪 90 年代，用煤量增加到约 500×10^4 t。京津唐煤矿地区的煤炭消耗量与日俱增，由此产生的煤烟型污染显著增多，出现了普遍的"锅炉冒黑烟"的现象。

针对煤烟型污染，我国政府从 20 世纪 50 年代就出台政策，引导、鼓励和支持相关煤矿研发，如研发出手摇煤球机，减少煤泥生产中带来的粉尘污染。1965 年，河北唐山、秦皇岛等地建立 7 座机制煤球加工厂。1973 年，唐山安装了新型排风扇及封闭式自动煤炭生产机，使得这里的煤粉尘污染得到部分解决。[②]

20 世纪 70 年代末到 80 年代，首先，我国政府推行"改造炉窑"的行动，通过成立"三废"治理办公室，召开主题工作会议，制订土法窑改造方案，推广新建和更新社区锅炉、居民蜂窝煤炉等政策，展开了消烟除尘工作，在一定程度上减少了京津唐煤矿地区的空气污染。其次，我国政府把空气污染治理纳入环境保护建设中，在京津唐煤矿地区建立了空气监测站，对污染情况进行监测。对污染情况严重的地区，政府进行

---

① 资料来源于 2015 年 4—8 月，由北京联合大学应用文理学院食品科学系师生组成调查组，对京津唐煤矿地区自来水进行调查之后获得的数据。

② 河北省地方志编纂委员会：《河北省志 第 46 卷 物资志》，129 页，石家庄，河北人民出版社，1996。

重点突击检查和治理,对于出现空气污染问题的煤矿企业,责令其整改。最后,我国政府加强了对空气污染的监督控制,实行烟尘治理工程,并支持煤矿控制空气污染的技术和设备的创新及其成果转化。烟尘治理技术的建设和使用,使排向大气中的二氧化硫有所减少,使得唐山等煤矿地区的空气质量有所改善。[①] 但是,当时的指导思想是"三分治,七分管",治理力度并不大。

我国政府还把空气污染治理纳入法治化建设目标。根据国情,我国政府于1987年颁布了《中华人民共和国大气污染防治法》。随后,地方政府陆续配套出台了一系列的政策法规。河北发布了《河北省大气污染防治条例》;北京发布了《北京市加强炉窑排放烟尘管理暂行办法》《北京市防治机动车排气污染管理办法》等;廊坊发布了《廊坊市大气污染防治目标责任书》《廊坊市重污染天气应急预案》等;唐山发布了《唐山市禁止燃用高硫份煤炭管理办法》《唐山市钢铁焦化水泥电力玻璃行业大气污染治理攻坚行动实施方案》等;秦皇岛发布了《秦皇岛市煤尘污染防治管理暂行办法》《秦皇岛市煤尘污染综合治理实施方案》《秦皇岛市燃煤锅炉(窑)污染防治管理办法》《秦皇岛市水泥行业粉尘污染防治管理办法》等。这些政策法规使得这里的空气污染治理形成了体系,为法治化建设奠定了基础。

法治化建设推动着京津唐煤矿地区空气污染的治理。例如,制定锅炉排放标准、烟囱排放标准、机动车尾气排放标准、工业尾气排放标准等,扩大空气污染源治理范围,即从以烟雾污染、工业污染、机车尾气污染为主,逐步拓展到烟雾污染、工业污染、机车尾气污染、垃圾焚烧污染、麦秆焚烧污染、施工地粉尘污染、燃煤发电污染等方面,在工业、交通、城市生活、农业生产、施工建设、发电等领域进行全方位综合治理。这些举措落实了非法排污处罚、细化监管职责、空气污染本源治理等,加大了空气环境治理的力度。

此外,政府还制定了一些重大事件下的环境综合治理措施。例如,

---

① 唐山市地方志编纂委员会:《唐山市志》,642页,北京,方志出版社,1999。

2008 年，为了保障亚运会、奥运会等重要赛事顺利举办，推出京津冀联合空气环境综合治理，限制排放，并进一步推动集中供暖、使用清洁能源、建立烟尘控制区等，使得空气污染得到了一定控制。①

这些努力卓有成效。特别是 20 世纪 90 年代末至 21 世纪初，随着国家法治建设的加快，京津唐煤矿地区也加快了空气污染治理法治化建设的步伐。例如，北京颁布了《北京市 2012—2020 年大气污染治理措施》，门头沟下发了《北京市门头沟人民政府办公室转发区环保局关于门头沟区空气重污染的应急方案实施细则的通知》②等。这使得煤矿地区的空气监管力度增大，空气污染状况得到了控制和治理，总体空气质量明显提高。

但是，京津唐煤矿地区是环渤海湾经济圈的重要组成部分，人口密度大，重工业群集中，庞大的燃煤消耗量、碳排放量和尾气排放量等使得这里的空气污染治理进入瓶颈期，空气环境治理成为持久的攻坚战。

（四）噪声污染治理

京津唐煤矿地区的噪声污染一度较严重。1953—1955 年，我国政府曾多次发布了减少京津唐煤矿地区噪声的规定和公告。20 世纪 60 年代，我国政府派出调查组对京津唐煤矿地区进行噪声污染调查。20 世纪 70 年代末，政府重点治理爆破煤矿噪声、机械噪声、锅炉风机噪声、发电机噪声和振动等工业噪声以及乱鸣笛等交通噪声。

20 世纪 70 年代末至 80 年代，政府进一步加大了对京津唐煤矿地区噪声污染治理的力度，要求煤矿地区安装消音器、隔声罩，并修建隔音墙，减少噪声污染。此外，政府通过颁布《工业企业噪声卫生标准》等，使京津唐煤矿地区的噪声污染得到了一定的控制。

20 世纪 90 年代末至 21 世纪初，我国颁布了《北京市环境噪声污染

---

① 北京市档案馆：《北京市门头沟区人民政府办公室转发区市政管委关于门头沟区 2008 年北京奥运会及残奥会环境卫生保障工作实施方案的通知》，档案号：11J001/ZK-2008-000316。

② 北京市档案馆：《北京市门头沟人民政府办公室转发区环保局关于门头沟区空气重污染的应急方案实施细则的通知》，档案号：11J000/ZK-2013-000030。

防治办法》《秦皇岛市环境噪声污染防治管理办法（试行）》等，并推行了综合治理噪声污染措施，陆续关闭京津唐煤矿地区的煤矿，有效控制了煤矿开采造成的各种工业噪声污染。

（五）整顿、关闭煤矿

治理京津唐煤矿地区的环境问题，比较有效的做法就是整顿、关闭煤矿。20 世纪 90 年代，随着绝大多数京津唐煤矿地区进入煤矿资源枯竭阶段，整顿、关闭煤矿成为主要的治理措施。

其实，20 世纪 70 年代末到 80 年代，我国政府也曾在京津唐煤矿地区推行过短时期的整顿、关闭政策，关闭了许多小煤矿，实行"定点划界、持证采矿"等，把"大跃进"时期迅速扩大的煤矿地区重新压缩到京津唐富煤矿地区，整顿了矿业秩序，规范了矿业生产、开采，避免了矿产资源的破坏和浪费现象。

20 世纪 90 年代末，我国政府开始推行本源治理措施，使得京津唐煤矿地区的环境问题得到改善。

首先，政府出台了关停煤矿的文件，如《中共中央办公厅、国务院办公厅关于进一步做好资源枯竭矿山关闭破产工作的通知》（2000 年）、《国务院办公厅转发安全监管总局等部门关于进一步做好煤矿整顿关闭工作意见的通知》（2006 年）、《国务院安委会办公室关于印发 2007 年煤矿整顿关闭工作要点的通知》（2007 年）、《关于下达"十一五"后三年关闭小煤矿计划的通知》（2008 年）、《关于深化煤矿整顿关闭工作的指导意见》（2009 年）、《国务院办公厅关于进一步推进安全生产"三项行动"的通知》（2009 年）等，对煤矿治理进行宏观指导。

其次，国家和地方政府出台系列配套文件，陆续关闭了多处煤矿，其中京津唐煤矿地区是重点落实地区。2005 年，我国关闭了 5430 处煤矿，小煤窑数量迅速减少。① 2008 年，我国关闭煤矿的计划目标是 1000 个，严禁审批（核准）年生产规模 30×10^4 t 以下的新建项目，从源头上严格控制小煤矿的数量。2012 年，我国在 10 个省区市关闭了 641

---

① 资料来源于《秦皇岛市关闭 54 家非法小煤矿》，河北日报网，2006-08-14。

处煤矿，其中河北地区有 130 家，这是全国单个煤矿地区关闭数量最大的区域，其中唐山地区尤为明显，有 36 处。2014 年，秦皇岛市关闭 7 处煤矿。2015 年，全国关闭煤矿 1150 家，其中京津唐煤矿地区所占比例较大，关闭煤矿率达到 49%。2016 年，河北省关闭了 56 处煤矿，其中唐山 4 处。这使得京津唐在"无煤矿城市"的发展方向上迈上了新台阶，对于煤矿环境治理等起到积极作用。21 世纪以来京津唐煤矿地区关闭煤矿情况见表 4-28。

表 4-28　21 世纪以来京津唐煤矿地区关闭煤矿情况统计表

城市	区域名称	关闭年份	煤矿名称	城市	区域名称	关闭年份	煤矿名称
北京	门头沟	2001 年	门头沟煤矿	唐山	开平区	2012 年	唐山市开平区双桥乡华胜煤矿
	门头沟	2006 年	北京赵台煤矿		开平区	2012 年	唐山市开平区双桥乡鞠家岭联营煤矿
	门头沟	2006 年	北京桑峪煤矿		开平区	2012 年	唐山市开平区洼里乡同心煤矿
	门头沟	2006 年	北京南村煤矿		开平区	2012 年	唐山市开平区双桥乡前进煤矿
	门头沟	2006 年	北京草甸水煤窑		开平区	2012 年	唐山市开平区国庆煤矿
	门头沟	2006 年	北京军庄煤窑		开平区	2012 年	唐山市开平区永强煤矿
	门头沟	2006 年	北京潭兴煤矿		开平区	2012 年	唐山市东窑煤矿
	门头沟	2006 年	北京门潭北坡煤矿		开平区	2012 年	唐山市开平区赵庄煤矿
	门头沟	2006 年	北京宏大煤矿		开平区	2012 年	唐山市开平区双桥乡矿业联营煤矿
	房山	2006 年	北京市卫红煤矿		开平区	2012 年	唐山市开平区洼里第三煤矿
	房山	2006 年	北京市北窖安园煤矿		开平区	2012 年	唐山市开平区宏兴煤矿
	房山	2006 年	北京市三益煤矿		开平区	2012 年	唐山市开平区赵庄二矿
	房山	2006 年	北京市中英水煤矿		开平区	2012 年	唐山市开平区赵庄一矿

城市	区域名称	关闭年份	煤矿名称	城市	区域名称	关闭年份	煤矿名称
北京	房山	2006年	北京市查儿煤矿	唐山	开平区	2012年	唐山市开平区卫国煤矿
	房山	2006年	北京市他窑煤矿		开平区	2012年	唐山市开平区开平煤矿
	房山	2006年	北京市本仙煤矿		开平区	2012年	唐山市开平区双桥煤矿二井
	房山	2006年	北京普怀寺煤矿		开平区	2012年	唐山市开平区双桥乡凤山煤矿
	房山	2006年	北京天顺宝煤矿		开平区	2012年	唐山市东风煤矿
	房山	2006年	北京马峰沟煤矿		开平区	2012年	唐山市屈庄煤矿
	房山	2006年	北京市中窑煤矿		古冶区	2012年	唐山市古冶区长源煤矿
	房山	2006年	北京市喜庆煤矿		古冶区	2012年	唐山市古冶区毛金生煤矿
	房山	2006年	北京市安生煤矿		古冶区	2012年	唐山市古冶区东白大沟煤矿
	房山	2006年	北京市新兴煤矿		古冶区	2012年	唐山市古冶区前进煤矿
	房山	2006年	北京市英水煤矿		古冶区	2012年	唐山市古冶区来源煤矿
	房山	2006年	北京市西安村煤矿		古冶区	2012年	唐山市古冶区李秀珍煤矿
	房山	2006年	北京市红旗煤矿		古冶区	2012年	唐山市古冶区东白道子煤矿
	房山	2006年	北京市永胜煤矿		古冶区	2012年	唐山市古冶区王辇庄一街煤矿
	房山	2006年	北京市鑫特隆煤矿		古冶区	2012年	唐山市古冶区大菜园煤矿
	房山	2006年	北京市福昌煤矿		古冶区	2012年	唐山市诚源煤炭有限公司顺利煤矿
	房山	2006年	北京市口儿煤矿		古冶区	2012年	唐山市赵东煤矿有限公司

续表

城市	区域名称	关闭年份	煤矿名称	城市	区域名称	关闭年份	煤矿名称
北京	房山	2006年	北京羊耳峪煤矿	唐山	古冶区	2012年	唐山市古冶区新华煤矿
	房山	2006年	北京市鑫盛源煤矿		古冶区	2012年	唐山市鑫源煤炭有限责任公司
唐山	古冶区	2012年	唐山市古冶区冯海波煤矿		古冶区	2012年	唐山市古冶区王辇庄乡兴达煤矿
	古冶区	2012年	唐山市古冶区华亚煤矿		古冶区	2012年	唐山市古冶区石匠营煤矿

资料来源于国家安全生产监督管理总局发布的《"十二五"期间关闭煤矿名单(第一批)》;《2006年关闭矿井名单(第二批)》。

这一时期,政府把生产能力低、事故高发的黑煤窑作为重点治理对象,重点整顿、关闭了小煤矿、高瓦斯矿井以及煤与瓦斯突出的煤矿。煤矿安监局强调在2015年年底前关闭所有年产 9×10^4 t 及以下的煤矿与瓦斯突出的煤矿,有力地治理了煤矿施工中乱钻乱挖、非法盗煤等行为对煤矿环境的破坏,减少了环境问题带来的重大灾害,如矿难等。

21世纪初,我国政府抓住煤矿供大于求的机遇,让京津唐煤矿地区不达标的煤矿退出,形成淘汰和退出机制;出台《煤炭行业化解过剩产能验收办法》《河北省煤炭行业化解过剩产能验收细则》等配套文件,促使煤矿企业向清洁生产迈进;实施矿区人口搬迁政策,封闭矿井、平整井口场地,杜绝私采滥挖、超层越界开采,杜绝对已关闭的煤矿进行重新开采等非法违法生产行为,减少农垦活动、人们生存活动等对于矿区脆弱生态环境的不利影响。例如,对门头沟的潭柘寺镇、永定镇部分泥石流村进行了农民搬迁补偿工程。该工程是为了保护生态环境,消除山区泥石流灾害对于农民人身安全的威胁。对此,政府给予充分的财政支持。譬如,对于安置京西矿区搬迁居民,北京市政规定在2008年的补助标准为市级每人1.3万元,区级按照每人0.3万元补助。2010年又把补助标准提高到市级每人3万元。人们搬走之后,这里的生态环境逐渐恢复，许多地方重新披上了"绿衣"，一些动物也迁徙到这里栖息。

（六）生态环境保护

京津唐煤矿地区生态环境问题的治理不仅需要加强煤矿企业对环境保护的责任意识，推动"谁污染，谁治理"政策的落实，而且需要进行系统的生态自然环境保护。

20 世纪 70 年代，我国政府开始建设京津唐煤矿地区的环境保护机制。例如，唐山于 1972 年成立了"三废"办公室，1974 年成立了环境保护办公室，开滦矿务局、唐山钢铁公司等污染企业相继建立环保机构。20 世纪 80 年代，唐山市环境保护办公室更名为"环境保护局"。[①] 环境保护局的建立，为煤矿地区环境治理发挥了积极的作用，促进了京津唐煤矿地区环保政策的落实。在环境保护局的推动下，这里进行了废弃矿山复垦与绿化、环境污染治理与保护，并通过建立多个生态示范区试点、自然保护区等促进了环境保护。

煤炭矿区的生态环境治理是一个艰难的、持续的实践过程，政府迎难而上，分阶段进行了煤矿地区的环境治理工作。20 世纪七八十年代，我国在水土流失治理、植树造林、物种多样性恢复、水污染治理、微生物检测、水生大型植物防治富营养、大气治理、城市卫生污染治理、环境致突变物种、环境污染与人体健康、土壤污染治理、噪声污染治理等方面积极进行研究。通过督促相关企事业单位配合国家启动的矿山复垦地防护林工程、推进南水北调水利工程等相关工程，水土流失、荒漠化、草地退化、扬尘、干旱、生物多样性缺乏等问题得到了治理。

20 世纪 90 年代，国家扩大了生态环境保护的范畴，如注重野生动物的保护、复垦土地的重金属污染治理、煤矿区生态环境修复与涵养等。在整个环境保护过程中，政府显示出高度的环境责任意识。这里多数的环境保护计划、环境保护行动都是由政府发起、实施并监督完成的。社会群众则是环境保护的主体，也自下而上地发起环境保护行动。

---

① 唐山市地方志编纂委员会：《唐山市志》，639 页，北京，方志出版社，1999。

21 世纪初，我国政府的环境治理工作从单一环境问题治理向综合治理，从分别控制、分散治理、末端治理等向总量控制、集中治理、全过程控制转变，逐步与世界环境治理标准接轨。党的十八大把生态文明建设纳入中国特色社会主义事业"五位一体"总体布局，明确提出大力推进生态文明建设，并将其纳入建设中国特色社会主义事业总体布局。在环境治理方面，中央出台了相关政策和措施，强调各级政府的职责，把环境保护的业绩与各地市政府的年终业绩考核挂钩，并对环境违法和环境事件进行问责，逐渐加强了对环境保护的监管。

党的十八大以来，在以习近平同志为核心的党中央的领导下，京津唐煤矿地区的环境治理工作取得了前所未有的伟大成就，在首都"蓝天保卫战"中发挥了极其重要的作用。但是，由于京津唐煤矿地区的环境问题成因复杂、历史遗留问题多、总量大、危害性大，还有不可预见性，因此京津唐煤矿地区环境治理的任务相当艰巨，要彻底治理好京津唐煤矿地区的环境，仍需继续努力。

结　语

　　京津唐煤矿地区是我国较早开发和利用煤炭的工业区。

　　从古代开始，京津唐煤矿地区的煤炭就已经被开发利用。到晚清和民国时期，随着中国煤炭工业近代化进程的发轫，京津唐煤矿地区的煤炭工业开始发展，煤炭年产量稳步提高，京津唐煤矿地区成为北京及环渤海圈地区的主要能源供应地。新中国成立后，京津唐煤矿地区煤炭工业进入了大发展的历史时期，实现了煤炭工业的现代化，成为我国煤矿工业的领头羊和风向标。京津唐煤矿地区为京津唐乃至全国的工业经济发展提供了工业原料保障，为我国的社会主义现代化事业的建设做出了重大贡献。

　　在京津唐煤矿地区煤炭工业的发展进程中，科学技术日新月异，但煤矿生产效率的提高也容易带来更多的环境破坏和环境污染。此外，部分煤矿企业片面追求产量，常常会忽视环保工作或对环保工作重视不够，使得煤矿的开采对京津唐煤矿地区的环境造成了严重破坏和污染，产生了各种环境问题。例如，生态环境、地质环境和水文环境被破坏，气候发生异常，旱灾、地震灾害等不时发生。环境问题还会使农产品产量、质量下降，影响人民的生产、生活。这都阻碍了当地社会经济的发展。

　　虽然从清末到民国，当时政府看到了京津唐煤矿地区环境问题的各种危害，并曾尝试进行治理，但由于历史条件的限制和其他种种原因，其治理措施不力，收效甚微。

　　新中国成立后，党和政府非常重视京津唐煤矿地区的环境治理工作，出台了相应政策法规，加大了对京津唐煤矿地区环境问题治理的力度，取得有目共睹的伟大成绩。改革开放以来，随着这里煤炭工业经济的现代化高速发展，环境问题日趋严重。应当指出，由于缺乏经验和历史的局限，这一时期京津唐煤矿地区环境治理工作没有从源头治理，基本上是就事论事的治理办法，"头痛医头、脚痛医脚"。21世纪初，这种情况有所改观，京津唐煤矿地区的环境治理思路逐步向科学化方向发展。例如，关闭违规煤矿，搬迁矿区周边的人口，建立多个生态自然保护区。

京津唐煤矿地区环境治理思路的根本性改变，是在党的十八大之后。党的十八大提出了要"大力推进生态文明建设"，并"把生态文明建设放在突出地位"。党的十九大报告提出"要牢固树立社会主义生态文明观，推动形成人与自然和谐发展现代化建设新格局，为保护生态环境作出我们这代人的努力"。党的十九大之后，党中央明确提出了"源头治理"的方针，确立了从"末端治理"转变到"本源治理"的思路，强调必须进行源头治理，加强监管，从根本上杜绝环境问题的滋生。同时，京津唐煤矿地区环境治理要走上法治化道路。党的二十大报告指出："深入推进环境污染防治。坚持精准治污、科学治污、依法治污，持续深入打好蓝天、碧水、净土保卫战。"在这种思想的指导下，政府制定了相应的政策法规，完善了治理管理制度，保证了京津唐煤矿地区的环境治理工作有序、快速和顺利进行。

在以习近平同志为核心的党中央的领导下，京津唐煤矿地区的环境治理工作迈上新台阶，环境破坏大为减少，环境问题逐步得到解决。京津唐煤矿地区的生态环境得到恢复，许多地方再现了绿水青山的自然风貌。毋庸置疑，党的十八大以来，京津唐煤矿地区的环境治理工作取得了辉煌成就，为赢得首都地区的"蓝天保卫战"做出了巨大贡献。然而，在京津唐煤矿地区环境问题治理取得辉煌成就的同时，其环境治理工作仍然存在一些问题。

第一，治理污染产生新的污染物。治理京津唐煤矿地区环境问题比较难的一个主要原因是不好完全控制污染源。当前，京津唐煤矿地区的污染源由遗留的污染物和新的污染物构成。遗留的污染物主要有煤矸石、煤块、煤灰、废水和废渣等，是煤炭生产时期产生的污染，总量基本上已经得到控制。新的污染物是为了治理原有污染物而产生的，不好控制。

比如，在煤矸石的污染治理中，虽然降低了煤矿地区的煤矸石的总量，减少了煤矸石大规模零散占地导致的山体滑坡、泥石流、石漠化、环境污染等环境问题，但是运输、集中处理和燃烧煤矸石发电等过程会产生粉尘污染、空气污染、废渣污染等新的污染。此外，一些依靠煤矿废料生存的衍生企业，也会乘机钻政策漏洞，打着环境治理的口号，另起新的污染企业，造成新的污染问题。又如，在复垦地附近推广种植经济作物，以改善环境和促进绿色农业经济的措施，从长远来看有利于改善当地土壤重金属含量超标问题及石漠化、沙漠化问题，但也容易引发新的污染问题及不利影响。菊花、玫瑰花等广为种植的经济作物对于生长条件要求不高，耐寒，耐旱，且通过根茎吸附重金属的能力强。但是，吸附存在安全风险的重金属，会引发食品安全风险，如引发恶性肿瘤等。

第二，环境治理成本过高。由于京津唐煤矿地区生态环境恶劣，一些环境问题日久复杂，因此治理难度大，治理成本高。譬如，煤炭结构稳定，质地坚硬，属于不可再生资源。煤炭被挖走之后，很难寻找到合适的自然矿资源替代。对于废弃煤坑、矿区塌陷地的治理，目前的主要策略是在填埋煤矸石、岩石、垃圾之后覆盖沙土进行绿化。对于废弃矿山的地面治理，要么是发展绿色农业经济，要么是发展园林景观。这个治理过程实际上是一个综合复杂的生态系统和生态圈重塑过程，是一场耗资耗力的以他山之石土再造此山的生态持久战。矿山已经变得恶劣的生态环境——土地石漠化、土壤贫瘠、气候干旱等，又使得当地生态物种稳定性减弱，难以形成良性的物种生态层次结构。当遇到自然灾害时，当地植被因抗灾能力下降而大量死亡，需要二次重建。于是，生态环境出现反复的修复、涵养的问题。这使得治理过程所需的先期和追加的投资变得巨大。

20世纪90年代末，北京门头沟的灵山获得上亿元的投资，从北京

"第一秃山"变成了最美草甸山峰。但是没过几年，21世纪初，这里的林区环境又出现严重的生态问题，不得不封山造林，加大投入力度。2019年，灵山再次全面封山造林。持续投入的资金直接反映了这里环境治理成本的高昂。

第三，国家治理的现代化不充分。对于京津唐煤矿地区的环境治理，总体上是一种国家管理，即以政府颁发的行政法规、地方法规的治理为主，政府是环境治理的发起和主责机构。这实际上是没有充分重视国家治理制度和国家治理能力的建设。虽然20世纪80年代，京津唐煤矿地区环境问题的治理开始走向法治化，但是，从总体的实施情况来看，法治进程还比较缓慢，没有实现不同治理体系的充分融合。

环境治理中，环境保护机构、执法人员是环境保护的实施人和执行者，煤矿企业是环境保护责任的承担者，相比之下，人民参与的积极性比较缺乏，尚未自觉实现对煤矿区环境保护的自我服务、自我管理、自我监督。因此，这里会出现煤矿区偷采盗挖屡禁不止、林区树木屡遭砍伐、矿区公共环境卫生维持整洁时间较短等问题。同时，环境治理中依然存在运动式环境治理、治理职权滥用、地方环境治理措施因履职干部不同而不同等问题。一些地方政府为了业绩而过分注重提高绿化率，过度引入生长能力强但排他能力也强的外来物种，增大地区暴发生物灾害的概率，降低地区自然环境抵抗自然灾害的能力，环境治理效果不稳定。

第四，治理措施不完善，治理方法不全面。京津唐煤矿地区环境治理的措施、方法存在差异。比如，北京地区的煤矿山治理和生态涵养的措施和方法相对先进、完善，效果也比较好。其他一些地区的治理措施比较落后，治理措施制度也不完善。一些地方政府对环境保护采取的工作措施还是置于完成煤矿生产效率提升的前提之下，政府和煤矿企业作为两个环境治理主体还是致力于煤矿开采的管理和安全生产过程中，没有把环境保护作为第一要务。在治理过程中，环境治理主体观念比较陈旧，还是把环境治理的重点放在事后治理，而不是事前预防；不能点线面结合，对于空气环境污染治理的重视大于其他环境问题；存在形象工程和业绩工程、植被恢复不到位等问题，影响治理效果和矿区环境的自然恢复。

建议从以下几个方面改进和完善。

第一，注意生态治理，遵循自然规律。环境治理首先要提升认识，坚持绿水青山就是金山银山的发展理念，加快产业结构调整，减排增绿，改善煤矿区的生产方式和生活方式，完善节约资源、绿色生态和保护环境的煤矿修复环境的空间布局，促进经济发展与生态保护的平衡。其次要创新生态治理的方法和途径，遵循自然规律，坚持以自然恢复为主的综合治理观念，去除治理的急功近利，重视理性生态治理和科学生态治理的结合，以减少污染治理中产生新的污染问题。最后要去除治理的范式影响，避免生搬硬套、过度模仿，重视煤矿地形地貌环境和地区气候的差异，因地制宜，降低治理成本，提升生态系统恢复和治理效果。

第二，完善公民环境道德建设。京津唐煤矿地区生态环境脆弱，需要践行"像保护眼睛一样保护生态环境，像对待生命一样对待生态环境"的环境道德理念。这种环境道德源于人民实践，依靠人民实践，是我国进入全面小康的社会主义社会的公民道德追求的重要内容。公民环境道德建设包括内化机制建设和外化机制建设。内化机制建设方面，通过加强环境教育，从孩子抓起，环境教育进教材，推广全民的环境教育科普，丰富环境教育的教学形式和教学渠道，以实现环境教育的大众化，争取广泛的群众参与。同时通过丰富环境教育的内容，与时俱进，及时更新观念，让环境教育与国情、乡情、中华优秀传统文化的教育相结合，使得环境教育不流于形式，真正内化于心，成为人们的内在素质。外化机制建设方面，通过培养环境保护的志愿者，养成环保习惯和环保行为，构建全民全社会共同参与的环境治理体系，让生态环境保护思想成为社会生活中的主流文化，以促进环境道德认同、环境道德情感、环境道德行为等公民环境道德的心理支持的外部环境建设，最终促成环境道德的外化机制的全面形成。

第三，重视理论与实践的创新。要加快煤矿环境治理的技术创新、观念创新的理论研究，技术创新方面尤其要重视"支配自然"的技术乐观主义思想的局限性，并且从以历史唯物主义的"适应自然"为主题的角度获得技术创新。理论创新方面，要突破相关研究各自为政的樊篱，减少重复研究，集中优势攻关重点领域，如裸露山体的自然恢复、煤矸石堆与复垦地的自然生态治理和自然涵养等，以尽快获得更多新领域的研究和知识共享。研究中切实贯彻"本源治理""综合治理"的研究原则，重视实践性，有助于涌现出更多应用性研究成果，从而提升环境治理的效果。

京津唐煤矿地区煤炭工业的发展为中国的社会主义现代化事业的建设做出了重大贡献，同时也造成了生态环境破坏和环境污染，产生了很多环境问题。对于这里的环境治理，我们取得了一些成绩，治理过程中获得的资料数据、技术创新、成功案例等为我国煤矿区环境治理奠定了理论和实践的基础。但是，一些地区环境问题复杂，生态环境恶劣，环境影响深远，要彻底治理这些环境问题，依然任重道远。只有贯彻"绿水青山就是金山银山"，真正转变发展方式和生活方式，推进国家治理的能力等，才能把这里建设成绿色经济发展区和美丽宜人的生态环境区。

总起来说，对于京津唐煤矿地区的环境问题，我国始终坚持治理，尤其是新中国成立以后，党和人民政府一直非常重视，进行了积极探索。在治理过程中，我们传承和创新了环境治理与环境保护的思想。践行"人与自然和谐共生""绿水青山就是金山银山"等生态观不仅是习近平生态文明思想的核心要义，而且是早日实现中国梦的时代之需。面对新情况、新问题，我们相信这些问题会得到根本解决，相信绿色会成为京津唐煤矿地区城市最亮丽的底色：青山叠翠、碧水蓝天，助力美丽中国的建设。

参考资料

一、档案资料

[1]北京门头沟档案馆：《关于 60 年度造林工作总结和 61 年的工作意见》，档案号：J36-1-46.

[2]北京门头沟档案馆：《关于去冬新春林木砍伐情况的调查报告》，档案号：J36-1-47.

[3]北京门头沟档案馆：《门头沟区 1959 年林业工作计划（草稿）》，档案号：J66-1-28.

[4]北京市档案馆：《北平市工业会收文》，档案号：J11 全宗-1 目录-11 卷.

[5]北京市档案馆：《北平市洋酒制造工业同业公会》，档案号：J11 全宗-1-11 卷.

[6]北京市档案馆：《北平特别市政府关于开辟永定河渠取石卢水煤之余水的训令、指令（附引浑河渠路线图）和工务局的呈》，档案号：J017-001-00293.

[7]北京市档案馆：《北平特别市政府关于以九龙山为植树地点及护林办法的训令》，档案号：J002-004-00009.

[8]北京市档案馆：《北平特别市森林保护规则》，档案号：1929-04-22.

[9]北京市档案馆：《第一届第一次大会卫生局、财政局银行、门头沟公司的施政，从业工作报告》，档案号：J146/ZK-001-00019.

[10]北京市档案馆：《关于发动青少年积极参加植树造林工作的通

知》，档案号：J100-003-01059.

[11]北京市档案馆：《华北政委会实业总署园芳试验场关于各作物干旱情况呈及报告事项》，档案号：J079-001-00060.

[12]北京市档案馆：《北京市环境保护概况》，档案号：J193-2-113.

[13]北京市档案馆：《北京市门头沟人民政府办公室转发区环保局关于门头沟区空气重污染的应急方案实施细则的通知》，档案号：11J000/ZK-2013-000030.

[14]北京市档案馆：《北京市门头沟区人民政府办公室转发区市政管委关于门头沟区2008年北京奥运会及残奥会环境卫生保障工作实施方案的通知》，档案号：11J001/ZK-2008-000316.

[15]北京市档案馆：《北京市门头沟人民政府批转区水务局关于门头沟区农村供水管理办法（试行）的通知》，档案号：11J000/ZK-2010-000008.

[16]北京市档案馆：《北京市门头沟人民政府批转区文委关于门头沟区古村落保护办法的通知》，档案号：11J000/ZK-2010-000007.

[17]北京市档案馆：《北京市门头沟人民政府关于关闭7家非煤固体矿山企业的通知》，档案号：11J000-2012-00008.

[18]北京市档案馆：《北京市2012—2020年大气污染治理措施》，档案号：11J000/ZK-2013-00003.

[19]北京市档案馆：《北京市实施〈中华人民共和国突发事件应对法〉办法》(2008年)，档案号：11J000/ZK-2013-00003.

[20]北京市档案馆：《经济部重申取缔私采煤质矿质的咨文》，档案号：J001-002-00531.

[21]北京市档案馆：《经济部自修正矿业法》，档案号：J001-002-00529.

[22]北京市档案馆：《经济部、社会部关于各工厂自行拟定管理规则的训令》，档案号：J002-004-00267.

[23]北京市档案馆：《门头沟地区中外合办煤矿史实记述》，档案号：J001-002-00529.

[24]北京市档案馆：《门头沟煤矿档案》，档案号：J59-1-387.

[25]北京市档案馆：《门头沟煤矿公司关于报送查照式样并就实况造具里清册的训令及城子煤矿厂、门矿厂呈》，档案号：J059-001-00316.

[26]北京市档案馆：《门头沟煤矿公司同业公会等单位运送粮食物品给予运照的呈文及市政府对外资外运办法的训令》，档案号：J002-007-00780.

[27]北京市档案馆：《门头沟煤矿同业公会等请求救济、解决煤荒的呈文和市公署、社会局的指令》，档案号：J002-002-00132.

[28]北京市档案馆：《门头沟矿厂关于井下积水排干缮具报告的呈及平津敌伪产处理局排水报告》，档案号：J059-001-0012.

[29]北京市档案馆：《门头沟区产煤及本矿生产概况》，档案号：J59全宗-1目录-230卷.

[30]北京市档案馆：《2009门头沟政府第32次常委会会议通过〈门头沟区非煤固体矿山企业关闭办法〉》，档案号：ZXZ-209-155.

[31]北京市档案馆：《农矿部农产物检验所检查改良蚕种及检验病虫害暂行办法》，档案号：J001-002-00012.

[32]北京市档案馆：《农业部颁布农业病虫害取缔规则》，档案号：J001-002-00049.

[33]北京市档案馆：《平津敌产处理局门头沟煤矿公司关于水患比往年愈趋严重的呈、函及北平行辕的指令》，档案号：J059-001-00101.

[34]北京市档案馆：《行政院公布矿业法的训令及北平市施行情况的函》，档案号：J001-002-00020.

[35]北京市档案馆：《行政院水利委员会涵送水利法规辑要》，档案号：J001-002-00319.

[36]北京市档案馆：《冀北电力公司关于发电所燃用之开滦煤炭每日运到数量不日不敷当日之需、请转开滦矿务局暨平津区铁路管理局尽力协助拨用给北平行辕、冀北电力公司报告等》，档案号：J006-001-00042.

[37]天津市档案馆：《报赴门头沟煤矿雇用工人工作情形致社会部呈》，档案号：401206800-J0025-3-003626-003.

[38]天津市档案馆：《处理粪便事宜》（第一册），档案号：J0056-0934.

[39]天津市档案馆：《开滦矿业参加华北区煤矿工业同业公会事致天津市工业会训令》，档案号：401206800-J0025-2-002682-038.

[40]天津市档案馆：《柳江煤矿被泰记煤矿侵占矿区节略书》，档案号：401206800-J0128-3-007286-012.

[41]天津市档案馆：《为平民食堂用煤奉燃委会核示事与开滦煤矿务总局天津营业处往来函》，档案号：401206800-J0025-3-006329-015.

[42]天津市档案馆：《为请开滦北宁两方宣布纠葛真相事致开滦矿务局北宁路局的函》，档案号：401206800-J0128-3-006585-006.

[43]天津市档案馆：《为送门头沟煤矿公司矿产概况致天津市社会局函（附概况册）》，档案号：401206800-J0025-3-001063-001.

[44]唐山市档案馆：《努力改善环境，积极治理污染》（1979年），档案号：0057-001-0039-005.

[45]唐山市档案馆：《关于当前环境保护工作的要点》（1981年），档案号：0057-001-0039-005.

[46]唐山市档案馆：《关于引滦工程对唐山地区环境的影响》，档案号：0057-001-0039-005.

[47]唐山市档案馆：《关于引滦工程对于唐山地区环境影响初步分析》，档案号：0072-0001-0013-0009.

[48]唐山市档案馆：《关于抓好林木木材病虫病防治的通知》，档案号：0057-001-0039-005.

[49]唐山市档案馆：《做好林业植保公司筹建和管理工作的通知》（行林管制11号文，唐山市林业局），档案号：0057-001-0039-0009.

二、中文著作

[1]ALBRECHT D，柯炳生. 农业与环境[M]. 北京：农业出版

社，1992.

　[2]北京市档案馆，北京市自来水公司，中国人民大学档案系文献编纂学教研室. 北京自来水公司档案史料（1908 年—1949 年）[M]. 北京：北京燕山出版社，1986.

　[3]北京市地方志编纂委员会. 北京志·卫生卷·卫生志[M]. 北京：北京出版社，2003.

　[4]北京市地方志编纂委员会. 北京志·地质矿产水利气象卷·地质矿产志[M]. 北京：北京出版社，2001.

　[5]北京市地方志编纂委员会. 北京志·地质矿产水利气象卷·水利志[M]. 北京：北京出版社，2000.

　[6]北京市地质矿产勘查开发局，北京市地质研究所. 北京地质灾害[M]. 北京：中国大地出版社，2008.

　[7]北京市方志馆. 北京地情概览[M]. 北京：科学出版社. 2016.

　[8]北京市房山区志编纂委员会. 北京市房山区志[M]. 北京：北京出版社，1999.

　[9]北京市丰台区地方志编纂委员会. 北京市丰台区志[M]. 北京：北京出版社，2001.

　[10]北京市科学技术学会. 首都圈自然灾害与减灾对策[M]. 北京：气象出版社，1992.

　[11]北京市门头沟区地方志编纂委员会. 北京市门头沟区志[M]. 北京：北京出版社，2006.

　[12]北京市农林水利局. 消灭核桃举肢蛾为害[M]. 北京：北京出版社，1956.

　[13]北京市石景山区地方志编纂委员会. 北京市石景山区志[M]. 北京：北京出版社，2005.

　[14]陈炽. 续富国策[M]. 北京：朝华出版社，2018.

　[15]陈嵘. 中国森林史料[M]. 北京：中国林业出版社，1983.

　[16]邓拓文集：第 2 卷[M]. 北京：北京出版社，1986.

　[17]邓小平文选：第 2 卷[M]. 2 版. 北京：人民出版社，1994.

[18]杜连海，王小平，陈峻崎，等. 北京松山自然保护区综合科学考察报告[M]. 北京：中国林业出版社，2012.

[19]樊百川. 中国轮船航运业的兴起[M]. 成都：四川人民出版社，1985.

[20]丰南县志编纂委员会. 丰南县志[M]. 北京：新华出版社，1990.

[21]丰润县地方志编纂委员会. 丰润县志[M]. 北京：中国社会科学出版社，1993.

[22]复旦大学历史系，《历史研究》编辑部，《复旦学报》编辑部. 近代中国资产阶级研究[M]. 上海：复旦大学出版社，1984.

[23]谷建才，陈智卿. 华北土石山区典型区域主要类型森林健康分析与评价[M]. 北京：中国林业出版社，2012.

[24]何一民. 从农业时代到工业时代：中国城市发展研究[M]. 成都：巴蜀书社，2009.

[25]河北省地方志编纂委员会. 河北省志 第 13 卷 经济实力志[M]. 北京：中国统计出版社，2000.

[26]河北省地方志编纂委员会. 河北省志 第 17 卷 林业志[M]. 石家庄：河北人民出版社，1998.

[27]河北省地方志编纂委员会. 河北省志 第 20 卷 水利志[M]. 石家庄：河北人民出版社，1995.

[28]河北省地方志编纂委员会. 河北省志 第 28 卷 煤炭工业志[M]. 石家庄：河北人民出版社，1995.

[29]河北省地方志编纂委员会. 河北省志 第 64 卷 劳动志[M]. 北京：中国档案出版社，1995.

[30]河北省唐山市政协文史资料委员会. 唐山百年纪事——唐山文史资料精选：第一卷[M]. 北京：中国文史出版社，2002.

[31]胡绳. 从鸦片战争到五四运动[M]. 上海：上海人民出版社，1982.

[32]会典馆. 钦定大清会典事例 理藩院[M]. 北京：中国藏学出

版社，2007.

［33］胶济铁路管理局车务处. 胶济铁路经济调查报告［M］. 胶济铁路管理局车务处，1933.

［34］开滦矿务局史志办公室. 开滦煤矿志：第 4 卷［M］. 北京：新华出版社，1998.

［35］廊坊市志编修委员会. 廊坊市志［M］. 北京：方志出版社，2001.

［36］李保平，邓子平，韩小白. 开滦煤矿档案史料集（一八七六——一九一二）［M］. 石家庄：河北教育出版社，2012.

［37］李进尧，吴晓煜，卢本珊. 中国古代金属矿和煤矿开采工程技术史［M］. 太原：山西教育出版社，2007.

［38］李秋香. 村落［M］. 北京：生活·读书·新知三联书店，2008.

［39］李文海，林敦奎，周源，等. 近代中国灾荒纪年［M］. 长沙：湖南教育出版社，1990.

［40］李文治. 中国近代农业史资料：第 1 辑［M］. 北京：生活·读书·新知三联书店，1957.

［41］李晓靖. 曹妃甸港口经济发展战略研究［M］. 石家庄：河北教育出版社，2007.

［42］李新，李宗一. 中华民国史 第 2 编 北洋政府统治时期：第 1 卷［M］. 北京：中华书局，1987.

［43］李振宇，解焱. 中国外来入侵种［M］. 北京：中国林业出版社，2002.

［44］刘守仁，曾江华. 中国煤文化［M］. 北京：新华出版社，1993.

［45］刘旭阳. 唐山公路运输史［M］. 石家庄：河北科学技术出版社，1992.

［46］中共中央文献研究室. 毛泽东文集：第 2 卷［M］. 北京：人民出版社，1993.

[47]毛泽东选集：第3卷[M]. 北京：人民出版社，1991.

[48]梅雪芹. 环境史学与环境问题[M]. 北京：人民出版社，2004.

[49]孟昭华，彭传荣. 中国灾荒辞典[M]. 哈尔滨：黑龙江科学技术出版社，1989.

[50]《煤炭流通志》编委会. 煤炭流通志[M]. 北京：中国科学技术出版社，2006.

[51]《煤炭志》编委会. 北京工业志·煤炭志[M]. 北京：中国科学技术出版社，2000.

[52]南京林业大学林业遗产研究室. 中国近代林业史[M]. 北京：中国林业出版社，1989.

[53]南开大学经济研究所. 南开指数资料汇编[M]. 北京：统计出版社，1958.

[54]南开大学经济研究所经济史研究室. 旧中国开滦煤矿的工资制度和包工制度[M]. 天津：天津人民出版社，1983.

[55]彭泽益. 中国近代手工业史资料（1840—1949）：第1卷[M]. 北京：生活·读书·新知三联书店，1957.

[56]钱钢. 唐山大地震[M]. 北京：当代中国出版社，2008.

[57]秦皇岛市地方志编纂委员会. 秦皇岛市志：第1卷[M]. 天津：天津人民出版社，1994.

[58]丘濬. 大学衍义补[M]. 镇江：江苏大学出版社，2018.

[59]任新平. 民国时期粮食安全研究[M]. 北京：中国物资出版社，2011.

[60]上海社会科学院经济研究所. 荣家企业史料[M]. 上海：上海人民出版社，1980.

[61]沈云龙. 近代中国史料丛刊续编：第50辑[M]. 影印版. 台北：文海出版社，1982.

[62]师永刚，邹明. 中国时代1900—2000：下卷[M]. 北京：作家出版社，2009.

[63]水利水电科学研究院水利史研究室. 清代海河滦河洪涝档案史料[M]. 北京：中华书局，1981.

[64]孙克勤，宋官雅，孙博. 探访京西古村落[M]. 北京：中国画报出版社，2006.

[65]唐家琪. 自然疫源性疾病[M]. 北京：科学出版社，2005.

[66]唐山市地方志编纂委员会. 唐山市志[M]. 北京：方志出版社，1999.

[67]唐山市农业区划委员会办公室. 唐山市农业资源区划志[M]. 北京：中国大地出版社，2004.

[68]《唐山市国土资源志》编纂委员会. 唐山国土资源志[M]. 北京：中国文史出版社，2013.

[69]唐廷枢. 开平矿务创办章程案据汇编[M]. 上海：上海著易堂书局，1896.

[70]唐亦功. 京津唐环境变迁[M]. 西安：陕西师范大学出版社，1995.

[71]天津社会科学院历史研究所. 八国联军在天津[M]. 济南：齐鲁书社，1980.

[72]汪敬虞. 中国近代工业史资料：第2辑上册[M]. 北京：科学出版社，1957.

[73]王丹. 气候变化对中国粮食安全的影响与对策研究[M]. 武汉：湖北人民出版社，2011.

[74]王俊英，等. 北京市粮经作物产业发展调研报告[M]. 北京：中国农业科学技术出版社，2014.

[75]王彦辉，于澎涛，郭浩，等. 北京官厅库区森林植被生态用水及其恢复[M]. 北京：中国林业出版社，2009.

[76]王彦威，王亮. 清季外交史料[M]. 北京：书目文献出版社，1987.

[77]魏子初. 帝国主义与开滦煤矿[M]. 上海：神州国光社，1954.

[78]吴普特，王玉宝，赵西宁．2010 中国粮食生产水足迹与区域虚拟水流动报告[M]．北京：中国水利水电出版社，2012.

[79]吴松弟．中国近代经济地理：第一卷[M]．上海：华东师范大学出版社，2015.

[80]夏明方．民国时期自然灾害与乡村社会[M]．北京：中华书局，2000.

[81]熊梦祥．析津志辑佚[M]．北京：北京古籍出版社，1983.

[82]熊性美，阎光华．开滦煤矿矿权史料[M]．天津：南开大学出版社，2004.

[83]熊亚平．铁路与华北乡村社会变迁[M]．北京：人民出版社，2011.

[84]许道夫．中国近代农业生产及贸易统计资料[M]．上海：上海人民出版社，1983.

[85]尹钧科．北京郊区村落发展史[M]．北京：北京大学出版社，2001.

[86]于德源．北京灾害史[M]．北京：同心出版社，2008.

[87]于素云，张俊华，周品威．中国近代经济史[M]．沈阳：辽宁人民出版社，1983.

[88]袁树森．老北京的煤业[M]．北京：学苑出版社，2005.

[89]袁熹．北京近百年生活变迁(1840—1949)[M]．北京：同心出版社，2007.

[90]袁旭，李兴仁，雷德昌，等．第二次中日战争纪事[M]．北京：档案出版社，1988.

[91]张大庆．中国近代疾病社会史(1912—1937)[M]．济南：山东教育出版社，2006.

[92]章伯锋，李宗一．北洋军阀(1912—1928)：第 1 卷[M]．武汉：武汉出版社，1990.

[93]赵连．开滦林西矿志[M]．北京：新华出版社，2015.

[94]赵永高．门头沟文化遗产精粹——京西物产[M]．北京：北京

燕山出版社，2007.

[95]郑伟达，郑东海．癌症瘀毒论［M］．北京：中国中医药出版社，2014.

[96]中共中央党史研究室科研管理部．日军侵华罪行纪实：1931—1945［M］．北京：中共党史出版社，1995.

[97]中国第一历史档案馆．光绪朝硃批奏折：第 101 辑［M］．北京：中华书局，1996.

[98]中国第一历史档案馆．光绪朝硃批奏折：第 104 辑［M］．北京：中华书局，1996.

[99]中国科学院地理科学与资源研究所，中国第一历史档案馆．清代奏折汇编——农业·环境［M］．北京：商务印书馆，2005.

[100]中央气象局气象科学研究院．中国近五百年旱涝分布图集［M］．北京：地图出版社，1981.

[101]中国人民大学工业经济系．北京工业史料［M］．北京：北京出版社，1960.

[102]《中国煤炭志》编纂委员会．中国煤炭志·大事记（1991～2000年）［M］．北京：煤炭工业出版社，2003.

[103]《中国煤炭志》编纂委员会．中国煤炭志·北京卷［M］．北京：煤炭工业出版社，1999.

[104]仲小敏，李兆江．天津地理［M］．北京：北京师范大学出版社，2011.

[105]朱其诏，蒋廷皋．（光绪）永定河续志［M］．北京：学苑出版社．2013.

三、英文著作

[1]CLAP B W. An Environmental History of Britain Since the Industrial Revolution［M］．London：Longman，1994.

[2]CARLSON E C．The Kaiping Mines（1877-1912）［M］．Cambridge：Harvard University Press，1971.

［3］HOOVER H. The Memoirs of Herbert Hoover（1874-1920）
［M］. New York：The MacMillan Company，1951.

［4］MELVIN J. Thone. American Conservative Thought Since
World War Ⅱ［M］. Westport：Greenwood Press，1990.

［5］VIERECK P. Conservative Thinkers：From John Adams to
Winston Churchill［M］. Princeton：Van Nostrand Company，1956.

四、译著

［1］贝克. 一个美国人看旧中国［M］. 朱启明，赵叔翼，译. 北京：
生活·读书·新知三联书店，1987.

［2］戴蒙德. 枪炮、病菌与钢铁：人类社会的命运［M］. 谢延光，
译. 上海：上海译文出版社，2006.

［3］费维恺. 中国早期工业化——盛宣怀（一八四四——一九一六）和
官督商办企业［M］. 虞和平，译. 北京：中国社会科学出版社，1990.

［4］费正清. 剑桥中华民国史（1912—1949 年）［M］. 杨品泉，孙
言，孙开远，等译. 北京：中国社会科学出版社，1994.

［5］罗芙芸. 卫生的现代性：中国通商口岸卫生与疾病的含义［M］.
向磊，译. 南京：江苏人民出版社，2007.

［6］曼尼克思. 李鸿章回忆录［M］. 赵文伟，译. 北京：中国书店
出版社，2012.

［7］沙夫，哈林顿. 1900：西方人的叙述——义和团运动亲历者的
书信、日记和照片［M］. 顾明，译. 天津：天津人民出版社，2010.

［8］松浦章. 清代内河水运史研究［M］. 董科，译. 南京：江苏人
民出版社，2010.

［9］沃斯特. 尘暴：1930 年代美国南部大平原［M］. 侯文蕙，译.
北京：生活·读书·新知三联书店，2003.

五、论文

［1］安长生. 门头沟区地表水水质现状评价及趋势分析［J］. 环境工

程，2010(4).

[2]安玲，曹殿起. 2006—2010 年门头沟区户籍 60 岁及以上老年人主要死因分析[J]. 预防医学情报杂志，2014(3).

[3]白凌燕，何静，王继明. 北京市地面塌陷特征与致灾因子分析[J]. 地质灾害与环境保护，2011(4).

[4]邴艳东. 煤矿瓦斯防治与利用及环境污染关键问题研究[J]. 科技与企业，2016(4).

[5]蔡康旭，秦华礼，刘宝东，等. 唐家庄矿 12 煤层及其直接顶自燃机理研究[J]. 煤炭科学技术，2000(11).

[6]陈春兰，周桂荣，宋丽君，等. 门头沟区大台地区老年人健康状况评估分析[J]. 中国民康医学，2013(8).

[7]陈辉，田生春，李鸿洲，等. 天气、气候变化与心、脑血管疾病死亡[J]. 气候与环境研究，1999(1).

[8]陈涛. 论 1929—1933 经济危机对南京国民政府工商业的影响及对策[J]. 党史文苑，2009(20).

[9]陈瑶，田宝柱，李昌存，等. 唐山市矿山环境地质问题分析及其分布特征[J]. 河北理工大学学报(自然科学版)，2011(4).

[10]成升魁，徐增让，谢高地，等. 中国粮食安全百年变化历程[J]. 农学学报，2018(1).

[11]池子华，李红英. 晚清直隶灾荒及减灾措施的探讨[J]. 清史研究，2001(2).

[12]邓宏图，徐宝亮，邹洋. 中国工业化的经济逻辑：从重工业优先到比较优势战略[J]. 经济研究，2018(11).

[13]邓辉，姜卫峰. 1464—1913 年华北地区沙尘暴活动的时空特点[J]. 自然科学进展，2006(5).

[14]丁丽. 民国时期门头沟煤矿工人的劳动与生活状况探析[J]. 兰台世界，2016(1).

[15]董安祥，李耀辉，张宇. 1942 年中国北方八省市大旱的成因[J]. 地理科学，2014(2).

[16]董彧. 中国近代水泥发展——以启新洋灰公司为例[J]. 中国民族博览，2018(6).

[17]窦淑庆，夏玉玲，李蔚，等. 唐山文化民生现状调查及发展策略研究[J]. 唐山师范学院学报，2013(6).

[18]杜青松，武法东，张志光. 煤矿类矿山公园地质灾害防治与地质环境保护对策探讨——以唐山开滦为例[J]. 资源与产业，2011(4).

[19]范启炜，王魁军，曹林. 我国煤矿瓦斯灾害事故频发的原因分析[J]. 中国煤炭，2003(7).

[20]范雪云，何立萍，李庆友，等. 煤矿工人腰背痛休工率分析[J]. 职业医学，1993(4).

[21]付爱民，王晓云. 河北唐山市区酸雨的研究[J]. 桂林工学院学报，2002(2).

[22]付慧英，刘慧生. 北京市门头沟区农村生活饮用水水质卫生调查[J]. 环境与健康杂志，2009(4).

[23]高国荣. 美国现代环保运动的兴起及其影响[J]. 南京大学学报(哲学·人文科学·社会科学)，2006(4).

[24]高启林，周泽，周晓刚. 开滦矿区唐山煤矿瓦斯涌出规律及其预测[J]. 黑龙江科技学院学报，2013(2).

[25]高寿仙. 明代北京燃料的使用与采供[J]. 故宫博物院院刊，2006(1).

[26]高扬，武法清，何正飚. 铅对洋葱根尖细胞有丝分裂的影响[J]. 长春师范学院学报，2003(2).

[27]耿晖. 档案记录中的开滦五矿大罢工[J]. 档案天地，2013(3).

[28]龚会莲，胡胜强. 近代工业增长与北洋政府——弱政府与工业增长关系的近代样本[J]. 西安电子科技大学学报(社会科学版)，2008(2).

[29]龚胜生，张涛. 中国"癌症村"时空分布变迁研究[J]. 中国人口·资源与环境，2013(9).

[30]郭光磊. 门头沟区农民收入问题研究[J]. 北京农业职业学院

学报，2009(3).

[31]郭立稳，王海燕，张复盛. 荆各庄矿煤层自然发火规律的试验研究[J]. 煤矿安全，2001(1).

[32]郭双林. 论晚清思想界对风水的批判[J]. 史学月刊，1994(3).

[33]国家统计局社会统计司. 1990中国：职工工资显著增长[J]. 中国劳动科学，1991(11).

[34]韩军，梁冰，张宏伟，等. 开滦矿区煤岩动力灾害的构造应力环境[J]. 煤炭学报. 2013(7).

[35]韩庆祥. 现代性的本质、矛盾及其时空分析[J]. 中国社会科学，2016(2).

[36]郝玉芬. 山区型采煤废弃地生态修复及其生态服务研究[D]. 北京：中国矿业大学，2011.

[37]何爱国. 重探新中国现代化战略的演变[J]. 历史教学问题，2011(1).

[38]何建勇. 西山国家森林公园[J]. 绿化与生活，2017(4).

[39]何艳，史晓辉. 新中国的现代化历程[J]. 北京教育学院学报，2000(2).

[40]河北到"十二五"末所有国有煤炭企业将全面消化矸石山[J]. 煤炭学报，2008(8).

[41]河北省煤田地质勘探公司第一勘探队. 开平煤田水文地质特征及探采对比[J]. 煤田地质与勘探，1978(6).

[42]河北省农林科学院林业研究所. 河北省古代的森林分布和自然灾害[J]. 河北林业科技，1980(4).

[43]胡尘白. 我国古、近代的煤矿矿难[J]. 江西煤炭科技，2007(2).

[44]胡孔发，曹幸穗. 民国时期的林业教育研究[J]. 教育评论，2010(2).

[45]胡勇. 民国初年的林政论析[J]. 北京林业大学学报(社会科学版)，2003(4).

［46］黄国桂，陈功．北京老年贫困状况的变化趋势及对策研究［J］．北京社会科学，2017（5）．

［47］黄烈生，张丹．煤炭企业生态环境成本分析［J］．会计之友，2008（2）．

［48］纪玉杰．北京西山煤炭采空区地面塌陷危险性分析［J］．北京地质，2003（3）．

［49］贾德义，李新元．唐山矿深部开采冲击地压发生的综合治理［J］．中国煤炭，2000（7）．

［50］贾熟村．袁世凯集团与开滦煤矿［J］．衡阳师范学院学报，2012（4）．

［51］贾燕杰．开滦煤矿面临的困境与出路［J］．改革，1989（6）．

［52］姜忠，贺鹏起，邸志成．秦皇岛市柳江水源地岩溶塌陷形成条件及稳定性评价［J］．中国岩溶，1992（3）．

［53］蒋少贞，杨国际，吴国章，等．不同干预措施在煤矿农民工预防艾滋病中的效果［J］．实用预防医学，2012（11）．

［54］京西明珠，绿色门头沟［J］．绿化与生活，2011（6）．

［55］孔繁德．秦皇岛北部山区水土流失的特点及形成因素与防治对策［J］．水土保持研究，2003（2）．

［56］蓝航，陈东科，毛德兵．我国煤矿深部开采现状及灾害防治分析［J］．煤炭科学技术，2016（1）．

［57］李峰，王素芳，武艳丽．煤矿开采的土壤环境效应与生态恢复研究［J］．轻工科技，2014（6）．

［58］李国栋，张俊华，焦耿军，等．气候变化对传染病爆发流行的影响研究进展［J］．生态学报，2013（21）．

［59］李建国，郝海燕，李莎，等．2001—2012年河北省新发矽肺病病例特征及趋势研究［J］．工业卫生与职业病，2015（2）．

［60］李建民．开滦矿区采掘机械化技术现状与发展趋势［J］．煤炭科学技术，2007（1）．

［61］李明志，袁嘉祖．近600年来我国的旱灾与瘟疫［J］．北京林

业大学学报(社会科学版)，2003(3).

[62]李娜，解建红. 中世纪后期英国黑死病爆发原因新议——环境史视野下的中世纪后期英国黑死病[J]. 学海，2008(1).

[63]李娜. 19世纪末至20世纪上半叶帝国主义列强对北京门头沟煤矿资源的掠夺与环境问题考察[D]. 北京：北京师范大学，2010.

[64]李娜. 帝国主义对北京门头沟地区煤矿的掠夺研究[J]. 学海，2011(2).

[65]李平，杨冰清，陶文茹. 秦皇岛口岸外环境水中霍乱弧菌监测报告[J]. 中国国境卫生检疫杂志，1997(3).

[66]李铁，蔡美峰，张少泉，等. 我国的采矿诱发地震[J]. 东北地震研究，2005(3).

[67]李文斌. 后工业时代危机的应对——日本核泄漏引发的警示[J]. 河南社会科学，2012(6).

[68]李晓旭，马丽春. 唐山部分农村地区慢性阻塞性肺疾病的流行病学调查[J]. 临床荟萃，2012(5).

[69]李晓燕. 京津冀地区雾霾影响因素实证分析[J]. 生态经济，2016(3).

[70]李欣. 秦汉社会的木炭生产和消费[J]. 史学集刊，2012(5).

[71]李一为. 京西矿业废弃地生境特征及植被演替研究[D]. 北京：北京林业大学，2007.

[72]李跃华，张玫，赵丽. 老年矽肺患者临床表现及相关因素分析[J]. 工业卫生与职业病，2006(4).

[73]林琅，赵东民，黄颖. 矿山泥石流灾害及预防措施[J]. 生态经济(学术版)，2011(1).

[74]林兴意. 森林对降雨的影响及作用分析[J]. 防护林科技，2013(12).

[75]蔺雪芹，王岱，王女英，等. 北京市老年人口空间分布格局特征及驱动力[J]. 地域研究与开发，2016(3).

[76]凌宇，方强. 启新洋灰公司发展策略浅论[J]. 唐山师范学院

学报，2006(3).

[77]刘金龙，郭华东，张露，等. 京津唐地区城市化对植被物候的影响研究[J]. 遥感技术与应用，2014(2).

[78]刘卫东，多彩虹，崔玉芳，等. 某煤矿井下噪声危害现状调查[J]. 职业卫生与病伤，2008(6).

[79]刘兴诗. 论沙尘暴与冰后期古气候进程的关系[J]. 成都理工大学学报(社会科学版)，2007(1).

[80]刘占兴，夏方华，刘明. 电阻率测深法在三河市地质灾害调查中的应用[J]. 工程地球物理学报，2017(2).

[81]卢演俦，魏兰英，尹金辉，等. 北京西山古山洪堆积——马兰砾石形成环境及年代[J]. 第四纪研究，2003(6).

[82]吕菲，刘亚军. 秦皇岛市地面塌陷模糊层次综合预测[J]. 中国环境管理干部学院学报，2011(4).

[83]吕秋艳，王志越，刘玉珍. 2008～2009年北京市门头沟区生活饮用水微生物污染状况[J]. 首都公共卫生，2011(5).

[84]吕焱，尹素凤. 2008—2010年唐山市开平区居民恶性肿瘤的疾病负担分析[J]. 中国煤炭工业医学杂志，2013(4).

[85]马超，郝利新，苏琪茹，等. 中国2011年麻疹流行病学特征与消除麻疹进展[J]. 中国疫苗和免疫，2012(3).

[86]孟晓艳，余予，张志富，等. 2013年1月京津冀地区强雾霾频发成因初探[J]. 环境科学与技术，2014(1).

[87]孟昭永，顾铁山. 河北迁西县西寨遗址调查[J]. 考古，1993(1).

[88]缪协兴，王安，孙亚军，等. 干旱半干旱矿区水资源保护性采煤基础与应用研究[J]. 岩石力学与工程学报，2009(2).

[89]宁鸿珍，唐咏梅，刘辉，等. 唐山市城市居民1990—2004年膳食结构变化分析[J]. 中国自然医学杂志，2007(1).

[90]欧阳芳，门兴元，戈峰. 1991—2010年中国主要粮食作物生物灾害发生特征分析[J]. 生物灾害科学，2014(1).

[91]潘德祥，王玉怀，马尚权，等. 林南仓矿 11 煤层采空区温度变化规律研究[J]. 煤炭工程，2006(9).

[92]潘惠楼. 日本帝国主义对北京煤炭的掠夺[J]. 北京党史，2007(4).

[93]潘君祥. 论官办基隆煤矿的创办和经营[J]. 中国社会经济史研究，1988(1).

[94]彭希哲，朱勤. 我国人口态势与消费模式对碳排放的影响分析[J]. 人口研究，2010(1).

[95]蒲维维，张小玲，徐敬，等. 北京地区酸雨特征及影响因素[J]. 应用气象学报，2010(4).

[96]戚其章.《南京条约》与中国近代化的启动[J]. 东岳论丛，1997(2).

[97]祁志冲，孙强，杜斌，等. 污灌区农作物中重金属分布特征与成因分析——以太原市某灌区为例[J]. 安徽农业科学，2009(35).

[98]秦延文，郑丙辉，李小宝，等. 渤海湾海岸带开发对近岸沉积物重金属的影响[J]. 环境科学，2012(7).

[99]任志军. 秦皇岛市矿产开发引发的地质环境问题及对策[J]. 化工矿产地质，2006(2).

[100]社会发展和社会指标课题组. 1988 年 185 个地级以上市社会发展水平的比较与评价[J]. 管理世界，1990(3).

[101]沈洪艳，王海云. 唐山市环境噪声现状及控制对策[J]. 河北工业科技，2001(1).

[102]石语. 节约能源，从提高煤炭回采率抓起[J]. 国土资源，2007(7).

[103]宋正. 晚清工业化进程中的城市化[J]. 城市发展研究，2009(11).

[104]孙冬虎. 元明清北京的能源供应及其生态效应[J]. 中国历史地理论丛，2007(1).

[105]孙杰，王耀文，李德成. 封山育林绿抚宁[J]. 河北林业，

2002(4).

[106]孙立中. 唐山地方煤矿煤层自燃发火及防灭火措施简介[J]. 河北煤炭，1987(2).

[107]孙楠，李小强. 木炭研究方法[J]. 人类学学报，2016(1).

[108]孙文洁，王亚伟，李学奎，等. 华北型煤田矿井水文地质类型与水害事故分析[J]. 煤炭工程，2015(6).

[109]谭列飞. 矿工的引路人——记傅进山烈士[J]. 北京党史，1990(3).

[110]唐永金，潘剑扬. 我国近年农业气象与农业生物灾害的特点[J]. 自然灾害学报，2012(1).

[111]滕威. 2001～2004 年间全国煤矿爆破事故简要[J]. 煤矿爆破，2005(1).

[112]汪龙琴，张明清，周锡德，等. 煤矿水污染及防治技术[J]. 洁净煤技术，2007(1).

[113]王滨. 唐山市公众环境意识调查分析[J]. 唐山师范学院学报，2015(5).

[114]王波. 开平煤矿被英商骗占及收回经过[J]. 历史档案，1991(4).

[115]王成. 北京市门头沟区山区公路生态建设的探讨[J]. 公路，2007(7).

[116]王恭祎，马志波，孙静，等. 廊坊市森林生态效益的研究[J]. 林业实用技术，2007(8).

[117]王海，赵华甫，吴克宁. 门头沟产业转型背景下采煤塌陷土地开发利用模式和战略[J]. 现代城市研究，2014(3).

[118]王海军，张琮，陈雍雅. 秦皇岛港湾及河口非 OI 群霍乱弧菌的血清型分布[J]. 中国国境卫生检疫杂志，1990(1).

[119]王洪，郝梅. "黑色的金子"——煤炭[J]. 中国三峡，2011(5).

[120]王健为，李艳宾，邢会英. "十五"期间廊坊市区降水污染特征分析[J]. 廊坊师范学院学报，2007(6).

[121]王金娜，姜宝法. 气候变化相关疾病负担的评估方法[J]. 环境与健康杂志，2012(3).

[122]王猛，朱炎铭，王怀勐，等. 开平煤田不同层次构造活动对瓦斯赋存的控制作用[J]. 煤炭学报，2012(5).

[123]王猛，朱炎铭，王怀勐，等. 唐山矿瓦斯赋存的地质控制因素研究[J]. 中国煤炭，2012(3).

[124]王明格，李建录，李昌存. 唐山平原区主要地质灾害综合评价[J]. 资源与产业，2007(5).

[125]王明年，钟新樵，张开鑫. 运营瓦斯隧道污染控制技术研究[J]. 污染防治技术，1998(2).

[126]王强. 京西煤田煤层赋存特征及成因分析[J]. 煤炭技术，2001(5).

[127]王秋红，赵鑫，刘勇生. 煤炭资源开发负外部性成本定量研究[J]. 煤炭工程，2017(6).

[128]王欣宝，宋冬梅，张树刚. 唐山市赵各庄垃圾场污染研究[J]. 河北农业科学，2011(3).

[129]王鑫宏，柳俪葳. 民国时期华北灾荒对农村经济的影响[J]. 经济研究导刊，2013(24).

[130]王星光，柴国生. 宋代传统燃料危机质疑[J]. 中国史研究，2013(4).

[131]王雅昆. 面向21世纪 构建唐山"大交通"[J]. 世界经济与政治，1996(6).

[132]王艳萍，肖桂林，王金明. 唐山文化溯源及其品牌塑造[J]. 经济研究导刊，2014(29).

[133]温淑媛. 煤矿职工的皮肤病调查[J]. 煤矿医学，1982(6).

[134]闻言. 严管出高效——唐山市古冶区自来水公司改革侧记[J]. 经济论坛，2000(23).

[135]吴莹，胡振华. 浅谈煤矸石的危害及综合利用[J]. 亚热带水土保持，2011(1).

[136]伍君，王卫. 龚自珍、林则徐、魏源经世致用思想之比较[J]. 湖南农业大学学报(社会科学版)，2007(2).

[137]夏明方，康沛竹. 饿殍一千万——一九二八年——一九三〇年西北、华北大饥荒[J]. 中国减灾，2007(11).

[138]项东，张利焱，王良群，等. 2010—2014年唐山市病毒性肝炎流行特征及防控对策分析[J]. 医学动物防制，2016(8).

[139]项文江. 矿山泥石流特点及防灾减灾的对策[J]. 价值工程，2017(19).

[140]薛毅. 20世纪中国煤矿城市发展述论[J]. 河南理工大学学报(社会科学版)，2013(2).

[141]闫玉香，庄国良，吕明月，等. 门头沟区煤矿工人乙型肝炎感染状况调查[J]. 首都公共卫生，2007(2).

[142]杨林生，陈如桂，王五一，等. 1840年以来我国鼠疫的时空分布规律[J]. 地理研究，2000(3).

[143]杨清. 煤矿复垦区绿化树种固碳释氧、降温增湿效应研究[D]. 淮南：安徽理工大学，2013.

[144]杨奕，殷华. 开滦煤矿农民工人职业卫生保健知识及医疗满意度调查[J]. 中国煤炭工业医学杂志，2009(6).

[145]杨中强. 开平矿务局创办概述[J]. 河北师范大学学报(哲学社会科学版)，1983(3).

[146]姚凤霞，王庆普. 日本侵占秦皇岛港的前前后后[J]. 文史精华，2013增刊.

[147]殷作如，邓智毅，董荣泉. 开滦矿区采煤塌陷地生态环境综合治理途径[J]. 矿山测量，2003(3).

[148]尹晓惠，时少英，张明英，等. 北京沙尘天气的变化特征及其沙尘源地分析[J]. 高原气象，2007(5).

[149]于甲川，董源. 中国晚清与日本明治时期的社会改革对林业影响的比较研究[J]. 北京林业大学学报(社会科学版)，2007(2).

[150]于丽梅，赵迎春. 煤矸石及综合利用[J]. 煤炭技术，

2008(11).

[151]余新忠. 嘉道之际江南大疫的前前后后——基于近世社会变迁的考察[J]. 清史研究, 2001(2).

[152]张伯镇, 王丹, 张洪, 等. 官厅水库沉积物重金属沉积通量及沉积物记录的生态风险变化规律[J]. 环境科学学报, 2016(2).

[153]张国辉. 从开滦煤矿联营看近代煤矿业发展状况[J]. 历史研究, 1992(4).

[154]张海滨, 郑立新. 秦皇岛市 2005—2009 年乙型病毒性肝炎流行特征[J]. 职业与健康, 2011(3).

[155]张金凤, 安玉雪. 唐山与国内可比城市最低生活保障水平比较研究[J]. 经济研究导刊, 2015(12).

[156]张立平, 张世文, 叶回春, 等. 露天煤矿区土地损毁与复垦景观指数分析[J]. 资源科学, 2014(1).

[157]张强, 何敬海, 尹香举. 以稳定为中心 以维护为重点 搞好破产企业职工安置——关于门头沟煤矿关闭破产中维护职工权益的调查[J]. 工会博览, 2001(20).

[158]张汪寿, 李晓秀, 王晓燕, 等. 北运河武清段水污染时空变异特征[J]. 环境科学学报, 2012(4).

[159]张伟, 张文新, 蔡安宁, 等. 煤炭城市采煤塌陷地整治与城市发展的关系——以唐山市为例[J]. 中国土地科学, 2013(12).

[160]张旭光. 城市最低生活保障制度在基层实施现状的调查报告——以北京市门头沟区河滩西街居委会为个案研究[J]. 首都师范大学学报(社会科学版), 2009(S1).

[161]张亚杰. 河北省千年古村分析[J]. 中国地名, 2008(12).

[162]张增祥, 周全斌, 刘斌, 等. 中国北方沙尘灾害特点及其下垫面状况的遥感监测[J]. 遥感学报, 2001(5).

[163]赵朝洪. 北京市门头沟区东胡林史前遗址[J]. 考古, 2006(7).

[164]赵亮, 赵德刚. 唐山市地质灾害现状及防治对策探析[J]. 地

下水，2017(2).

[165]赵铁栋，范广信，孙杰，等. 抚宁林业生产宏观模式研究[J]. 河北林业科技，1995(1).

[166]赵彤. 日本侵略者对开滦的贪婪侵蚀和占领[J]. 档案天地，2015(9).

[167]赵新华，高文静，屈峨彪，等. 开滦集团煤工尘肺防治工作55年回顾[J]. 中国疗养医学，2006(5).

[168]赵媛，牛芗洁，李华. 门头沟特色农产品品牌建设研究[J]. 经济师，2014(7).

[169]郑禾，项贤国. 唐山市社会救助制度现状及其内容研究[J]. 唐山师范学院学报，2011(1).

[170]郑师渠. 近代的文化危机、文化重建与民族复兴[J]. 近代史研究，2014(4).

[171]中国二十一世纪初矿产资源保护与合理利用的总体目标与原则[J]. 资源与人居环境，2005(9).

[172]周冰，曹殿起，张一华，等. 北京市门头沟区病毒性肝炎流行病学特征[J]. 首都公共卫生，2011(1).

[173]周桂荣，刘爱萍，叶纯，等. 北京门头沟区中老年人群脑卒中患病现状及危险因素[J]. 中国公共卫生，2014(4).

[174]周洪霞，蒋守芳，郭忠，等. 唐山市大气污染对居民心血管疾病日门诊和日住院人数的影响[J]. 现代预防医学，2015(12).

[175]周静. 1086例矽肺病人的观察及护理[J]. 中国疗养医学，2008(7).

[176]周明煜，曲绍厚，宋锡铭，等. 北京地区一次尘暴过程的气溶胶特征[J]. 环境科学学报，1981(3).

[177]周秋光，屈小伟，程扬. 晚清六十年间(1851—1911)华北地区的自然灾害[J]. 湖南师范大学社会科学学报，2010(2).

六、报纸资料

[1]北京西郊一矿井瓦斯爆炸已证实 7 名矿工罹难[N]. 长江日报，2001-04-30.

[2]北平商业行情[N]. 北平日报，1947-05-06.

[3]被吞噬的生命[N]. 中国报道，2013-04-15.

[4]单锡五. 给河北省政协王葆贞副主席的一封信[N]. 河北日报，1957-05-01.

[5]工人生活现状拾零[N]. 劳动季报，1934.

[6]李大钊. 唐山煤厂的工人生活[N]. 每周评论，1919.

[7]时值春耕 唐山无雨[N]. 唐山日报，1946-07-02.

[8]唐山物价情况[N]. 唐山日报，1946-04-07.

[9]唐山之经济状况[N]. 中外经济周刊，1927-05-28.

[10]徐立京. 捕捉特菜市场的大众商机[N]. 经济日报，2008-02-28.

[11]中国煤矿形势之展览(北平煤业)[N]. 矿业周报，1936(394).

后　记

本书出版得到北京联合大学应用文理学院学术文库专项经费（12213611605-205）资助。

岁月如歌，光阴荏苒，转眼即将结束本课题的研究。

在即将搁笔之际，回顾将近 8 年的研究光阴，我的心中充满了回忆和眷恋。在这段时光里，我经历了挫折与困难、快乐和喜悦、悲伤与痛苦。这些经历带来了许多感悟，也使本次研究逐渐成熟。但是，此时此刻我最想说的是感谢，感谢在这些日子里给予我帮助和支持的值得尊重的、可爱的人们。

我要特别感谢的人是我国著名历史学家、清华大学人文学院教授梅雪芹先生。本研究的选题、研究实践、著书行文得到了他的悉心指导。在他的指导下，我克服了许多研究困难，重塑了信心，最终顺利地完成了本次研究。在研究中，我为获得了跟梅教授学习、交流的机会而感到十分荣幸。他科学严谨的治学态度、一丝不苟的工作作风、勇于创新的研究精神值得敬佩。

此外，还要感谢中国国家图书馆、北京市档案馆、中国第一历史档案馆、天津市档案馆、唐山市档案馆、开滦国家矿山公园博物馆等机构的工作人员。正是由于有了他们的大力支持和热忱服务，本课题组才能获得如此珍贵的文献资料，并且能展开翔实的史论结合的科学研究。

最后，谨以此书，纪念我在研究本课题中度过的美好时光！

李　娜
2022 年 7 月 7 日于北京

图书在版编目（CIP）数据

京津唐煤矿地区环境问题的历史考察/李娜著．—北京：
北京师范大学出版社，2024.4
ISBN 978-7-303-28907-3

Ⅰ．①京…　Ⅱ．①李…　Ⅲ．①煤矿－矿区－自然环境－
矿区环境保护－研究－华北地区　Ⅳ．①X322

中国国家版本馆 CIP 数据核字（2023）第 031146 号

营　销　中　心　电　话　　010-58808006
北京师范大学出版社新史学策划部微信公众号　　新史学 1902

JINGJINTANG MEIKUANG DIQU HUANJING WENTI DE LISHI KAOCHA
出版发行：北京师范大学出版社 www.bnup.com
　　　　　北京市西城区新街口外大街 12-3 号
　　　　　邮政编码：100088
印　　刷：三河市兴达印务有限公司
经　　销：全国新华书店
开　　本：730 mm ×980 mm　1/16
印　　张：21
字　　数：323 千字
版　　次：2024 年 4 月第 1 版
印　　次：2024 年 4 月第 1 次印刷
定　　价：80.00 元

策划编辑：刘东明　　　　　　　责任编辑：申立莹
美术编辑：李向昕　王齐云　　　装帧设计：李向昕　王齐云
责任校对：陈　荟　　　　　　　责任印制：马　洁　赵　龙